国家级技工教育规划教材

全国技工院校医药类专业教材

分析化学——药用化学基础

韩红兵　管宁　主编

中国劳动社会保障出版社

图书在版编目（CIP）数据

分析化学：药用化学基础/韩红兵，管宁主编 . -- 北京：中国劳动社会保障出版社，2023

全国技工院校医药类专业教材

ISBN 978 - 7 - 5167 - 5860 - 1

Ⅰ. ①分…　Ⅱ. ①韩… ②管…　Ⅲ. ①分析化学 - 技工学校 - 教材　Ⅳ. ①O65

中国国家版本馆 CIP 数据核字（2023）第 081105 号

中国劳动社会保障出版社出版发行

（北京市惠新东街 1 号　邮政编码：100029）

*

北京市科星印刷有限责任公司印刷装订　　新华书店经销

787 毫米 × 1092 毫米　16 开本　21 印张　457 千字
2023 年 6 月第 1 版　　2023 年 6 月第 1 次印刷
定价：55.00 元

营销中心电话：400 - 606 - 6496
出版社网址：http://www.class.com.cn

《分析化学——药用化学基础》编审委员会

总前言

为了深入贯彻党的二十大精神和习近平总书记关于大力发展技工教育的重要指示精神，落实中共中央办公厅、国务院办公厅印发的《关于推动现代职业教育高质量发展的意见》，推进技工教育高质量发展，全面推进技工院校工学一体化人才培养模式改革，适应技工院校教学模式改革创新，同时为更好地适应技工院校医药类专业的教学要求，全面提升教学质量，我们组织有关学校的一线教师和行业、企业专家，在充分调研企业生产和学校教学情况、广泛听取教师意见的基础上，吸收和借鉴各地技工院校教学改革的成功经验，组织编写了本套全国技工院校医药类专业教材。

总体来看，本套教材具有以下特色：

第一，坚持知识性、准确性、适用性、先进性，体现专业特点。教材编写过程中，努力做到以市场需求为导向，根据医药行业发展现状和趋势，合理选择教材内容，做到"适用、管用、够用"。同时，在严格执行国家有关技术标准的基础上，尽可能多地在教材中介绍医药行业的新知识、新技术、新工艺和新设备，突出教材的先进性。

第二，突出职业教育特色，重视实践能力的培养。以职业能力为本位，根据医药专业毕业生所从事职业的实际需要，适当调整专业知识的深度和难度，合理确定学生应具备的知识结构和能力结构。同时，进一步加强实践性教学的内容，以满足企业对技能型人才的要求。

第三，创新教材编写模式，激发学生学习兴趣。按照教学规律和学生的认知规律，合理安排教材内容，并注重利用图表、实物照片辅助讲解知识点和技能点，为学生营造生动、直观的学习环境。部分教材采用工作手册式、新型活页式，全流程体现产教融合、校企合作，实现理论知识与企业岗位标准、技能要求的高度融合。部分教材在印刷工艺上采用了四色印刷，增强了教材的表现力。

本套教材配有习题册和多媒体电子课件等教学资源，方便教师上课使用，可以通过技工教育网（http://jg.class.com.cn）下载。另外，在部分教材中针对教学重点和难点制作了演示视频、音频等多媒体素材，学生可扫描二维码在线观看或收听相应内容。

本套教材的编写工作得到了河南、浙江、山东、江苏、江西、四川、广西、广东等省（自治区）人力资源社会保障厅及有关学校的大力支持，教材编审人员做了大量的工作，在此我们表示诚挚的谢意。同时，恳切希望广大读者对教材提出宝贵的意见和建议。

本书前言

《分析化学——药用化学基础》是根据中等职业教育药学类教学大纲的基本要求和课程特点，结合药物分析与检验岗位的工作过程编写而成。本教材以案例导入为主线，按照检测分析任务完成的工作过程为学习过程，以《中华人民共和国药典》（以下简称《中国药典》）为检验依据，展开本课程要学习的知识、技能及素养，可作为全国医药类中等职业院校药物分析与检验、药物制剂、中药制剂、化学制药等专业的教材，也可作为医药企业进行技能等级认定、岗位培训、继续教育的培训教材。

本教材主要内容包括：分析化学概述、定量分析的误差和有效数字、电子天平的称量技术、滴定分析法、酸碱滴定法、非水酸碱滴定法、沉淀滴定法、配位滴定法、氧化还原滴定法、电位分析法和永停滴定法、紫外—可见分光光度法、原子吸收分光光度法、平面色谱法、气相色谱法、高效液相色谱法，共十五章内容，涵盖了药品分析与检验中常用的分析方法。每一种分析方法都与药品检验实例密切联系，学习目标明确，包括学习引导、实例分析、知识链接、练一练、实训任务、目标检测等活动。教材中相关技术内容及符号等都采用最新国家标准，有利于学生学习最新的知识、技能。

本教材在编写时突出了以下特点：

（1）采用案例导入进行学习引导。以案例导入为主线，采用教学内容与案例相结合的编写形式，将典型案例融于教材中。所选案例具有生活性、知识性、针对性、时代性、启发性和实践性，力求突出案例的引导效果，同时也将社会发展的热点问题和经典的分析方法融合在一起，既是对学生知识技能的培养，更是对学生实现严谨、毅力和创新素质的培养。在编写中，根据案例情况，提出相关问题，启发学生思维，激发学生的学习兴趣，提高学生学习的主动性和积极性。

（2）教学过程与药品检验工作实现无缝对接。以药品检验岗位的工作过程来梳理教学内容，突出药学特色。以药品检验为目标，各种分析方法的学习均以《中国药典》（2020年版）为依据，所使用的各种检验表格均与药品检验岗位内容相一致，重点突出药品检验中常用分析方法的理论学习和操作技能训练，做到药学特色鲜明、突出职业能力培养的主题。

（3）教学内容简明新颖、文字简练准确、图文清晰易懂。为了适应技工学校学生理解能力薄弱的学习特点，教材中分析方法的原理尽可能使用示意图，便于学生理解。对于仪器设备的使用和操作技术全部采用实物图片进行展示，做到直观形象、通俗易懂。

（4）教材内容全面、合理、科学。有助于学生厘清知识脉络和构建知识网络，更好地掌握知识和运用知识。该教材每章包括学习引导、学习目标、实例分析、知识链接、练一练、实训任务、目标检测，便于学生进行自学、自测和进一步深入学习。

本教材编写分工为：第一章、第二章由管宁编写，第三章由吴梦雅编写，第四章由帅仕军编写，第五章由常玉编写，第六章、第九章由宋连晨编写，第七章、第八章由欧阳晓露编写，第十章由黄飞编写，第十一章、第十二章由韩红兵编写，第十三章由黄英姿编写，第十四章、第十五章由陈红燕编写。

本教材在编写过程中得到了各中等职业院校、医药企业等相关单位的大力支持和帮助，在此表示真挚的感谢。书中如有错误和不当之处，恳请读者批评指正。

编者

2023 年 5 月

目 录

第一章

分析化学概述

2012 年 4 月 15 日，中央电视台《每周质量报告》节目《胶囊里的秘密》，对"非法厂商用皮革下脚料造药用胶囊"予以曝光。河北一些企业用生石灰处理皮革废料，熬制成工业明胶，再卖给一些企业制成药用胶囊，最终流入药品制造企业，进入患者腹中。由于皮革在工业加工时，要使用含铬的鞣制剂，因此这样制成的胶囊，往往重金属铬超标。经检测，9 家药厂 13 个批次药品所用胶囊重金属铬含量超标。这一事件被称为"明胶空心胶囊铬超标事件"。

如何判断药品是否存在质量安全问题？这就涉及分析化学的应用。

§1-1 分析化学的任务与作用

学习目标

1. 掌握分析化学的定义和任务。
2. 了解分析化学的作用。

一、分析化学的定义和任务

分析化学是研究物质的组成、含量、结构等化学信息的分析方法及有关理论的一门科学。它吸取当代科学技术的最新成就（包括化学、物理、数学、电子学、生物学等），利用物质的一切可以利用的性质，研究新的检测原理，开发新的仪器设备，建立表征测量的新方法和新技术，最大限度地从时间和空间的领域里获取物质的结构信息和质量信息，是化学学科的一个重要分支，具有很强的实践性、综合性。

分析化学的任务有三方面：鉴定物质的化学组成、测定物质中有关组分的含量以及确定物质的结构形态。它们分别属于定性分析、定量分析以及结构分析。

二、分析化学的作用

分析化学被称为工农业生产的"眼睛"、国民经济和科技发展的"参谋",是控制产品质量的重要保证,也是进行科学研究的基础方法。能源、材料、环境、农业、医药、食品、生物等诸多科学领域,都需要分析化学提供大量的信息。

当代经济、社会及科技发展,拓展了分析化学的研究领域。在国民经济中,资源勘探,油田、煤矿、钢铁基地选定的矿石、油气等矿产资源的分析;工业生产中,原料、中间体、成品的分析,三废处理和综合利用;环境中,大气、水质的分析与监测;农业生产中,粮食、土壤、化肥、农药的分析;医药卫生中,临床检验、疾病诊断、病因调查、药品检验、中草药分析鉴定、新药研制、食品分析检验、突发公共卫生事件的处理;科技研究中,生物制品研发、新型材料研制、超纯物质中微量杂质的分析等,都需要运用分析化学技术。

在医药专业教育中,分析化学是一门重要的专业基础课,其理论知识和实验技能是继续学习药物化学、药物分析、药剂学、药理学、仪器分析等课程的前提,将为医药学与化学类专业的学习打下基础,也为各行业的分析检验岗位提供便利。学习分析化学,学生不仅可以掌握其基本理论、方法和操作技能,树立准确的"量"的概念,掌握精密实验,还可以学到科学研究的常用方法,养成严谨求实的科学态度、认真细致的工作作风,提高分析解决问题的能力。

练一练

1. 分析化学的任务有哪三方面?
2. 对于分析化学在各个领域中的应用,你能举出哪些例子?

§1-2 分析方法的分类

 学习目标

1. 掌握分析方法的分类及其依据。
2. 熟悉分析化学各种分类的特点。

分析化学的内容十分丰富,分析方法可按分析任务、分析对象、分析原理、试样用量、被测组分的含量、应用领域不同进行分类。

一、根据分析任务不同分类

根据分析任务不同,分析方法可分为定性分析、定量分析和结构分析。

1. 定性分析

定性分析的任务是鉴定物质由哪些元素、离子、官能团或化合物组成，即确定物质的化学组成"是什么"。

2. 定量分析

定量分析的任务是测定物质中有关组分的含量，即确定物质的被测组分"有多少"。

3. 结构分析

结构分析的任务是研究物质的原子结构、分子结构、晶体结构和空间分布，即确定物质的化学结构。

一般情况下，先进行定性分析，后进行定量分析。对于新发现的化合物，需要首先进行结构分析。

二、根据分析对象不同分类

根据分析对象不同，分析方法可分为无机分析和有机分析。

1. 无机分析

无机分析的对象是无机物。组成无机物的元素种类繁多，因此在无机分析中主要鉴定样品是由哪些元素、离子、原子团或化合物组成，以及确定各组分的相对含量。

2. 有机分析

有机分析的对象是有机物。虽然组成有机物的元素种类并不多，主要是碳、氢、氧、氮、硫和卤素等，但有机物的化学结构却很复杂，目前，有机化合物的种类已达数百万之多。因此，有机分析不仅需要鉴定元素组成，更重要的是进行官能团分析和结构分析。

三、根据分析原理不同分类

根据分析原理不同，分析方法可分为化学分析和仪器分析。

1. 化学分析

化学分析法是以物质的化学反应为基础的分析方法。被分析的物质称为试样（或样品、供试品），与试样起反应的物质称为试剂。试样与试剂所发生的化学变化称为分析化学反应。化学分析法包括化学定性分析法和化学定量分析法。根据定性分析反应的现象和特征，可以鉴定物质的化学组成；根据定量分析反应中试样和试剂的用量，可以测定试样中各组分的相对含量。定量分析又分为重量分析和滴定分析（容量分析）。

化学分析法是分析化学的基础，由于历史悠久，又称为"经典分析法"。化学分析法所用仪器简单，测定结果准确，因而应用范围广泛。但化学分析法只适用于常量组分的分析，对微量组分的分析往往不够灵敏。它不适用于快速分析，需与仪器分析配合。

2. 仪器分析

仪器分析法是使用特殊精密仪器测量被测物质的物理或物理化学性质的参数来进行分析的方法。仪器分析法也称为现代分析法，它包括物理分析法和物理化学分析法。物理分析法是根据被测物质的某种物理性质，如相对密度、相变温度、折射率、旋光度及光谱特征等，不经化学反应，直接进行定性、定量、结构和形态分析的方法，如旋光分析法、光谱分析法等。物理化学分析法是根据物质在化学变化中的某种物理性质，进行定性或定量分析的方法，如电化学分析法、比色分析法等。

仪器分析法具有灵敏、快速、准确及操作自动化程度高的特点，其发展速度快，应用范围广，特别适合于微量组分或复杂体系的分析。仪器分析常常是在化学分析的基础上进行的，例如仪器分析中样品的预处理、杂质分离、方法准确度的检验、仪器校准等都必须采用化学分析法。化学分析法和仪器分析法相辅相成，相互配合。

四、根据试样用量不同分类

根据试样用量不同，分析方法可分为常量分析、半微量分析、微量分析和超微量分析。各种分析方法的试样用量见表1-1。

表1-1　　　　　　　　　　　各种分析方法的试样用量

分析方法	试样的质量/mg	试液的体积/mL
常量分析	>100	>10
半微量分析	10~100	1~10
微量分析	0.1~10	0.01~1
超微量分析	<0.1	<0.01

在化学定量分析中，一般采用常量分析方法；在无机定性分析中，一般采用半微量分析方法；在仪器分析中，一般采用微量和超微量分析方法。

五、根据被测组分的含量不同分类

依据被测组分含量的不同，分析方法可分为常量组分分析、微量组分分析和痕量组分分析。各种分析方法按被测组分所占含量分类见表1-2。

表1-2　　　　　　　各种分析方法按被测组分所占含量分类

分析方法	被测组分在试样中所占含量/%
常量组分分析	>1
微量组分分析	0.01~1
痕量组分分析	<0.01

六、根据应用领域不同分类

按照应用的领域不同，分析方法还可分为食品分析、水分析、环境分析、工业分析、地质分析、冶金分析、材料分析、药物分析、临床分析、生物分析、刑侦分析等。

练一练

1. 什么是化学分析法？什么是仪器分析法？

2. 常量分析、半微量分析、微量分析和超微量分析的试样用量范围分别是什么？

3. 常量组分、微量组分和痕量组分所占含量分别是多少？

目标检测

一、选择题

1. 下列方法按应用领域分类的是（　　）。

A. 生物分析与药物分析 B. 定性分析、定量分析和结构分析

C. 常量分析与微量分析 D. 化学分析与仪器分析

2. 鉴定物质的组成属于（　　）。

A. 定性分析 B. 定量分析 C. 结构分析 D. 化学分析

3. 滴定分析法属于（　　）。

A. 重量分析 B. 电化学分析 C. 光学分析 D. 化学分析

4. 定量分析法按试样用量可以分为常量、半微量、微量、超微量等分析方法。常量分析的试样取用量的范围为（　　）。

A. 小于 0.1 mg 或小于 0.01 mL B. 大于 0.1 g 或大于 10 mL

C. 0.01 ~ 0.1 g 或 1 ~ 10 mL D. 大于 1 g 或大于 100 mL

5. 微量组分在试样中的含量为（　　）。

A. 1% ~ 10% B. 0.1% ~ 1% C. 0.01% ~ 1% D. 0 ~ 0.1%

二、问答题

1. 分析化学的定义和任务是什么？

2. 按照不同的分类依据，分析方法主要分为哪几类？

第二章

定量分析的误差和有效数字

学习引导

　　甲、乙两位化学检验员要标定近似浓度为 0.100 0 mol/L 的高锰酸钾滴定液，平行测定 3 次，甲的结果数值分别为：0.098 0 mol/L、0.099 5 mol/L、0.099 8 mol/L；乙的结果数值分别为：0.099 9 mol/L、0.099 2 mol/L、0.099 6 mol/L，哪组数据的精密度更高？在分析过程中，应从哪些方面着手来提高实验结果的精密度与准确度？

§2-1　定量分析的误差

 学习目标

1. 了解误差的概念、分类、性质和消除误差的方法。
2. 掌握准确度和精密度的概念、衡量参数及计算方法。

　　定量分析的目的是准确测定试样组分的含量，要求分析结果有一定准确度。在工业生产中，不准确的分析结果会导致产品报废、资源浪费；在临床医学检验中，不准确的分析结果会导致疾病误诊。实际上，任何测量值都不可能和真实值完全一致。即使在相同条件下，对同一样品重复测定，所得结果也不尽相同。这种测量值与真实值不一致的现象，可用误差来表示。如果我们能了解和分析出误差产生的原因，就可以在实验过程中减少误差，并对测定结果进行正确处理，做出科学评价，去伪存真，得出准确结论。

一、误差的类型

　　测量值与真实值之间的差距就叫误差。误差客观存在，且难以避免。根据误差的性质和产生原因，可将误差分为两大类：系统误差和偶然误差。其中，根据系统误差产生的原因不同，又可分为四种，即方法误差、仪器误差、试剂误差和操作误差。

1. 系统误差

相同条件下的重复测定中，由确定性因素引起，重复出现的误差叫作系统误差，也称为恒定误差、可测误差。系统误差的特点是：①重复性。在同一条件下重复测量，会重复出现。②单向性。每次测量都为正误差或负误差。③误差定量或等比例。因为系统误差每次以重复、固定的形式出现，所以可以测得，并须想办法减小或校正。系统误差产生的主要原因有：

（1）方法误差。由于分析方法本身的缺陷所引起的误差。例如，重量分析中，由于沉淀的溶解造成损失或因吸附某些杂质而产生的误差；滴定分析中，由于反应进行不完全或有副反应，又或者滴定终点与化学计量点不符而产生的误差。

（2）仪器误差。由于仪器、量器不够准确或未经校准所引起的误差。例如，天平两臂不等长，砝码生锈或沾有灰尘，量筒、量杯、容量瓶、移液管、滴定管等容量仪器刻度不准确。

（3）试剂误差。由于试剂不纯而引起的误差。例如，纯化水不合格，试剂中含有微量被测组分，溶剂变质等。

（4）操作误差。在正规操作情况下，由于操作者主观因素所引起的误差。例如，刻度估读偏高或偏低，滴定终点颜色的辨别稍深或稍浅均会引起误差。

2. 偶然误差

偶然误差是由某些偶然因素引起的，也称为不可定误差或随机误差。例如，测量时环境的温度、湿度、气压、仪器的微小波动，都会引起测量数据的改变。偶然误差的特点有：①不具有重复性和单向性——在同一条件下重复测量，不会重复出现；每次测量误差的正负不定。②不可测出大小——引起偶然误差的因素难以察觉，也难以控制，故偶然误差的大小无法测出。③服从统计学正态分布规律——大误差出现的概率小，小误差出现的概率大。在消除系统误差的前提下，随着测定次数的增加，正负误差出现的概率相等，误差的算术平均值将趋于零。测定次数越多，测定结果的平均值就越接近于真实值。因此，通常采用"多次测定，求平均值"的方法来减小偶然误差。

除系统误差和偶然误差所产生的误差外，还有一种是由于过失或错误，由于分析工作者粗心大意或不按操作规程操作所导致的误差。过失或错误不属于误差，在实验中应完全避免。例如，操作不规范、仪器异常、器皿不洁、试剂污染、标准液超期、溶液溅失、加错试剂、读错刻度、记录和计算错误等。在分析中，如确知存在过失，应舍弃测量值。

二、准确度与精密度

1. 准确度

准确度是指测量值与真实值接近的程度，反映了测量结果的正确性。准确度的高低用误差的大小来定量衡量。误差可分为绝对误差和相对误差。它们都有正值和负值。当测量值大于真实值，测量结果偏大，为正误差；当测量值小于真实值，测量结果偏小，为负误差。在分析工作中，误差的绝对值越小，表示测量值与真实值越接近，准确度越高；反之，误差的绝对值越大，准确度越低。

（1）绝对误差。在定量分析中，测量值（x）与真实值（T）之差叫作绝对误差（E）。

$$E = x - T \tag{2-1}$$

对于某个测量值：
$$E_i = x_i - T \tag{2-2}$$

对于某组测量值：
$$E = \bar{x} - T \tag{2-3}$$

例 2 - 1 某一物品的真实质量为 0.500 0 g，用分析天平称量得 0.498 0 g，请问称量的绝对误差是多少？

解：$E = x - T = 0.498\ 0 - 0.500\ 0 = -0.002\ 0$（g）

【知识链接】

测量值的绝对误差取决于测量仪器的分度值。一般来说，所用测量仪器的绝对误差为 ±1 个分度值单位。对于同一测量仪器，每次测量的绝对误差保持不变。例如，分析天平的分度值为 0.000 1 g，故每次测量值的绝对误差就为 ±0.000 1 g；移液管、滴定管的分度值为 0.01 mL，故每次测量值的绝对误差就为 ±0.01 mL。

（2）相对误差。绝对误差（E）在真实值（T）中所占的百分率叫作相对误差（RE）。

$$RE = \frac{E}{T} \times 100\% \tag{2-4}$$

例 2 - 2 用万分之一的分析天平称取某试样两份，其结果分别是 0.101 0 g 和 0.011 0 g，真实值分别是 0.100 0 g 和 0.010 0 g，求绝对误差和相对误差。

解：
$$E = x - T$$
$$E_1 = x_1 - T_1 = 0.101\ 0 - 0.100\ 0 = 0.001\ 0\ （g）$$
$$E_2 = x_2 - T_2 = 0.011\ 0 - 0.010\ 0 = 0.001\ 0\ （g）$$

$$RE_1 = \frac{E_1}{T_1} \times 100\% = \frac{0.001\ 0}{0.100\ 0} \times 100\% = 1\%$$

$$RE_2 = \frac{E_2}{T_1} \times 100\% = \frac{0.001\ 0}{0.010\ 0} \times 100\% = 10\%$$

从上例可知，两份试样称量的绝对误差相同，但相对误差并不相同。绝对误差相同时，真实值越大，相对误差越小，测定的准确度越高；反之，真实值越小，相对误差越大，测定的准确度越低。所以，用相对误差表示分析结果的准确度更有实际意义。在药品检验中，《中国药典》规定，化学定量分析结果的准确度常用相对误差 RE 表示，要求相对误差 $RE \leqslant \pm 0.1\%$。

2. 精密度

精密度是指在相同条件下平行测定的，各测量值之间的接近程度。精密度反映了测量结果的重现性。精密度用偏差表示，偏差的大小是衡量精密度高低的尺度。偏差越小，精密度越高；偏差越大，精密度越低。偏差是表示测量值偏离平均值程度的一个参数值。偏差又分为绝对偏差（d）、平均偏差（$\bar{d}$）、相对平均偏差（$R\bar{d}$）、标准偏差（s）和相对标准偏差（RSD）。

（1）绝对偏差（d）。绝对偏差是指测量值（x_i, $i = 1$, $\cdots$, n）与平均值（$\bar{x}$）之差，用 d 表示，反映了某一个测量值偏离平均值的程度。

$$d_i = x_i - \bar{x} \tag{2-5}$$

（2）平均偏差（$\bar{d}$）。平均偏差是指每个绝对偏差绝对值的算术平均值，用 $\bar{d}$ 表示，反映了某一组测定值总体偏离平均值的程度。

$$\bar{d} = \frac{\mid d_1 \mid + \mid d_2 \mid + \mid d_3 \mid + \cdots + \mid d_n \mid}{n} \tag{2-6}$$

（3）相对平均偏差（$R\bar{d}$）。平均偏差在平均值中所占的百分率叫作相对平均偏差，用 $R\bar{d}$ 表示。

$$R\bar{d} = \frac{\bar{d}}{\bar{x}} \times 100\% \tag{2-7}$$

（4）标准偏差（s）。标准偏差是各绝对偏差的平方之和与测定次数减一的比值开方，用 s 表示。在平均偏差和相对平均偏差的计算过程中忽略了个别较大偏差对测量结果波动性的影响，而标准偏差则突出了大偏差的影响，更加精确地反映了某一组测定值的波动程度。

$$s = \sqrt{\frac{\sum_{i=1}^{n}(x_i - \bar{x})^2}{n-1}} = \sqrt{\frac{d_1^2 + d_2^2 + d_3^2 + \cdots + d_n^2}{n-1}} \tag{2-8}$$

（5）相对标准偏差（RSD）。标准偏差在平均值中所占的百分率叫作相对标准偏差，用 RSD 表示。在实际工作中，多用 RSD 表示分析结果的精密度。

$$RSD = \frac{s}{\bar{x}} \times 100\% \tag{2-9}$$

例 2-3　小明测定某一样品中氯的含量，5 次测定结果分别为：20.31%、20.32%、20.33%、20.34%、20.35%，请问各次测定结果的偏差分别是多少？该组测定结果的平均偏差和相对平均偏差分别是多少？标准偏差和相对标准偏差又分别是多少？

解：

$$\begin{aligned}
\bar{x} &= \frac{x_1 + x_2 + x_3 + x_4 + x_5}{5} \\
&= \frac{20.31\% + 20.32\% + 20.33\% + 20.34\% + 20.35\%}{5} = 20.33\%
\end{aligned}$$

$$d_1 = x_1 - \bar{x} = 20.31\% - 20.33\% = -0.02\%$$
$$d_2 = x_2 - \bar{x} = 20.32\% - 20.33\% = -0.01\%$$
$$d_3 = x_3 - \bar{x} = 20.33\% - 20.33\% = 0.00\%$$
$$d_4 = x_4 - \bar{x} = 20.34\% - 20.33\% = 0.01\%$$
$$d_5 = x_5 - \bar{x} = 20.35\% - 20.33\% = 0.02\%$$
$$\bar{d} = \frac{\mid d_1 \mid + \mid d_2 \mid + \mid d_3 \mid + \mid d_4 \mid + \mid d_5 \mid}{5}$$

$$= \frac{| -0.02\% | + | -0.01\% | + | 0.00\% | + | 0.01\% | + | 0.02\% |}{5} = 0.012\%$$

$$R\bar{d} = \frac{\bar{d}}{\bar{x}} \times 100\% = \frac{0.012\%}{20.33\%} \times 100\% = 0.059\%$$

$$s = \sqrt{\frac{\sum_{i=1}^{n} (x_i - \bar{x})^2}{n-1}} = \sqrt{\frac{d_1^2 + d_2^2 + d_3^2 + d_4^2 + d_5^2}{n-1}}$$

$$= \sqrt{\frac{(-0.02\%)^2 + (-0.01\%)^2 + (0.00)^2 + (0.01\%)^2 + (0.02\%)^2}{5-1}}$$

$$= 1.58 \times 10^{-4}$$

$$RSD = \frac{s}{\bar{x}} \times 100\% = \frac{1.58 \times 10^{-4}}{20.33\%} \times 100\% = 0.078\%$$

3. 准确度与精密度的关系

测量值的准确度表示测量的正确性，测量值的精密度表示测量结果的重现性。准确度与精密度之间存在一定关系。准确度是由系统误差和偶然误差所共同决定的，而精密度只是单一由偶然误差所决定。在分析工作中，准确度高，精密度一定高；精密度高，准确度不一定高。只有在消除了系统误差后，准确度和精密度才是一致的，即精密度越高，准确度也就越高。

例 2 - 4 用甲、乙、丙、丁四种方法测定某样品中亚铁离子的含量（真实含量为 10.00%），每种方法都测定 6 次，每次测定结果都用"·"在图 2 - 1 的数轴中标出。

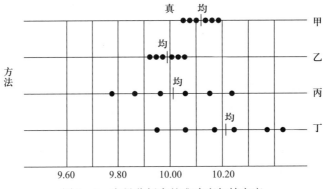

图 2 - 1 定量分析中的准确度与精密度

从图 2 - 1 中可以看出：甲方法的精密度虽好，但存在系统误差，因而准确度不高。乙方法的准确度和精密度都高，说明系统误差和偶然误差都小，测定结果准确可靠。丙方法精密度不高，虽然测量平均值接近真值，但各次测量值与真实值相差较大，存在较大的偶然误差，这样的测定结果也不可取。丁方法准确度和精密度都不高，说明系统误差和偶然误差都大，测定结果不准确。故只有乙方法才可取。

由此可见，精密度差的测定结果，其准确度不可能高；但精密度高，准确度不一定高。在消除系统误差的前提下精密度高，准确度才会高。因此，在定量分析时，必须将系统误差和偶然误差的影响综合考虑，才能提高分析结果的准确度。

三、提高分析结果准确度的方法

1. 选择适当的分析方法

不同分析方法的灵敏度和准确度不同。化学分析法虽然灵敏度不高，但对常量组分测定，其结果的相对误差较小。仪器分析法虽然灵敏度较高，常用于微量或痕量组分含量测定，但结果的相对误差较大。因此，必须根据分析对象、试样情况及对分析结果的要求，选择适当的分析方法。

2. 减小测量的相对误差

为了保证分析结果的准确度，称量的试样量要足够大。例如，一般分析天平的称量误差为 ± 0.0001 g，减重法称量两次可能的最大误差是 ± 0.0002 g。为了使称量的相对误差小于 1%，试样量就必须大于 0.2 g。

3. 消除系统误差

（1）对照试验。对照试验是指其他条件都相同、只有一个条件不同的试验，常用的有标准品对照法和标准方法对照法。标准品对照法是用已知准确含量的标准品，与待测试样按同样的方法进行分析，以便对待测试样的测定结果进行校正。标准方法对照法是用可靠的标准方法与所用分析方法对同一试样进行分析，若结果相同，则说明所用分析方法可靠。

对照试验是检查系统误差的有效方法，可用于检验试剂是否失效，反应条件是否正常，测量方法是否可靠，是否存在操作误差等。

（2）空白试验。空白试验是指在不加试样的条件下，按照与测定试样相同的分析方法、条件、步骤对空白试样进行分析。试验所得结果称为空白值，从试样的分析结果中扣除空白值，就可以消除由试剂、仪器引入的系统误差。

（3）校准仪器和量器。校准仪器可以减少仪器误差。例如砝码、滴定管、移液管、容量瓶等，在使用前必须进行校准，并在计算结果时采用校正值。

（4）回收试验。在没有标准对照品或试样的组分不清楚时，可以向试样中加入一定量的被测纯物质，用同一方法进行定量分析。根据加入的被测纯物质的测定准确度来估算出分析的系统误差，以便进行校正。

4. 减少偶然误差

在消除或减少系统误差的前提下，通过增加平行测定的次数可减少偶然误差。对同一试样，一般平行测定 3~5 次，便可以得到较准确的分析结果。

5. 避免错误和过失

分析工作者要严格按照操作规程认真操作，尽量避免出现错误和过失。如果试验过程中发生错误或过失，则该试验结果应弃去重做。

练一练

1. 某药品质量的真实值为 9.5023 g，电子天平的测量值为 9.5010 g，请计算出本次分析结果的绝对误差和相对误差。

2. 测定某一样品的质量，5 次测定结果分别为：0.250 0 g、0.249 0 g、0.249 6 g、0.251 0 g、0.251 6 g，请问各次测定结果的偏差分别是多少？该组测定结果的平均偏差和相对平均偏差分别是多少？

§2 - 2　有效数字及其应用

 ## 学习目标

1. 掌握有效数字的组成、意义、位数的确定，修约的原则和方法，有效数字的运算。
2. 了解有效数字在定量分析中的应用。

在定量分析中，为了得到准确的测量结果，不仅应认真规范地进行分析操作，精确地测量各项数据，还应正确地记录和计算测得的数据，正确地表示分析结果，必要时还应对测量数据进行统计处理。因为定量分析结果不仅表示试样中被测组分含量高低或某项物理量的大小，而且反映了测量结果的准确程度。

一、有效数字及其运算规则

1. 有效数字的概念

有效数字是指在检验工作中所能得到的有实际意义的数值。其最后一位数字欠准是允许的，这种由可靠数字和最后一位不确定数字组成的数值，即为有效数字。最后一位数字的欠准程度通常只能是上下差 1 单位。有效数字不仅能表示数值的大小，还可以通过其位数多少反映出测量仪器的精确程度。

例如，用万分之一的分析天平称量某物体的质量为 11.432 1 g，有六位有效数字，其中 11.432 是准确数字，最后一位"1"存在误差，是存疑数字。根据所用分析天平的精密程度 0.000 1 g，且有效数字的末位欠准 ±1，则该试样的质量实际应为（11.432 1 ±0.000 1）g。再如用 10 mL 滴定管吸取 7.5 mL 盐酸溶液，因为滴定管最小刻度值为 0.1 mL，所以应记录为 7.50 mL，其中 7.5 是准确数字，最后一位"0"是存疑数字，因有效数字的末位欠准 ±1，则消耗盐酸溶液的实际体积应为（7.50 ±0.01）mL。

2. 有效数字位数的确定

（1）在数学中，有效数字指从一个数的左边第一个非"0"数字起，到末位数字止的所有数字。在第一个数字"1~9"前的"0"只起定位作用，不算有效数字。如：10.50 有四位有效数字，分别是 1、0、5、0；0.618 有三位有效数字，分别是 6、1、8；0.0230 有三位有效数字，分别是后三位 2、3、0。

（2）百分数。百分数的有效数字位数取决于"%"前的数字，"%"不影响其有效数字位数。如：20.94%有四位有效数字，分别是2、0、9、4。

（3）科学记数法。很大或很小的数，常用科学计数法10^n表示，有效数字位数取决于10^n前的数字，10^n不影响其有效数字位数。如：3.109×10^5有四位有效数字，分别是3、1、0、9；5.2×10^{-3}有两位有效数字，分别是5、2。

（4）对数值。对数值有效数字的位数只取决于小数点后面数字的位数，因为其整数10^n部分只代表该数的方次。定量分析中还经常遇到pH、pK、pM、lg$K$等对数值，如：pH = 12.68，换算为［H^+］浓度时，［H^+］$= 2.1 \times 10^{-13}$ mol/L。通过pH = 12.68小数点后的两位数字，判断出其有效数字是6和8两位，整数部分12不属于有效数字。lg$x$ = 1.23有两位有效数字，分别是2、3；lg$a$ = 2.045有三位有效数字，分别是0、4、5；pK_a = 4.76有两位有效数字，分别是7、6。

（5）变换单位时，有效数字的位数不能改变。如：1.500×10^{-2} L = 15.00 mL；10.5 L = 1.05×10^4 mL；10.00 mL = 0.010 00 L；1 m = 1×10^3 mm。

（6）当有效数字确定后，在书写时一般只保留一位可疑数字，多余数字按数字修约规则处理。

3. 有效数字的修约规则

在分析测定过程中，一般都要经过几个测量步骤，获得几个位数不同的有效数字。为了既使计算结果与实际测量的准确度保持一致，又避免因位数过多导致计算过繁浪费时间和引入错误，在运算前，首先要进行有效数字的修约。按一定的规则确定有效数字的位数后（约），弃去多余的尾数（修），称为有效数字的修约。

我国科学技术委员会正式颁布的《数字修约规则》，通常称为"四舍六入五成双"法则。即当尾数≤4时舍去，尾数为6时进位。当尾数为5时，应先看5的后面有无数字。若5的后面有不为0的数字，则直接进1。若5的后面没有数字或全部为0时，需要再看5前面的数字，为奇数时，进1使之成偶数；5前面数字为偶数时，则弃去。修约应一次到位，不可连续多次修约。例如将0.574 9修约为两位有效数字，不能先修约为0.575，再修约为0.58，而应一次修约为0.57。

为便于记忆，上述进舍规则可归纳成下列口诀：四舍六入五考虑，五后非零则进一，五后全零看五前，五前偶舍奇进一，不论数字多少位，都要一次修约成。但在按英国、美国、日本药典方法修约时，按四舍五入进舍即可。

在修约表示准确度和精密度的数值时，修约的结果应使准确度和精密度变得更差一些，即"只进不舍"。如$S = 0.124$，若取两位有效数字，应修约为0.13，若取一位有效数字，应修约为0.2。

例 2 – 5　将下组数据保留一位小数：

$43.04 \approx 43.0$

$45.76 \approx 45.8$

$0.256\ 47 \approx 0.3$

$10.35 \approx 10.4$

$38.25 \approx 38.2$

$47.15000 \approx 47.2$

$25.6500 \approx 25.6$

$20.6512 \approx 20.7$

例 2 - 6 将下组数据修约成四位有效数字：

$3.14245 \approx 3.142$

$3.14280 \approx 3.143$

$3.146501 \approx 3.147$

$3.14658 \approx 3.147$

$3.146500 \approx 3.146$

$3.1435 \approx 3.144$

$1.13532 \times 10^{10} \approx 1.135 \times 10^{10}$

$78.9462\% \approx 78.95\%$

4. 有效数字的计算规则

（1）加减法。以小数点后位数最少的数据为基准，先统一修约为同样的小数位，再进行加减计算。

例 2 - 7 计算 $50.1 + 1.4 + 0.5812 =$

先修约为：$50.1 + 1.4 + 0.6 =$

计算后结果为：$50.1 + 1.4 + 0.6 = 52.1$

（2）乘除法。以有效数字位数最少的数据为基准，先统一修约为同样的有效数字位数，再进行乘除计算，所得计算结果仍修约为同样的有效数字位数。

例 2 - 8 计算 $0.0121 \times 25.64 \times 1.05728 =$

先修约为：$0.0121 \times 25.6 \times 1.06 =$

计算后结果为：$0.0121 \times 25.6 \times 1.06 = 0.3283456$，结果修约为三位有效数字 0.328。

记录：$0.0121 \times 25.6 \times 1.06 = 0.328$

例 2 - 9 计算 $2.5046 \times 2.005 \times 1.52 =$

先修约为：$2.50 \times 2.00 \times 1.52 =$

计算后结果为：$2.50 \times 2.00 \times 1.52 = 7.6$，结果修约为三位有效数字 7.60。

记录为：$2.50 \times 2.00 \times 1.52 = 7.60$

二、有效数字在定量分析中的应用

1. 正确记录测量数据

根据测量方法和所用仪器的精度，正确记录到所有准确数字和最后一位可疑数字。用万分之一天平称量，质量 m 记录到小数点后四位，如 $m = 0.2022$ g。滴定管、移液管、容量瓶等仪器，都能准确测量溶液体积到 0.01 mL，所以体积 V 应记录到小数点后两位，如 $V =$

15.98 mL。精密测定 pH 值，pH 值记录到小数点后两位，如 pH = 5.78。总之，测量结果所记录的数字，应与所用仪器测量的准确度相适应。

2. 选用准确度适当的仪器

取用量的精度未作特殊规定时，根据有效数字的位数，在测定时应选用适当的仪器。如量取溶液 50 mL，选用 50 mL 的量筒即可；而量取溶液 20.00 mL 则必须选用 20 mL 移液管。称量固体 2.0 g，选用托盘天平即可；而称量固体 2.000 0 g 则须选用万分之一分析天平。

3. 正确表示分析结果

（1）对于高含量组分（>10%）的测定结果，取四位有效数字；对中含量组分（1% ~ 10%），取三位有效数字；对微量组分（<1%），取两位有效数字。例如，常量分析结果、标准溶液的浓度 c，用四位有效数字表示，如 $c = 0.101\ 2$ mol/L。

（2）分析检验中，分析结果的准确度应与测量数据的准确度保持一致。分析某试样时，若要求称取 0.200 0 g，则含量结果也应表示为四位有效数字，如 16.00%，而不是 16.0%。

（3）$R\bar{d}$、s 和 RSD 取一位或两位有效数字，如 $R\bar{d} = 0.1\%$。

三、定量分析结果的处理

1. 一般分析结果的处理

在忽略系统误差的情况下，进行分析试验，一般是每种试样平行测定 3 ~ 5 次后，先计算测定结果的平均值，再计算出测定结果的平均偏差、相对平均偏差。如果相对平均偏差 $R\bar{d} \le 0.2\%$，则可认为测定结果符合要求，取其平均值并写出报告即可。否则，此次测定不符合要求，需重新试验。

例如，测定一溶液的浓度，三次测定结果分别为 $c_1 = 0.100\ 3$ mol/L、$c_2 = 0.100\ 5$ mol/L、$c_3 = 0.100\ 1$ mol/L。经计算，平均值 $\bar{c} = 0.100\ 3$ mol/L，平均偏差 $\bar{d} = 0.000\ 1$；相对平均偏差 $R\bar{d} = 0.1\%$，符合要求，实验测定结果有效。

但若进行精密的定量分析，如制定分析标准、涉及重大问题的试样分析、进行科学研究等，就不能用上述简单的方法进行处理判定。需要对试样进行反复多次的平行测定，并将测定结果用数理统计的方法进行处理。

2. 可疑值的取舍

在进行定量分析时，得到一组分析数据后，可能有个别数据与其他数据相差较远，这个数据称为可疑值，又称为异常值或离群值，对测定的平均值有很大的影响。这可能是偶然误差波动性的极度表现，也可能是由过失引起。但若无明显过失，不可随意舍弃某一测定值。可疑值是保留还是舍弃，应按一定的统计学方法进行处理，常用的可疑值取舍方法有四倍法和 Q 检验法。

（1）四倍法

1）除去可疑值外，计算其余数据的算术平均值（$\bar{x}$）及平均偏差（$\bar{d}$）。

2）按式 2 - 10 计算：

$$\frac{|可疑值 - \bar{x}|}{\bar{d}} \geqslant 4 \qquad (2-10)$$

3）可疑值的取舍。若计算值≥4，则可疑值应弃去；若计算值<4，则可疑值应保留。

例2-10 平行测定四次某氧化物试样，其结果为：0.965 2、0.964 0、0.963 5 和 0.963 6，计算可疑值0.9652是否应舍弃。

解：

$$\bar{x} = \frac{0.963\ 5 + 0.963\ 6 + 0.964\ 0}{3} = 0.963\ 7$$

$$\bar{d} = \frac{|x_1 - \bar{x}| + |x_2 - \bar{x}| + |x_3 - \bar{x}|}{n}$$

$$= \frac{|0.963\ 5 - 0.963\ 7| + |0.963\ 6 - 0.963\ 7| + |0.964\ 0 - 0.963\ 7|}{3}$$

$$= 0.000\ 2$$

$$\frac{|可疑值 - \bar{x}|}{\bar{d}} = \frac{0.965\ 2 - 0.963\ 7}{0.000\ 2} = 7.5 \geqslant 4$$

因为计算值大于4，故0.965 2应舍弃。

（2）Q 检验法。在测定次数较少时，用 Q 检验法决定可疑值的取舍是比较合理的方法。

1）将所有测定数据按递增的顺序排列。

2）计算 Q 值：

$$Q_{计算} = \frac{|可疑值 - 近邻值|}{最大值 - 最小值} \qquad (2-11)$$

3）可疑值的判断。查舍弃商 Q 值表，见表2-1，若 $Q_{计算} \geqslant Q_表$，则可疑值应弃去不用；反之应保留。

表 2-1 　　　　　　　　舍弃商 Q 值表（置信概率90%）

测定次数（n）	3	4	5	6	7	8	9	10
$Q_{0.90}$	0.94	0.76	0.64	0.56	0.51	0.47	0.44	0.41

例2-11 标定氢氧化钠溶液浓度，平行测定四次，其结果为：0.101 4 mol/L、0.101 1 mol/L、0.102 0 mol/L、0.101 3 mol/L。试用 Q 检验法确定可疑值0.102 0 mol/L 是否应该舍弃。

解： 按递增顺序排列：0.101 1、0.101 3、0.101 4、0.102 0

$$Q = \frac{|可疑值 - 邻近值|}{最大值 - 最小值} = \frac{|0.102\ 0 - 0.101\ 4|}{0.102\ 0 - 0.101\ 1} = 0.667$$

通过查表2-1得，当测定4次时，舍弃商 $Q_{0.90} = 0.76$。0.667 < 0.76，所以可疑值 0.102 0 mol/L 应该保留。

最后需要说明的是，四倍法适用于三次以上的平行测定，Q 检验法只适用于 3~10 次平行测定。当测定次数多于 10 次，可选用四倍法。但四倍法对精密度要求严格，可能把有用数据舍弃。当一次舍弃后，平行测定数据中还有可疑值时，可依次进行舍弃检验。

目标检测

一、选择题

1. 重量分析中，杂质与被测组分共沉淀或沉淀不完全引起的误差为（　　）。

A. 操作误差　　　　　B. 偶然误差　　　　　C. 方法误差　　　　　D. 试剂误差

2. 用分析天平称量时，电压不稳引起的误差为（　　）。

A. 仪器误差　　　　　B. 方法误差　　　　　C. 偶然误差　　　　　D. 操作误差

3. （　　）不能用于消除系统误差。

A. 空白试验　　　　　　　　　　　B. 校正仪器

C. 增加平行测定次数，取平均值　　　D. 对照实验

4. 有效数字 0.204 0，90.00%，pH 值等于 6.12 的有效数字位数分别为（　　）。

A. 5，2，3　　　　B. 4，4，3　　　　C. 4，4，2　　　　D. 5，4，2

5. 修约 20.105 成四位有效数字后为（　　）。

A. 20.11　　　　B. 20.10　　　　C. 20.00　　　　D. 20.0

二、问答题

1. 为什么绝对误差相等时，真实值越大，相对误差越小？

2. 准确度和精密度有何区别和联系？

3. 如何提高分析结果的准确度？

4. 有效数字在定量分析中有哪些应用？

5. 两名同学同时测定某一试样中氮的质量分数，称取试样均为 5.5 g，甲同学的报告结果是：0.062、0.061；乙同学的报告结果是：0.060 99、0.062 01。谁的报告是合理的？为什么？

三、计算题

1. 下列数据的有效数字位数各是多少？

（1）0.007　　　　　　　　　　　（2）7.026

（3）pH 值等于 5.36　　　　　　　（4）6.00×10^{-5}

（5）100%　　　　　　　　　　　（6）91.40

（7）$pK_a = 9.26$

2. 试将下列数据处理成 4 位有效数字。

（1）28.745　　　　　　　　　　　（2）26.635

(3) 10.065 4　　　　　　　　(4) 0.386 550

(5) 2.345 1 × 10^{-3}　　　　(6) 108.445

(7) 328.45　　　　　　　　　(8) 9.986 4

3. 根据有效数字运算规则，计算下列算式。

(1) $\dfrac{2.52 \times 4.10 \times 15.04}{6.15 \times 10^4}$

(2) $\dfrac{3.10 \times 21.14 \times 5.10}{0.001\ 120}$

(3) 231.64 − 4.4 + 0.324 4

(4) 5.67 × 98.35% + 26.8

4. 测定某试样的含氮量，6 次平行测定的结果分别为 20.48%、20.55%、20.58%、20.60%、20.53%、20.50%。请计算出这组数据的平均值、平均偏差、相对平均偏差、标准偏差和相对标准偏差。

5. 某学生标定 HCl 溶液的浓度时，得到下列数据：0.101 1 mol/L、0.101 0 mol/L、0.101 2 mol/L、0.101 6 mol/L，请用四倍法判断第 4 个数据是否应保留？若再测定一次，得到 0.101 3 mol/L，此数据应不应保留？

第三章

电子天平的称量技术

学习引导

　　化学需氧量（COD）是以化学方法测量水样中需要被氧化的还原性物质的量。废水、废水处理厂出水和受污染的水中，能被强氧化剂氧化的物质（一般为有机物）的氧当量，以 mg/L 表示。化学需氧量是反映水体或污水污染程度的重要综合指标之一，是环境保护和水质控制中经常需要测定的项目，其测定多用酸性高锰酸钾法。间接法配制高锰酸钾滴定液（0.02 mol/L）是取高锰酸钾 3.2 g，加纯化水 1 000 mL，煮沸 15 min，冷却后置于棕色试剂瓶中，在暗处静置 2 天以上，用垂熔玻璃滤器过滤，摇匀。

　　那么，取高锰酸钾 3.2 g，应使用哪种称量仪器？根据高锰酸钾的理化性质，应选择哪种称量方法？

　　本章主要介绍电子天平称量技术。

§3-1　认识电子天平

 学习目标

掌握电子天平的概念、结构、使用方法以及称量方法。

　　电子天平用于称量物体质量，称量准确可靠，显示快速清晰。分析化学工作中经常要准确称量一些物质的质量，称量的准确度直接影响测定的准确度。因此，学习和掌握电子天平的结构、性能、使用方法等相关知识是非常必要的。

一、电子天平的称量原理及构造

1. 电子天平概述

根据纸草书的记载，早在公元前1500多年，古埃及人就已经使用天平了，如图3-1所示。中国古代也出现过天平结构的仪器，如图3-2所示。到春秋晚期，我国天平和砝码的制造技术已经相当精密，以竹片做横梁，丝线为提纽，两端各悬一铜盘。后因天平称重物比较麻烦，称量重物改为用"铨"，称量小物时才用天平。随着科学的发展、技术的进步，天平的设计和制造不断取得长足的进步。经过一代一代人的不懈努力，经过技术的积累和提高，才有了如今各式各样的现代天平，如托盘天平、分析天平（常量分析天平、微量分析天平和半微量分析天平）、电光天平等。

（1）天平。天平是一种衡器，是通过作用于物体上的重力以平衡原理测定物体质量的仪器，是常用的称量仪器。从天平构造原理来分类，可分为机械式天平（杠杆天平）和电子天平两大类。杠杆天平又可以分为等臂双盘天平和不等臂双刀单盘天平。双盘天平还可以分为摆动天平和阻尼天平、普通标牌和微分标牌天平（也称电光天平）；按加砝码器加码范围，可分为部分机械加码天平和全部机械加码天平。各类天平实物如图3-3所示。

图3-1　古埃及法老墓中的壁画

图3-2　中国古代天平

a)

b)

c)

d)

图3-3　天平实物图

a) 托盘天平　b) 电光天平　c) 0.01 g电子天平　d) 0.000 1 g电子天平

（2）电子天平。电子天平是指采用电磁力平衡称量被称物体质量的天平。电子天平是最新一代的天平，它的支撑点采取以弹簧片代替机械天平的玛瑙刀口，用差动变压器取代升降枢装置，用数字显示代替指针刻度，直接称量，全过程不需要砝码，放上被测物品后，在几秒内达到平衡，直接显示读数，具有体积小、使用寿命长、性能稳定、操作简便和灵敏度高的特点。此外，电子天平还具有自动校正、自动去皮、超载显示、故障报警等功能，且可与打印机、计算机联用，进一步扩展了其功能，如统计称量的最大值、最小值、平均值和标准偏差等。由于电子天平具有机械天平无法比拟的优点，尽管其价格偏高，但也越来越广泛地应用于各个领域，并逐步取代机械天平。

【知识链接】

电子天平新技术的应用

随着科学技术的不断发展和社会生产力的不断提高，电子天平在硬件和软件上的技术也在不断发展，在精度和性能方面日臻完善，智能化和自动化程度越来越高。电子天平的新技术主要聚焦于样品称量结果的准确性、天平设计的智能化及称量操作的人性化和便利性。电子天平具有以下优势：

1. 更多数据和统计计算。可以直接在天平上实现更多数据计算和统计计算，提高工作效率。以片剂的重量差异检查为例，过去常用的称量和计算方法是：先取供试品20片，精密称定总重量，求得平均片重后，再采用增量法或减量法分别精密称定每片的重量，然后计算每片的重量与平均或标示片重的比值，最后根据标准规定判定重量差异检查结果是否符合规定。这样的称量和计算方法比较烦琐，需要即时记录每次称量结果，且记录和计算的过程容易出现差错。现在采用电子天平进行称量就可以解决上述问题。

仍以片剂的重量差异检查为例，具体称量时，只要把一片药片放到秤盘上，读数稳定后，天平示值自动回零时，再放上另一药片，依次进行称量，天平就会自动记录每片药片的重量。称量操作完成后，根据20片的平均片重和标准规定的上下限重量，打印出称量结果和计算结果，内容包括总重量、平均片重、上限重量、下限重量、是否有超限片以及每片的重量等。这样的称量和计算方法就比较简单、快速和准确，避免或减少了许多人为因素。

2. 自带操作规范。可以把各种常用操作规范，如其间核查的三点检测、外置砝码校准和最小样品量测试等下载到天平上，作为应用指导，更加智能化。

3. 其他功能拓展。配合各种套件，可以实现固体、液体密度测量和移液器校准等工作。

4. 网络化管理。能更好地接驳互联网或内部局域网，实现网络化管理。

5. 自动化记录。能够自动生成校准报告并自动记录，以保证数据的完整性。

2. 电子天平的分类

电子天平分为上皿式和下皿式两种。秤盘在支架上面的为上皿式，秤盘吊挂在支架下面的为下皿式，目前，使用较多的为上皿式。电子天平型号繁多，其主要区别在外观和面板上，其构造、功能和使用方法则大同小异。

（1）电子天平根据其精确度可分为以下几类：

1）超微量电子天平。超微量电子天平的最大称量是2~5 g，其分度值为0.001 mg（百万分之一天平）。

2) 微量电子天平。用于较小质量物体的测量，其称量为 3～30 g 和 0.1～1 g，其分度值为 0.01 mg（十万分之一天平）。

3) 半微量电子天平。半微量电子天平的称量一般在 20～100 g，其分度值为 0.01 mg（十万分之一天平）。

4) 常量电子天平。此种天平的最大称量一般在 100～200 g，其分度值为 0.1 mg（万分之一天平）。

5) 分析天平。即电子分析天平，是常量电子天平、半微量电子天平、微量电子天平和超微量电子天平的总称。

6) 精密电子天平。这类电子天平是准确度级别为 Ⅱ 级的电子天平的统称。

（2）根据 2023 年 6 月 7 日开始实施的《电子天平检定规程》（JJG 1036—2022），电子天平按照检定分度值 e 和检定分度数 n（见表 3-1），可划分成下列四个准确度等级：

1) 特种准确度级。符号为 ①。

2) 高准确度级。符号为 ②。

3) 中准确度级。符号为 ③。

4) 普通准确度级。符号为 ④。

表 3-1 天平准确度等级与 e、n 的关系

准确度级别	检定分度值 e	检定分度数 $n = Max/e$		最小量程
		最小	最大	
特种准确度级 符号为 ①	1 mg≤e	5×10^4	不限制	$100e$
高准确度级 符号为 ②	1 mg≤e≤50 mg	1×10^2	1×10^5	$20e$
	0.1 g≤e	5×10^3	1×10^5	$50e$
中准确度级 符号为 ③	0.1 g≤e≤2 g	1×10^2	1×10^4	$20e$
	5 g≤e	5×10^2	1×10^4	$20e$
普通准确度级 符号为 ④	5 g≤e	1×10^2	1×10^3	$10e$

注：对于 $d < 0.1$ mg 的 ① 级天平，最小检定分度数可以小于 50 000。

3. 电子天平的工作原理

电子天平是用来称量物质质量的专业实验室设备，其基本工作原理是电磁力补偿和应变式两种方式。一般情况下，高精度电子天平采用的是电磁力传感器，即当被测试样放置在天平秤盘上时会对其产生压力 P，此时天平通过称重传感器产生一个反方向的作用力 F 与被测试样对秤盘的压力 P 达到平衡（即天平出现稳定读数）：$F = P$。天平力学原理及电磁力传感器原理如图 3-4 和图 3-5 所示。

当天平处于平衡状态时，压力 P 等于物质的重力 G，即有

$$P = G = mg \tag{3-1}$$

式中 m——物质的质量；

g——重力加速度。

称重传感器产生的电磁力 F 为

$$F = BIL\sin\alpha \qquad (3-2)$$

式中　B——磁感强度；

　　　I——电流强度；

　　　L——导体在磁场中有效长度；

　　　α——I 与 B 所夹锐角。

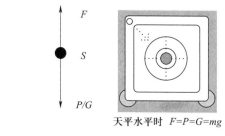

天平水平时　$F=P=G=mg$

图 3 - 4　力学原理示意图

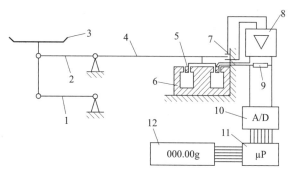

图 3 - 5　电磁力传感器原理图

1—下导杆　2—上导杆　3—秤盘　4—传力杠杆　5—线圈　6—永久磁铁　7—位置传感器
8—功率放大器　9—采样电阻　10—模数转换器　11—微处理器　12—显示器

4. 电子天平的构造

（1）电子天平的内部结构。电子天平的主要工作原理为利用电磁力平衡重力，其内部结构主要由以下七个部分组成：

1）传感器。传感器是电子天平的关键部件之一，由外壳、磁钢、极靴和线圈等组成，装在秤盘的下方。它的精度很高，也很灵敏。一般采用应变式传感器、电容式传感器、电磁平衡式传感器。应保持天平称量室的清洁，切忌称样时撒落物品而影响传感器的正常工作。

2）位置检测器。位置检测器由高灵敏度的远红外发光管和对称式光敏电池组成，它的作用是将秤盘上的载荷转变成电信号输出。

3）PID 调节器。PID（比例、积分、微分）调节器的作用，就是保证传感器快速而稳定地工作。

4）功率放大器。功率放大器的作用是将微弱的信号放大，以保证电子天平的精度和工作要求。

5）低通滤波器。低通滤波器的作用是排除外界和某些电气元件产生的高频信号的干扰，以保证传感器的输出为一恒定的直流电压。

6）模数（A/D）转换器。模数（A/D）转换器的优点在于转换精度高，易于自动调零，能有效地排除干扰，将输入信号转换成数字信号。

7）微处理器。微处理器是电子天平的关键部件，可进行数据处理，具有记忆、计算和查表等功能。

（2）电子天平的外部结构。以FA1604型电子天平为例，如图3-6、图3-7所示。

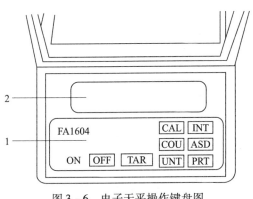

图3-6　电子天平操作键盘图
1—操作键盘（控制面板）　2—显示器

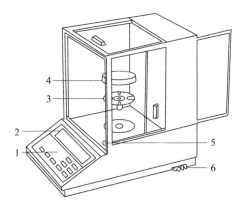

图3-7　电子天平结构示意图
1—操作键盘（控制面板）　2—显示器　3—盘托
4—秤盘　5—水平仪　6—水平调节脚

1）操作键盘

① ON/OFF——开启/关闭键。其作用是打开/关闭电子天平的显示器。

② TAR——清零（去皮）键。"TAR"键也可用单独字母"T"表示或者与"ON/OFF"合并为"O/T"键，此键可使电子天平归零。例如，将称量瓶置于电子天平上，按此键后电子天平归零，再向称量瓶中加入样品，电子天平只显示样品的质量。

③ CAL——天平校准键。其作用是进行天平内部校准，按"CAL"键，启动天平的内部校准功能，稍后电子天平显示"C"，表示正在进行内部校准，当电子天平显示器显示为零位时，说明电子天平已经校准完毕。如果在校准中出现错误，电子天平显示器将显示"Err"，显示时间很短，应该重新清零，重新进行校准。

④ PRT——输出模式设定键。按住PRT键会有四种模式循环出现，以供选择。PRT—0为非定时按键输出模式。此时只要轻按一下PRT键，输出接口上就输出当时的称量结果一次。PRT—1为定时半分钟输出一次，PRT—2为定时1分钟输出一次，PRT—3为定时2分钟输出一次。

⑤ COU——点数功能确认键。COU键可用于对体积较小、质量较轻的物件进行点数。其作用原理是：从一批待测的物品中取出一定个数，然后求出它们的平均质量作为单个物品

的标准质量，从而对该批物品进行计数。

⑥ INT——积分时间调整键。其作用是调整天平的积分时间，一般有四种模式可供选择，即 INT—0，快速；INT—1，短；INT—2，较短；INT—3，较长。其中 INT—0 是生产调试时使用的模式，称量时不宜使用此模式。"INT"键一般应与"ASD"键配合使用。

⑦ ASD——灵敏度调整键。其作用是调整灵敏度，分为四档：ASD—0，最高；ASD—1，高；ASD—2，较高；ASD—3，低（其中 ASD—0 在生产调试时采用，用户不宜选择此模式）。可将 ASD 和 INT 两者配合使用，情况如下：

最快称量速度：INT—1，ASD—3。

通常情况：INT—3，ASD—2。

环境不理想时：INT—3，ASD—3。

⑧ UNT——量制转换键。其作用是量制单位转换，按住"UNT"键不松手，显示屏会循环显示不同质量单位的符号，如"g""ct""oz"等，当显示某符号时松手，即为设置某量制单位。

2）显示器。显示器有两种：一种是数码管的显示器，另一种是液晶显示器。它们的作用是将输出的数字信号显示在屏幕上。

3）秤盘。秤盘多为金属材料制成，安装在电子天平的传感器上，是电子天平进行称量的承受装置。它具有一定的几何形状和厚度，以圆形和方形的居多。使用中应注意卫生清洁，更不要随意调换秤盘。

4）机壳。其作用是保护电子天平免受灰尘等物质的侵害，同时也是电子元件的基座。

5）水平调节脚。水平调节脚是电子天平的支撑部件，同时也是电子天平水平的调节部件。电子天平一般有两个或四个水平调节脚，其作用是调整天平的倾斜度，使天平处于水平状态。空气泡偏向哪一侧，说明哪一侧偏高，应逆时针旋转水平调节脚使其降低。水平调节脚的旋转规则为：顺时针→升高，逆时针→降低。

6）水平仪。电子天平前部或后部有一个空气泡，其作用是确认天平是否处于水平状态，若空气泡在黑圈的中央，说明天平处于水平状态；若空气泡不在黑圈的中央，则需通过调节使天平恢复水平状态，如图 3-8 所示。

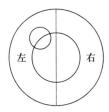

图 3-8　水平仪示意图（水平仪上面的丨为中央线）

5. 电子天平的性能

天平最关键的性能是稳定性、灵敏性、正确性和示值的不变性。

（1）稳定性。稳定性是指天平在受到干扰后，能够自动回到初始平衡位置的能力。对于电子天平来说，其平衡位置总是通过模拟指示或数字指示的示值来表现的，所以，一旦对电子天平施加某一瞬时的干扰，虽然示值发生了变化，但干扰消除后，电子天平又能回复到原来的示值，则称该电子天平是稳定的。一台电子天平的稳定性是其可以使用的首要判定条件，不具备稳定性的电子天平不能使用。

（2）灵敏性。灵敏性是指天平能觉察出放在天平称盘上的物体质量改变量的能力。天平的灵敏性，可以通过角灵敏度、线灵敏度、分度灵敏度、数字（分度）灵敏度表示。对于电子天平，主要通过分度灵敏度或数字（分度）灵敏度来表示。天平能觉察出来的质量改变量越小，说明天平越灵敏。可见对于电子天平来说，灵敏度依然是判定天平优劣的重要性能之一。

（3）正确性。正确性是指天平示值的正确性，它表示天平示值接近（约定）真值的能力；从误差角度来看，天平的正确性就是反映天平示值的系统误差大小的程度。无论是机械天平还是电子天平，天平的正确性还表现在天平的模拟标尺或数字标尺的示值正确性，以及在天平秤盘上各点放置载荷时的示值正确性。

（4）示值的不变性。示值的不变性是指天平在相同条件下，多次测定同一物体，所得测定结果的一致程度。天平读数的浮动范围越小，说明其不变性越好。

【知识链接】

常用术语

1. 最大秤量：不计添加皮重时的最大称量能力。

2. 最小秤量：小于该载荷值时称量结果可能产生过大的相对误差。

3. 称量范围：最小秤量和最大秤量之间的范围。

4. 实际分度值（d）：指相邻两个示值之差，就是天平的可读性，又称为感量。

5. 检定分度值（e）：用于划分天平级别与进行计量检定的以质量单位表示的值。检定分度值由生产天平的厂家根据要求选定。

检定分度值可采取的表示形式：1×10^k 或 2×10^k 或 5×10^k（其中 k 为正整数、负整数或零）；检定分度值 e 符合 $d \leqslant e \leqslant 10d$ 的规定；当 $e \neq d$ 时，检定分度值 e 还应符合 $e = 1 \times 10^k \mathrm{kg}$ 的规定（其中 k 为正整数、负整数或零）。

6. 检定分度数（n）：最大秤量与检定分度值之比，$n = \mathrm{Max}/e$。

二、电子天平的选择及使用方法

1. 电子天平的选择

所选天平的称量范围、精确度、灵敏度、结构应满足称量要求。使用范围应为天平载荷的 20% ~ 80%。

试验中供试品与试药等"称重"的量，其精确度可根据数值的有效位数来确定，应选用相应精确度的天平。如称取 2.00 g，是指称取质量可为 1.995 ~ 2.005 g，可选用 $d = 1$ mg

的千分之一天平。

"精密称定"是指称取质量应准确至所取质量的千分之一；"称定"是指称取质量应准确至所取质量的百分之一；取用量为"约"若干时，是指取用量不得超过规定量相对误差的 ±10% 。

万分之一天平常用于精密称量 500 mg 以上的物品、炽灼残渣（坩埚）、干燥失重（称量瓶）；十万分之一天平常用于精密称量 10 ~ 500 mg 的物品；百万分之一天平常用于精密称量少于 10 mg 的物品。

2. 电子天平的使用方法

为便于阐述，下面以 FA1004 型电子分析天平为例，简要介绍电子天平的使用方法。

（1）水平调节。天平安装好后，先观察水平仪，如水平仪的空气泡偏移，则需调整水平调节脚，使空气泡位于水平仪圆圈内。

（2）开启天平。接通电源，轻按"ON/OFF"键，显示器亮，同时天平进行自检，约 2 s 后显示天平的型号，然后是称量模式，如 0.000 0 g。稍预热后即可称量，若需对天平进行校准，则需预热 1 h 后再操作。

（3）量制设置。按住"UNT"键不松手，显示器会循环显示不同质量单位的符号，如"g"等，当显示某符号时松手，即为设置某量制单位。

（4）积分时间选择。积分时间共有四种模式可供选择，即 INT—0，快速；INT—1，短；INT—2，较短；INT—3，较长。它由"INT"键控制，设置方法同量制设置。

（5）灵敏度选择。通过 ASD 键调整，调整方法与量制设置相同。

天平的默认状态一般为通常情况（即 INT—3，ASD—2）、称量模式、g 量制单位。

（6）天平校准。电子天平在使用中因实验室环境（温度、湿度等）变化、天平安放位置变动、重新调节水平等各种因素影响，计量性能时常会发生细微的变化，需要在日常使用中对其进行校准。电子天平应在每日或每次使用前进行校准，必要时可增加校准的频次。

电子天平的校准方式可以分为内校型和外校型两种。所谓内校，就是电子天平带有内部标定的砝码，方便随时调取，一键进行标定。外校必须要按校准键，从外部放置砝码进行人工校准。内校型电子天平可以使用内置或外部砝码进行校准，外校型电子天平只能使用外部砝码进行校准。根据上述校准的条件要求，使用随温度变化而启动自动校准的天平，是保证称量结果可靠性的最佳选择。

（7）称量。按"TAR"键，显示为"0.000 0 g"后，将被称物置于称量盘上，待显示屏左下角的"O"标志熄灭后，显示屏所示数字即为被称物的质量。

（8）去皮称量。按"TAR"键清零，将容器置于称量盘上，天平显示容器质量，再按"TAR"键，显示"0.000 0 g"，即去皮重。再把被称物加入容器中，待显示屏左下角"O"熄灭，这时显示的是被称物的质量。按"TAR"键清零后，若从称量盘上取下物品，天平显示负值，该值即为取下物品的质量。若称量过程中称量盘上的总质量超过最大载荷，天平仅显示上部线段，此时应立即减小载荷。

（9）用完天平后，按"OFF"键关闭。若较长时间不使用天平，应拔下电源插头。

3. 注意事项

（1）空调冷气、暖气不宜直接吹入天平室，应由天花板隔离进风。

（2）天平室照明应选用产生热辐射较少的照明设备，如荧光灯等。

（3）分析天平不要放置在空调器下的边台上。搬动过的分析天平必须校正好水平，并对天平的计量性能作全面检查，检查无误后才可使用。

（4）称量时，被称物和称量容器温度应与天平室温度一致；不要开动和使用前门，以防呼吸产生的热量、水汽和二氧化碳及气流影响称量。取放被称物与砝码时，可使用两侧门，关门时应轻缓。

（5）天平校正用的标准砝码应能追溯到国家标准，按计量溯源性要求定期计量检定。

（6）砝码只允许使用专用镊子夹取，绝不允许用手直接接触砝码；砝码只能放在砝码盒或天平盘上，绝不可放在其他任何地方；每一台机械天平只能使用其专用砝码。

（7）开启或关闭机械天平的动作应轻缓、仔细。开启或关闭天平时，要待指针（摆）在正中时，才能开或关。

（8）使用机械天平进行称量时，开始加的砝码，应约等于被称物的质量，然后依次增减砝码，直至天平平衡。在天平接近平衡状态之前，不应将开关全部开启，只能谨慎地部分开启，以判断需要增加还是减少砝码；在盘内被称物增减后，再开启天平时，也不应将天平全部开启，以判断应增添还是减少被称物。

（9）机械天平处在开启状态时，绝不可在称盘上取放物品或砝码，包括不能转动机械加砝码指数盘，也不能开启天平的门。取放被称物及砝码必须在天平关闭时才能进行。

（10）称取吸湿性、挥发性或腐蚀性物品时，应将称量瓶盖紧后称量，且尽量快速，注意不要将被称物（特别是腐蚀性物品）洒落在称盘或底板上；称量完毕，应及时将被称物带离天平室。

（11）同一个试验应在同一台天平上进行称量，以免由称量产生误差。称量完毕，应及时将被称物从天平内取出，把砝码放回砝码盒内。若为机械加砝码天平，应将指数盘转回到零位。关好天平门。

（12）电子分析天平不能称量有磁性或带静电的物品。

（13）采用内部砝码校准的电子天平应定期使用外部的标准砝码进行校准，标准砝码的准确度等级应与天平相对应，校准频率视对称量准确度要求的风险评估而定。如 Mettler Toledo XP26 型电子天平，可选用20 g（天平量程的100%）的 F1 等级砝码和1 g（天平量程的5%）的 E2 等级砝码进行外部校准，一般可每月进行一次并记录校准结果。

（14）当进行精密称定时，若称取质量小于电子天平的最小称样量，称量结果可能产生较大的相对误差。最小称样量可按下式计算：

$$最小称样量 = k \times s / 规定的称量偏差 \qquad (3-3)$$

式中，k 为扩展因子（通常为2或更大的值）；s 为不少于10次重复性称量的标准偏差

（单位通常为 mg），如果 s 小于 $0.41d$（d 为该天平的分度值），则 s 用 $0.41d$ 代替。

《中国药典》规定，精密称定的称量误差为千分之一（0.10%），即：

$$最小称样量 = 2\ 000 \times s \tag{3-4}$$

重复性称量测试频率应在对称量准确度进行风险评估后确定，一般可每季度进行一次并记录测试结果。

（15）称量时不能直接将被称物置于秤盘上，通常应选择一个容器来盛装被称物，如称量纸、称量舟、铝箔、锡箔、试管、烧杯、量瓶或离心管等，材质通常为纸质的、金属的、玻璃的或塑料的等。为获得准确的称量结果，称量时需要结合被称物的性质及称样值来选择合适材质及大小的称量容器。

（16）对于干燥的粉末或颗粒状被称物，在称量的转移过程中容易发生称量读数不稳定或者被称物损失的现象，这很可能是由静电引起的。为避免静电对称量结果的影响，需注意以下几点：①保持环境相对湿度不低于 40%；②避免使用塑料等易产生静电的称量器具；③使用去静电装置（如去静电笔）去除被称物或容器吸附的静电电荷。

4. 维护与保养

（1）分析天平应按计量溯源性要求定期计量检定，并由专人保管，负责维护保养。

（2）保持天平内部清洁，必要时用软毛刷或绸布抹净或用无水乙醇擦净。

（3）机械分析天平内应放置干燥剂，干燥剂常用变色硅胶，并应定期及时更换。

（4）称量质量不得超过天平的最大载荷。

（5）天平搬动时，必须将称盘、蹬形架、槽梁、灯罩、变压器和开关旋钮等零件小心取下，放入专用包装盒内，其他零件不得随意乱拆。

（6）电子分析天平备有小型数据处理机者，其功能较多，不同的型号有所不同，应在详细阅读有关使用说明书后方可操作。

（7）电子天平长期（1 周以上）不用时，应断电或停电，并罩上天平罩或盖上防尘布，以保持天平的安全和清洁。天平若长期存放不使用时，应保持存放位置的干燥，并定期通电，检查天平的运行是否正常，一般建议每隔 3~6 个月至少通电 4~8 h。

【知识链接】

天平预热时间

电子天平接通电源后，预热是否充分是衡量称量结果是否准确的关键因素。因此，电子天平在使用前都需要充分预热，而每台天平的预热时间往往不同。一般来说，电子天平的准确度等级越高，所需预热的时间就越长，可根据电子天平使用说明书中的要求进行预热，必要时可延长预热时间（通常环境下，温度越低，预热时间越长）。一般情况下，不同精度的电子天平预热时间如下：

$d \geq 1$ mg 的精密天平大约 30 min，$d \geq 0.1$ mg 的分析天平大约 4 h，$d \geq 0.01$ mg 的半微量、微量天平大约 12 h，$d \geq 0.001$ mg 的超微量天平大约 24 h。

§3-2 电子天平的称量方法

 学习目标

掌握电子天平的称量法。

要想获得准确的称量结果,除了要选择满足称量精度要求的天平、遵守天平使用规范和称量操作规程外,还应根据不同的称量对象和实验要求,采用相应的称量方法和操作步骤,以下介绍几种常用的称量方法。如有一些特殊的称量方法和数据处理方式,还需参阅电子天平使用说明书。

一、直接称量法

此法用于称量某物体的质量,如洁净干燥的器皿(小烧杯、称量瓶、坩埚、表面皿等)的质量、砝码的质量等。这种称量方法适用于称量洁净、干燥、不易潮解或升华的固体试样。该法的优点是称量简单,称量速度快。

操作方法:将天平去皮,将被称物置于天平称盘上,关上侧门,待天平读数稳定后,直接读出物体的质量。

二、减重称量法

此法用于称量质量在一定范围内的试样或试剂。易吸水、易氧化或易与二氧化碳反应的试样,也可用此法称量。需多次平行称取某试样时,也常用此法。由于此法称取试样的质量是由两次称量之差求得,故此法也称差减法或递减称量法。分析化学实验中用到的基准物和待测固体试样称量大都采用此法。此法的优点是称量过程中供试品与空气接触时间短;缺点是操作复杂,步骤繁多,容易加过量。

具体操作方法如下:

1. 准备

做好称量前的准备工作(即前面讲述的天平水平位置调节、预热、灵敏度校准等)。

2. 取样

从干燥器中取出称量瓶(注意不要让手指直接接触称量瓶和瓶盖),用约 1 cm 宽并且具有一定强度的清洁纸带套在称量瓶上,用手拿住纸带尾部把称量瓶放到天平盘的正中位置,取出纸带。

3. 去皮

将称量瓶放入天平待示数稳定后,按下"O/T"键,将示数归零。

4. 称量

用手拿住纸带尾部把称量瓶拿至烧杯或锥形瓶口上方，用小纸片夹住称量瓶盖柄，如图 3 - 9 所示。打开瓶盖（称量瓶中的试样量要稍多于需要量），瓶盖不离开接收器上方。将瓶身慢慢向下倾斜，这时原在瓶底的试样逐渐流向瓶口，接着一边用瓶盖轻轻敲击瓶口内缘，一边转动称量瓶使试样缓缓加入接收容器内，如图 3 - 10 所示。待加入的试样量接近需要量时，一边继续用瓶盖轻敲瓶口，一边逐渐将瓶身竖直，使粘在瓶口附近的试样落入接收容器或落回称量瓶底部。然后盖好瓶盖，把称量瓶放回天平盘的正中位置，取出纸带，关好天平门，准确记录其质量。所显示数据应该为负值，此数值为称量瓶内试样所减少的质量，即为所要称取的质量。若称取 3 份试样，则连续称量 4 次即可。

图 3 - 9　称量瓶拿法

图 3 - 10　从称量瓶中敲出试样

5. 操作时的注意事项

（1）若加入的试样量不够时，可重复上述操作；若加入的试样量大大超过所需量，则只能舍弃，重新操作。

（2）盛有试样的称量瓶除放在表面皿和秤盘上或用纸带拿在手中外，不得放在其他地方，以免粘污。

（3）套上或取出纸带时，不要碰到称量瓶口，纸带应放在清洁的地方。

（4）粘在瓶口上的试样应尽量处理干净，以免粘到瓶盖上或丢失。

（5）要在接收容器的上方打开瓶盖，以免可能粘附在瓶盖上的试样失落他处。

称量瓶的使用方法：称量瓶是一种用于准确称量一定质量的固体试样的小玻璃容器，一般呈圆柱形，有磨口及配套的玻璃瓶盖，分高形和扁形。

三、指定质量称量法

此法也称增量法、固定质量称量法，用于称量固定质量的试剂（如基准物质）或试样。在分析化学实验中，当需要用直接法配制指定浓度的标准溶液时，常用指定质量称量法来称取基准物质。这种称量方法速度较慢，只适用于称量不易潮解，在空气中性质稳定的试样，且试样应为粉末状或小颗粒状，以便于调节其质量。

具体操作方法如下：

1. 准备

同减重称量法。

2. 去皮

将干燥的称量纸或其他盛接被称物的器皿平稳地放置在天平的称量盘上（注意所用器皿的质量不要超过天平的称量上限），按下"O/T"键去皮。

3. 称量

极其小心地以右手持盛有试样的药匙，伸向表面皿中心部位上方 2~3 cm 处，用右手拇指、中指及掌心拿稳药匙，以食指轻弹（最好是摩擦）药匙柄，让药匙里的试样以非常缓慢的速度抖落入表面皿。这时，眼睛既要注意药匙，同时也要注视天平的示数。

4. 试样转移

称好的试样必须定量地转入接收器中。若试样为可溶性盐类，应采用表面皿进行称量，粘在表面皿上的少量试样粉末可用蒸馏水冲洗入接收器中。

5. 操作时的注意事项

（1）如不慎加入的试样超过了指定的质量，应用药匙轻轻取出多余的试样，并将取出的多余试样舍弃，不可放回原来的试剂瓶中。

（2）称量过程中还应注意不要将药品洒到天平的其他地方，这样不仅会造成称量质量不准确，还可能造成天平的腐蚀和损坏。

四、电子天平在称量过程中示值一直变化的原因

1. 试样性质造成的影响

称量吸湿性试样、挥发性试样、腐蚀性样品或磁性试样时，可能会导致电子天平示值一直变化。

2. 静电造成的影响

称量物和称量容器本身所带的静电、电子天平本身所带的静电，以及称量环境所带的静电等会对示值造成影响。

3. 温湿度造成的影响

电子天平预热时间不够，称量物和称量容器与称量室内温湿度不一致，阳光直射带来温度变化，干燥剂放置不当导致称量室内外温湿度不一致，天平室内放置液体带来温湿度变化等会对示值造成影响。

4. 气流造成的影响

空调、冰箱、暖气或其他散热装置产生的气流，打开门窗带来的气流，通风橱柜通风带来的气流，人员走动带来的气流，称量人员操作不当带来的气流等会对示值造成影响。

5. 机械振动造成的影响

称量台不稳定，真空泵、压缩机或离心机等有强烈高频或低频振动，通风橱柜开启带来振动，称量人员操作不当带来振动等会对示值造成影响。

6. 其他原因造成的影响

称量人员有其他不当操作，电子天平发生故障，电子天平与有磁性的仪器距离太近等会对示值造成影响。

在实际称量操作过程中，如果出现电子天平示值一直在变化，应先找出可能导致示值变化的原因，然后针对具体问题，找出相应的解决办法。

【知识链接】

液体试样的称量方法

液体试样的准确称量比较复杂。根据不同试样的性质有多种称量方法，现简单介绍主要的称量方法。

1. 性质较稳定、不易挥发的试样可装在干燥的小滴瓶中，用减重称量法称取，应预先粗测每滴试样的大致质量。

2. 较易挥发的试样可用指定质量称量法称量。例如，称取浓 HCl 试样时，可先在 100 mL 具塞锥形瓶中加 20 mL 水，准确称量后，加入适量的试样，立即盖上瓶塞，再进行准确称量，即可进行测定。

3. 易挥发或与水作用强烈的试样需要采取特殊的方法进行称量。挥发性液体试样的称量需用软质玻璃管吹制一个具有细管的球泡，称为安瓿球，用于吸取挥发性试样，熔封后进行称量。沸点低于 15 ℃ 的试样，球泡壁均匀，在大板上敲击不碎。先称出空安瓿球质量，然后将球泡部在火焰中微微加热，赶出空气，立即将毛细管插入试样中，同时将安瓿球浸在冰浴中（碎冰＋食盐或干冰＋乙醇），待试样吸入到所需量（不超过球泡的 2/3），移开试样瓶，使毛细管部试样吸入，用小火焰熔封毛细管收缩部分，将熔下的毛细管部分赶去试样，和安瓿球一起称量，两次称量之差即为试样质量。

盛装沸点低于 20 ℃ 的试样时，应戴上有机玻璃防护面罩。例如，发烟硫酸及浓硝酸样品一般采用直径约 10 mm、带毛细管的安瓿球称取。已准确称量的安瓿球经火焰微热后，将毛细管尖插入样品，球泡冷却后可吸入 12 mL 样品，用火焰封住管尖后准确称量。将安瓿球放入盛有适量水的具塞锥形瓶中，摇碎安瓿球，试样与水混合并冷却后即可进行测定。

练一练

1. 固体试样常用的称量方法有_____、_____和_____。
2. 性质较稳定、不易挥发的试样可装在干燥的小滴瓶中用_____称取。

实训一　阿司匹林肠溶片的重量差异检查

一、实训目的

1. 会正确规范使用电子天平。
2. 会正确选择电子天平的称量方法。

3. 会正确规范使用电子天平进行片剂重量差异检查。

二、器材准备

仪器：万分之一电子天平、扁形称量瓶、干燥器、弯头/平头手术镊子。

试剂：阿司匹林肠溶片。

三、实训内容与步骤

1. 观察电子天平的结构

电子天平是采用电磁力平衡原理进行称量的分析天平，即采用电磁力与被测物体重力相平衡的原理进行测量。在教师的指导下，了解电子天平各部件的名称和作用，并做好使用前的准备工作。

2. 电子天平的使用

（1）调水平。开机前，观察天平水平仪内的空气泡是否位于圆环的中央，若不在中央则应调节天平的水平调节脚。

（2）预热。接通电源，打开电源开关和天平开关，预热至少 30 min 以上。为保证称量准确度，天平可保持在待机状态（切忌反复开关电源）。

（3）校准。因存放时间较长、位置移动、环境变化等因素，天平在使用前一般都应进行校准操作。若为外校准，应在校准状态下，将随仪器配备的标准砝码置于秤盘上，待稳定后，天平显示读数为标准砝码的质量；移走砝码，显示数值应为 0.000 0 g。若显示数值不为零，则再清零，重复以上校准操作。电子天平有自动内校功能，应按仪器使用说明书进行操作。

3. 重量差异检查

在片剂生产中，由于颗粒的均匀度和流动性，以及工艺、设备和管理等原因，都会引起片剂重量差异。本项检查的目的在于控制各片重量的一致性，保证用药剂量的准确。

根据《中国药典》（2020 年版）的规定，重量差异应该按照下述方法检查：

检查方法：取供试品 20 片，精密称定总重量，求得平均片重后，再分别精密称定每片的重量，每片重量与平均片重比较（凡无含量测定的片剂或有标示片重的中药片剂，每片重量应与标示片重比较），按表 3-2 中的规定，超出重量差异限度的不得多于 2 片，并不得有 1 片超出限度 1 倍。

表 3-2　　　　　　　　　　　　　　重量差异限度规定

平均片重或标示片重	重量差异限度
0.30 g 以下	±7.5%
0.30 g 及 0.30 g 以上	±5%

糖衣片的片芯应检查重量差异并符合规定，包糖衣后不再检查重量差异。薄膜衣片应在包薄膜衣后检查重量差异并符合规定。

凡规定检查含量均匀度的片剂，一般不再进行重量差异检查。

4. 操作方法

取空称量瓶，精密称定重量。

再取阿司匹林肠溶片 20 片，置于此称量瓶中，精密称定。

从已称定总重量的 20 片阿司匹林肠溶片中，依次用镊子取出 1 片，分别精密称定重量，得各片重量，并记录在表 3 - 3 中。

5. 结果与判定

每片重量与平均片重相比较（凡无含量测定的片剂，每片重量应与标示片重比较），均未超出重量差异限度，或超出重量差异限度的药片不多于 2 片，且均未超出限度 1 倍：均判为符合规定。

每片重量与平均片重相比较，超出重量差异限度的药片多于 2 片，或超出重量差异限度的药片虽不多于 2 片，但其中 1 片超出限度的 1 倍：均判为不符合规定。

6. 数据记录及处理

表 3 - 3　　　　　　　　　阿司匹林肠溶片重量差异检查数据记录

检品编号：

品名：				批号：				规格：		
天平室温度：				相对湿度：				天平编号：		
称量瓶重量：				称量瓶 + 20 片重量：				20 片总重：		
编号	1	2	3	4	5	6	7	8	9	10
片重/g										
编号	11	12	13	14	15	16	17	18	19	20
片重/g										
平均片重：				重量差异限度：						
允许的片重范围：										
如有 1~2 片超出上述允许片重范围，将差异限度增大 1 倍，此时允许的片重范围为：										
结果判定：										
检验人：				复核人：				日期：		

四、实训测评

按表 3 - 4 所列评分标准进行测评，并做好记录。

表 3 - 4　　　　　　　　　实训评分标准

序号	考核内容	考核标准	配分	得分
1	防护用品穿戴	防护用品穿戴顺序正确	6	
2	天平精度、量程	查看天平铭牌，记录并判断天平精度、量程是否满足实验要求	8	

续表

序号	考核内容	考核标准	配分	得分
3	天平水平调节	判断天平是否处于水平状态，判断错误扣2分；调节天平至水平状态，调节失败扣6分	8	
4	开启天平	开机顺序正确	6	
5	称量瓶使用	称量瓶使用方法正确，每错一次扣2分	6	
6	直接称量法	能够按照直接称量法的操作步骤进行规范称量，每错一次扣3分	12	
7	递减称量法	能够按照递减称量法的操作步骤进行规范称量，每错一次扣3分	12	
8	关闭天平	先关 ON/OFF 键盘，再拔电源，顺序应正确	6	
9	记录及时、正确	记录中不按规范改正，每处扣0.5分，原始记录不及时，每次扣1分	8	
10	报告单填写正确	报告单填写规范，缺项扣2分	8	
11	称量结果计算	称量结果计算正确	6	
12	整理实验台面	实验后将试剂、仪器放回原处	6	
13	清理物品	废液、纸屑不乱扔乱倒	8	
合计			100	

【注意事项】

1. 电子天平在使用过程中应保持天平室的清洁，勿使试样散落入天平室内。

2. 在称量前后，均应仔细查对药片数。

3. 称量过程中，应避免用手直接接触试样。

4. 已取出的药片，不得再放回试样原包装容器内。

5. 在开关电子天平门、放取试样时，动作必须轻缓，切不可用力过猛或过快，以免造成天平损坏。

6. 试样的总质量不能超过天平的称量范围。

7. 不能用手直接拿取称量瓶，使用时应用纸带夹住称量瓶和瓶盖。

8. 如有检出超出重量差异限度的药片，宜另器保存，供必要时复核用。

目标检测

一、选择题

1. 微量天平的分度值为（　　）mg。

A. 1.0　　　　　　　B. 0.1　　　　　　　C. 0.01　　　　　　　D. 0.000 1

2. 托盘天平属于（　　　）。

A. 电子天平　　　　　B. 分析天平　　　　　C. 机械天平　　　　　D. 电光天平

3. 电子天平控制面板上"TAR"键的作用是（　　　）。

A. 开启/关闭显示屏　　　　　　　　　B. 天平校准

C. 清零/去皮　　　　　　　　　　　　D. 点数功能确认

4. $d \geqslant 0.1$ mg 的分析天平预热时间大约（　　　）h。

A. 4　　　　　　　　B. 10　　　　　　　　C. 12　　　　　　　　D. 24

5. 下列关于递减称量法的说法中不正确的是（　　　）。

A. 递减称量法也称差减法

B. 用递减称量法称量时，需用到称量瓶

C. 递减称量法不可用于易吸水、易氧化或易与二氧化碳反应试样的称量

D. 递减称量法的缺点是操作复杂，步骤繁多，容易加过量

6. 下列关于称量瓶的说法中正确的是（　　　）。

A. 称量瓶没有瓶塞

B. 称量瓶可以用手拿取

C. 称量瓶常用于称量液体试剂

D. 称量瓶是玻璃容器，一般呈圆柱形

7. "精密称定"是指称取质量应准确至所取质量的（　　　）。

A. 百分之一　　　　B. 千分之一　　　　C. 万分之一　　　　D. 十万分之一

8. 为获得更精确的称量数据，应规范安装电子天平，天平室的工作温度应保持在（　　　）℃。

A. 15～30　　　　　B. 15～20　　　　　C. 20～25　　　　　D. 15～25

9. 水平调节脚旋转规则为（　　　）。

A. 顺时针→升高　　　　　逆时针→降低

B. 顺时针→降低　　　　　逆时针→升高

C. 顺时针→升高/降低　　　逆时针→升高/降低

D. 顺时针→降低　　　　　逆时针→降低

10. 下列关于天平水平调节的说法中不正确的是（　　　）。

A. 空气泡偏向哪一侧，说明哪一侧偏高

B. 水平调节脚的作用是调整天平的倾斜度

C. 天平水平仪内的空气泡位于圆环的中央时，天平处于水平状态

D. 天平使用过程中应先打开电源再调节天平水平

11. 用万分之一分析天平称量时，若以克为单位，结果应记录到小数点后（　　　）。

A. 二位　　　　　　B. 三位　　　　　　C. 四位　　　　　　D. 五位

12. 较易挥发的试样可用（　　　）称量。

A. 增量法　　　　　　　　　　　　B. 直接称量法

C. 指定质量称量法   D. 递减称量法

二、问答题

1. 电子天平水平仪内的空气泡位于圆环的左侧时，应如何将天平调节至水平状态？
2. 指定质量称量法适用于哪些试剂或试样的称量？

三、连线题

请将天平面板操作键盘的符号与其功能连在一起。

PRT	开启/关闭显示屏键
TAR	天平校准键
CAL	清零（去皮）键
ON/OFF	积分时间调整键
INT	输出模式设定键
UNT	灵敏度调整键
ASD	量制转换键

第四章

滴定分析法

学习引导

呋塞米原料药含量测定。

呋塞米主要可以治疗充血性心力衰竭、肝硬化、肾脏疾病，还可以用于治疗急性肾功能衰竭，以及由于各种原因所导致的肾血流量不足，减少急性肾小管坏死的机会。总之，呋塞米是比较强效的利尿剂，主要用于治疗水肿性疾病。呋塞米的主要测定方法有滴定分析法、高效液相色谱法，其中较为普遍应用的是滴定分析法。

问：1. 什么是滴定分析法？
　　2. 滴定分析的主要测定方法有哪几种？

§4-1　滴定分析法概述

 学习目标

1. 掌握滴定分析法的概念、分析原理，滴定分析的反应条件。
2. 熟悉滴定分析法中的滴定方式及其适用范围。

一、滴定分析法的概念

滴定分析法是将一种已知准确浓度的试剂溶液（B），用滴定管滴加到被测物质（A）的溶液中，直到所加试剂溶液（B）与被测物质（A）按化学计量关系定量反应完全为止，根据试剂溶液（B）的浓度和体积，计算出被测物质（A）含量的一种定量分析法。滴定分析法又称容量分析法，如图4-1所示。

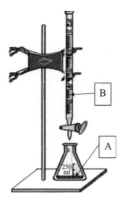

图 4-1　滴定分析法

二、滴定分析基本术语及特点

1. 基本术语

（1）滴定液。已知准确浓度的试剂溶液，也称标准溶液。

（2）滴定。滴加滴定液的操作过程。

（3）化学计量点。当加入的滴定液与被测组分物质的量正好符合化学反应方程式所表示的化学计量关系时，称反应到达化学计量点。

（4）指示剂。滴定分析中能发生颜色改变而指示终点的试剂。

（5）滴定终点。在滴定过程中，指示剂颜色变化的转变点称为滴定终点。

（6）终点误差。实际分析操作中的滴定终点与化学计量点之间的差别，称为终点误差，也称滴定误差。为减少终点误差，应选择合适的指示剂或选用适当的指示终点的方法，使滴定终点尽可能接近化学计量点。

2. 滴定分析法的特点

（1）仪器简单。主要仪器为分析天平、移液管、滴定管、锥形瓶等。

（2）操作简便。基本操作为精密称量、精密量取、滴定。

（3）结果准确。相对误差一般 <0.1%。

（4）应用广泛。滴定分析在生产实践和科学研究中得到广泛的应用。

三、滴定分析法的基本条件

滴定分析法是以化学反应为基础的分析方法，但不是所有的化学反应都适用于滴定分析，能用于滴定分析的化学反应必须具备下列条件：

1. 被测组分和滴定液能够按照确定的化学计量关系完全反应，反应的完全程度须达到 99.9% 以上。

2. 被测组分和滴定液不发生副反应，即被测组分不能和滴定液以外的试剂反应，滴定液也不能和被测组分以外的组分反应。

3. 滴定反应要求反应速度快，最好在瞬间完成，如果反应速度较慢，可通过提高浓度、加热、加催化剂等方法加快反应速度。

4. 能够使用适当的方法确定滴定终点，如到滴定终点时，溶液有明显的颜色变化，如图 4 – 2 所示。

图 4 – 2　滴定终点溶液颜色变化

四、滴定分析法的分类

1. 滴定方式

根据滴定方式的不同，滴定分析法可分为直接滴定法、剩余滴定法（返滴定法）、置换滴定法和间接滴定法四大类。

（1）直接滴定法。能用滴定液直接滴定被测物质，并能确定被测物质的含量。直接滴定法是滴定分析中最常用和最基本的滴定方式。例如，用 NaOH 滴定液滴定食醋，并确定食醋的总酸量。

（2）剩余滴定法（返滴定法）。对于反应物是固体或反应速度慢，加入滴定液后不能立即定量完成或没有适当的指示剂确定终点的滴定反应，可以先加入准确过量的滴定液，待反应完全后，用另一种滴定液滴定剩余的滴定液。

（3）置换滴定法。当被测组分与滴定液的反应没有确定的计量关系或伴有副反应时，可加入适当试剂与被测物质反应，使其定量地置换出另一物质，该物质能用滴定液直接滴定，这种滴定方式称为置换滴定法。

（4）间接滴定法。当被测组分不能与滴定液直接反应时，可以先加入某种试剂与被测物质发生反应，再用适当滴定液滴定其中一种生成物，间接测定出被测物质的含量，这种滴定方式称为间接滴定法。

2. 滴定类型

根据滴定反应的类型不同，滴定分析法可分为酸碱滴定法、沉淀滴定法、配位滴定法和氧化还原滴定法四大类。

（1）酸碱滴定法。酸碱滴定法是以酸碱中和反应为基础的分析方法，反应实质可用下式表示：

$$H^+ + OH^- \Longrightarrow H_2O$$

（2）沉淀滴定法。沉淀滴定法是以沉淀反应为基础的分析方法。如银量法：

$$Ag^+ + X^- \Longrightarrow AgX \downarrow$$

（3）配位滴定法。配位滴定法是以配位反应为基础的分析方法，主要用于测定多种金属离子，其基本反应是：

$$M + Y \rightleftharpoons MY$$

式中，M 代表金属离子，Y 代表 EDTA 等配位剂。

（4）氧化还原滴定法。氧化还原滴定法是以氧化还原反应为基础的分析方法。目前，应用较多的是碘量法、高锰酸钾法。

§4-2　滴定分析仪器及其使用

 学习目标

1. 掌握移液管、容量瓶、滴定管的使用方法和滴定的基本操作。
2. 熟悉移液管、容量瓶、滴定管、锥形瓶和碘量瓶的结构特点。

一、滴定分析仪器的种类

1. 移液管

移液管又称吸量管，是精密转移一定体积溶液的量器。通常有两种形状，一种管体中部膨大，两端细长，称为移液管或腹式吸管，如图 4-3 所示，通常有 5 mL、10 mL、25 mL、50 mL 等规格。另一种为直形管，带有准确刻度，称为吸量管或刻度吸管，如图 4-4 所示，通常有 1 mL、2 mL、5 mL、10 mL 等规格。

图 4-3　移液管

图 4-4　吸量管

2. 容量瓶

容量瓶为细长颈、梨形、平底的玻璃仪器，配有磨砂口玻璃塞，瓶颈有标线，瓶上标有温度和容积，表示所指温度下瓶内液体的凹液面最低处与容量瓶颈部的刻度线相切时，其体积即为瓶上标示的体积，如图 4－5 所示。常用容量瓶有 50 mL、100 mL、250 mL、500 mL、1 000 mL 等规格。

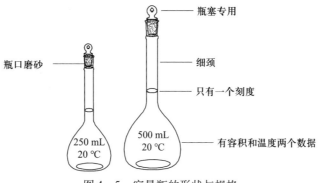

图 4－5　容量瓶的形状与规格

3. 滴定管

常用的滴定管根据构造不同分为酸式滴定管、碱式滴定管、酸碱两用滴定管。酸式滴定管下端带有玻璃活塞，用于盛放酸性溶液、氧化性溶液、盐类溶液，如图 4－6 所示；碱式滴定管下端连接一段橡皮管，内装一个玻璃珠，挤压玻璃珠外侧橡皮管以控制溶液的流速，橡皮管下端再连接一个尖嘴玻璃管，用于盛放碱性溶液，如图 4－7 所示；酸碱两用滴定管多为聚四氟乙烯滴定管，下端带有聚四氟乙烯材质的活塞，耐酸碱，可以两用，如图 4－8 所示。

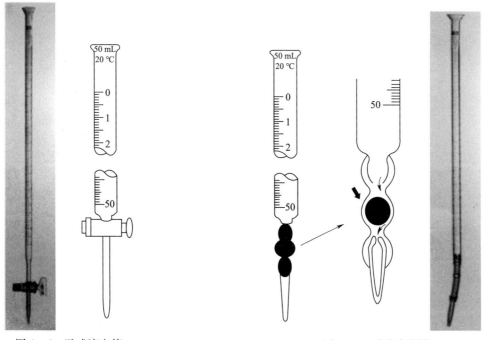

图 4－6　酸式滴定管　　　　　　　　　　　图 4－7　碱式滴定管

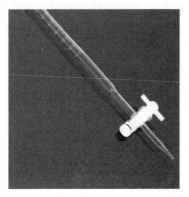

图 4 - 8　酸碱两用滴定管

　　常量分析使用的滴定管的规格一般为 10 mL、25 mL、50 mL，最小刻度为 0.1 mL，读数可估算到 0.01 mL。

　　4. 锥形瓶和碘量瓶

　　锥形瓶和碘量瓶均为由硬质玻璃制成的纵剖面呈三角形状的滴定反应容器，如图 4 - 9 所示，用于盛放供试品溶液。锥形瓶有敞口和具塞两种类型，常用的有 100 mL、150 mL、200 mL、250 mL、500 mL 等规格。碘量瓶是在锥形瓶口上使用磨砂口塞子，并且加水封槽，如图 4 - 10 所示。碘量瓶用于碘量分析，盖塞子后以水封瓶口。碘量瓶常用的有 50 mL、100 mL、250 mL、500 mL 等规格。

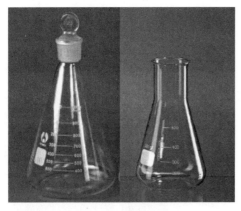

图 4 - 9　锥形瓶　　　　　　　　　　　　　　　图 4 - 10　碘量瓶

二、滴定分析仪器的洗涤

　　1. 洗涤的目的

　　为了保证测定结果的准确度和精密度，滴定分析仪器在使用前必须洗涤干净。

　　2. 洗涤的方法

　　（1）冲洗法。适用于经常使用的、洁净的仪器的洗涤。洗涤时，在仪器中加入适量（不超过容量的 1/3）自来水振荡后倒出，反复数次，再用少量蒸馏水润洗 2 ~ 3 次即可。

（2）刷洗法。适用于器壁上粘附有冲洗不掉的污物的容器的洗涤。洗涤时，根据容器的形状选择适宜的毛刷，容器用水冲洗后，倒出多余的水分，用毛刷蘸水或去污粉或洗涤剂刷洗，然后用水冲洗数次，最后用少量蒸馏水润洗 2～3 次即可。

（3）洗液法。适用于不能刷洗或不允许刷洗、而器壁上粘附有冲洗不掉的污物的仪器的洗涤。首先将仪器用水冲洗，倒出多余的水分，然后将洗液加入仪器中，并转动仪器使洗液将整个仪器内壁全部浸润，稍停一会儿，将洗液倒回原瓶中，将仪器冲洗数次，最后用少量蒸馏水润洗 2～3 次即可。常用的洗液为铬酸洗液。

（4）化学法。当仪器上粘结了特殊的污垢，用上述洗涤方法难以洗涤干净时，可根据污垢的性质，选择能与其发生化学反应的试剂浸润，利用化学反应除去污垢，再用冲洗法、刷洗法洗涤干净即可。

3. 仪器洗净的标准

洗净的玻璃仪器应透明，器壁能够被水均匀润湿而不挂水珠。

4. 特别提示

（1）洗涤时，一般先用自来水洗干净后，再用少量蒸馏水润洗。

（2）洗净后的仪器，不可再用滤纸或布等擦拭。

三、滴定分析仪器的干燥

有些滴定分析方法如非水滴定法要求在无水条件下进行，必须使用干燥的仪器。常用的干燥方法有：

1. 自然干燥

方法是：仪器洗净后，倒置在仪器架上，自然晾干。

2. 烘箱干燥

方法是：将洗净的仪器倒置沥水后，放入烘箱内，在 105～110 ℃下烘干。

3. 快速干燥

方法包括热风干燥、烘烤干燥和有机溶剂干燥。

四、滴定分析仪器的使用方法

1. 移液管的使用

（1）检查。使用前，应检查管尖是否完整，若有破损，则不能使用。

（2）洗涤。先用自来水冲洗，再用纯化水荡洗，最后用待吸溶液润洗。

（3）吸液。左手持洗耳球，右手持移液管，如图 4-11 所示。将润洗后的移液管用滤纸片将管尖外部溶液吸干，放入待吸液中，吸取溶液至刻度线以上时，移去洗耳球，立即用右手的食指按住管口，将管尖移出液面，用滤纸片将管尖外部溶液吸干。管体应始终保持垂直，稍松食指，让液面缓慢下降至凹液面最低处与标线相切。立即紧按管口，使液体不再流出。

（4）放液。将移液管竖直，容器倾斜，使移液管尖与容器内壁接触。松开右手食指，让溶液自然流出，如图4－12所示。待溶液全部流尽，再停留15 s，取出移液管。

未标记"吹"字的移液管，残留在管嘴的少量溶液，不要吹出，因移液管校准时，这部分液体体积未计算在内。移液管使用完毕应立即洗净，置于移液管架上晾干备用。

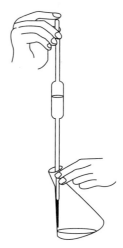

图4－11　吸取溶液　　　　　　　　　　图4－12　放出溶液

2. 容量瓶的使用

分为检漏、洗涤、转移、定容、摇匀等五步。

（1）检漏。使用前检查容量瓶是否漏水。方法是：在瓶内注入适量水，盖紧瓶塞，一只手手指握住瓶底，另一只手食指按住瓶塞，把瓶倒立约1 min，观察瓶塞周围是否有水渗出。如果不漏水，将瓶直立后，转动瓶塞180°再检查一次，若不漏水为合格，如图4－13所示。

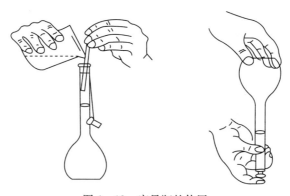

图4－13　容量瓶的使用

（2）洗涤。先用自来水冲洗，再用纯化水荡洗。

（3）转移。在玻璃棒的引流下，将溶液转移至容量瓶，然后用少量纯化水洗涤烧杯和玻璃棒，按同样方法将洗涤液转移入容量瓶，重复洗涤烧杯和玻璃棒2~3次。

（4）定容。定量转移后，在玻璃棒的引流下加纯化水到容量瓶容积的2/3，旋摇容量瓶，使溶液初步混合。然后缓慢加纯化水至液面距标线1~2 cm处，改用胶头滴管滴加，直至凹液面最低点与标线相切。

（5）摇匀。盖好瓶塞，一只手手指握住瓶底，另一只手食指按住瓶塞，倒转容量瓶摇动数次，再直立。如此反复 10 余次，即可混匀。

3. 滴定管的使用

（1）滴定管的准备

1）装配。酸式滴定管在使用前或使用中漏水、活塞不润滑、活塞转动不灵活，应在活塞上涂凡士林。装配方法是：将酸式滴定管活塞拔出，用滤纸将活塞及活塞套擦干，用手指在活塞套小头一端和活塞大头一端四周各薄涂一层凡士林（切勿将活塞小孔堵住）。然后将活塞插入活塞套内，沿同一方向转动活塞，直到活塞呈透明状态。最后用橡皮筋套住活塞尾部，以防脱落。

若碱式滴定管漏水，可将橡皮管中的玻璃珠稍加转动，或稍微向上或向下移动，若处理后仍漏水，则需更换玻璃珠或橡皮管。

2）检漏。在滴定管内装入水，置于滴定管架上直立 2 min，观察是否有水渗出或漏水。酸式滴定管还应将活塞旋转 180°后再观察一次，如果不漏水即可使用。

3）洗涤。如果滴定管无明显油污，可用自来水冲洗；如果滴定管有油污，可先用滴定管刷蘸肥皂水或洗涤剂刷洗，再用自来水冲洗；如不能洗净，则需用铬酸洗液浸泡，然后用自来水反复冲洗，最后用少量纯化水润洗 2~3 次。

4）装液。为避免滴定管中残留的水分影响滴定液的浓度，在滴定管装液前，要先用少量待装滴定液润洗滴定管 2~3 次，每次用量为滴定管体积的 1/5。润洗时将滴定管倾斜，慢慢转动，使溶液润遍全管，然后打开活塞，使溶液从下端流出。装液时要直接从试剂瓶注入滴定管，不能经其他容器加入。

5）排气泡，调零点。滴定管装满溶液后，应检查滴定管下端是否有气泡。若酸式滴定管下端有气泡，打开活塞使溶液急速流出以排除气泡，使溶液充满全部出口管；若碱式滴定管下端有气泡，则把橡皮管向上弯曲，玻璃尖嘴斜向上方，用两指挤压玻璃珠，使溶液从尖嘴处喷出而排除气泡，如图 4-14 所示。然后将溶液液面调节在 "0" 刻度线处。

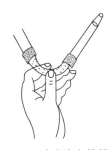

图 4-14 碱式滴定管排气泡

6）读数。读数时滴定管应保持垂直，视线必须与液面保持在同一水平面上，如图 4-15 所示。读取溶液的凹液面最低处与刻度相切点。读数时，应估读到以毫升为单位的小数点后第二位。

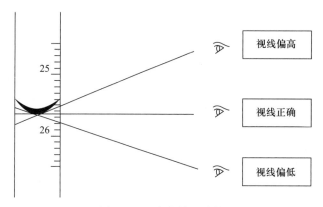

图 4 – 15　滴定管的读数

（2）滴定操作。使用酸式滴定管时，用左手握活塞，拇指在活塞柄的前侧中间，食指和中指在活塞柄的后侧上下两端。转动活塞时，手指微微弯曲，轻轻向里扣住，手心不要顶住活塞小头一端，以免顶出活塞，使溶液漏出，如图 4 – 16 所示。使用碱式滴定管时，左手拇指和食指捏住橡皮管中玻璃珠所在部位稍上一些的地方，捏挤橡皮管，使溶液流出，如图 4 – 17 所示。

图 4 – 16　酸式滴定管规范操作

图 4 – 17　碱式滴定管规范操作

滴定时，滴定管下端应插入锥形瓶口 1 cm 左右，左手控制溶液的流速，右手前三个手指握住瓶颈，沿同一方向作圆周运动旋摇，边滴边摇，使瓶内溶液完全反应。开始滴定时，可快滴，近终点时，滴定速度要慢，以防滴定过量。仅需半滴时，使溶液悬挂在管尖而不滴下，形成半滴溶液，再用洗瓶冲洗下来与溶液反应。如此重复，直到终点出现。读取最终体积，与初始体积相减即为滴定液消耗的体积。

滴定完毕，用水冲洗滴定管，将洗净的滴定管倒放在滴定管架上。

五、滴定分析仪器的校准

1. **移液管（吸量管）校准**

（1）准确称量 50 mL 具塞锥形瓶（准确至 0.01 g），记质量为 W_1（g）。

（2）将待校准的移液管（吸量管）充分洗净，准确移取标示体积 V（mL）的纯化水，加入已准确称重的 50 mL 具塞锥形瓶中，使管尖与锥形瓶内壁接触，收集管尖余滴，停放 15 s 左右取出移液管，记录水温，盖上锥形瓶玻璃塞，准确称出瓶和水的总质量，记质量为 W_2（g）。

（3）计算待校准移液管（吸量管）放出的水的质量 $W = W_2 - W_1$（g）。

（4）查实验温度时水重 ρ（g/mL）。见表 4-1。

（5）真实容积换算：$V_1 = \dfrac{W}{\rho}$（mL）。

（6）容积误差计算：$d = V_1 - V$（mL）。

（7）判断等级。根据容积误差判定该移液管（吸量管）是否符合相应的标准等级（见表 4-2）。

表 4-1　　　　不同温度下用水充满 20 ℃时容积为 1 L 的玻璃容器于空气中
以黄铜砝码称取的水重 ρ

温度/℃	克数/g	温度/℃	克数/g	温度/℃	克数/g
0	998.24	14	998.04	28	995.44
1	998.32	15	997.93	29	995.18
2	998.39	16	997.80	30	994.91
3	998.44	17	997.65	31	994.64
4	998.48	18	997.51	32	994.34
5	998.50	19	997.34	33	994.06
6	998.51	20	997.18	34	993.75
7	998.50	21	997.00	35	993.45
8	998.48	22	996.80	36	993.12
9	998.44	23	996.60	37	992.80
10	998.39	24	996.38	38	992.46
11	998.32	25	996.17	39	992.12
12	998.23	26	995.93	40	991.77
13	998.14	27	995.69	—	—

表 4-2　　　　　　　　　　　移液管容量允许误差

标称总容量/mL		1	2	5	10	15	20	25	50	100
容量允差/mL	A 级	±0.007	±0.010	±0.015	±0.020	±0.025	±0.030		±0.05	±0.08
	B 级	±0.015	±0.020	±0.030	±0.040	±0.050	±0.060		±0.10	±0.16
分度线宽度/mm		≤0.4								

练一练

在 20 ℃时，用移液管移取 25.00 mL 水，其质量为 24.98 g。请判断该移液管的等级。

2. 容量瓶校准

（1）准确称量洗净、干燥、带塞的容量瓶（准确至 0.01 g），记质量为 W_1（g）。

（2）向待校准的容量瓶注入纯化水至水的凹液面最低处与容量瓶颈上的标线相切。记录水温，用滤纸吸干瓶颈内水滴，盖上瓶塞，准确称出容量瓶和水的总质量，记质量为 W_2（g）。

（3）计算待校准容量瓶中的水的质量：$W = W_2 - W_1$（g）。

（4）查实验温度时水重 ρ（g/mL）（见表 4-1）。

（5）真实容积换算：$V_1 = \dfrac{W}{\rho}$（mL）。

（6）容积误差计算：$d = V_1 - V$（mL）。

（7）判断等级：根据容积误差判定该容量瓶是否符合相应的标准等级（见表 4-3）。

表 4-3　　　　　　　　　　　　　　　容量瓶容量允许误差

标称总容量/mL		5	10	25	50	100	200	250	500	1 000	2 000
容量允许误差/mL	A 级	± 0.020	± 0.03	± 0.05	± 0.10	± 0.15		± 0.25	± 0.40	± 0.60
	B 级	± 0.040	± 0.06	± 0.10	± 0.20	± 0.30		± 0.50	± 0.80	± 1.20
分度线宽度/mm		≤ 0.4									

练一练

在 20 ℃ 时，称出 50 mL 容量瓶中水的质量为 49.08 g，请判断该容量瓶的容量允许误差是否符合规定。

3. 滴定管的校准

（1）将 50 mL 具塞锥形瓶洗净、晾干，在台式天平上粗称其质量，然后放在分析天平上称出其质量（准确至 0.01 g），记质量为 W_1（g）。

（2）将纯化水装入已洗净且晾干的滴定管中，调整液面至 0.00 mL 刻度处，然后按 10 mL/min 的流速，先放出约 5.00 mL 的水（不一定恰好等于 5.00 mL，但相差不得超过 ± 0.1 mL）于之前已称其质量的锥形瓶中，盖紧塞子，称出瓶加水的总质量，记质量为 W_2（g）。

（3）计算待校准容量瓶中的水的质量：$W = W_2 - W_1$（g）。

（4）查实验温度时水重 ρ（g/mL）（见表 4-1）。

（5）真实容积换算：$V_1 = \dfrac{W}{\rho}$（mL）。

（6）容积误差计算：$d = V_1 - V$（mL）。

用同样方法称量滴定管从 5~10 mL、10~15 mL 等间度的水的质量（其间隔大小视滴定管容积而定，分为 1 mL、5 mL、10 mL，用同一台分析天平称其质量，准确至 0.01 g）。

根据称量的每段滴定管放出的水的质量，计算出滴定管中某一段体积的真实容积，最后求其容积误差（校准值）。

总校准值是校准值的累计数。例如 1~10 mL 校准值为 + 0.02 mL，而 10~20 mL 的校准值为 - 0.02 mL，则 0~20 mL 的总校准值为（+ 0.02）+（- 0.02）= 0.00 mL。

据此用来校准滴定时所用去的溶液的实际体积。

举例：50 mL 滴定管的校准实例。如表 4-4 所示，水温为 25 ℃，1 mL 水的质量为

0.996 2 g。

表 4-4　　　　　　　　　　　　　　　　**50 mL 滴定管的校准实例**

滴定管读数	容积的读数 V/mL	瓶 + 水的质量 W_2/g	水的质量 W/g	真实容积 V_1/mL	校准值 $(V_1 - V)$/mL	总校准值/mL
0.00	—	29.20（空瓶 W_1）	—	—	—	—
10.10	10.10	39.28	10.08	10.12	+0.02	+0.02
20.07	9.97	49.19	9.91	9.95	-0.02	0.00
30.14	10.07	59.27	10.08	10.12	+0.05	+0.05
40.17	10.03	69.24	9.97	10.01	-0.02	+0.03
49.96	9.79	79.07	9.83	9.87	+0.08	+0.11

§4-3　滴定液

 学习目标

1. 掌握滴定液浓度的表示方法、滴定液的配制方法和标定。
2. 熟悉滴定分析法计算。
3. 了解基准试剂的概念及应具备的条件。

一、滴定液概述及浓度表示形式

1. 物质的量浓度

物质的量浓度是指溶液中溶质 B 的物质的量（n_B）除以溶液的体积（V），用符号 c_B 或 $c(B)$ 表示。

其公式为：
$$c_B = \frac{n_B}{V} \tag{4-1}$$

式中　c_B——B 物质的物质的量浓度，mol/L；

　　　B——溶质的化学式；

　　　n_B——溶质 B 的物质的量，mol；

　　　V——溶液的体积，L。

例 4-1　0.5L NaOH 溶液中含 NaOH 3.0 g，计算 NaOH 溶液的物质的量浓度。

解：$c_{NaOH} = \dfrac{m_{NaOH}}{M_{NaOH} \times V} = \dfrac{3.0}{40 \times 0.5} = 0.15$（mol/L）

答：NaOH 溶液的物质的量浓度为 0.15 mol/L。

2. 滴定度

滴定度有两种表示方法：

（1）以每毫升滴定液中所含溶质 B 的质量表示，符号为 T_B，其单位为 g/mL。如 $T_{NaOH} = 0.002\ 658$ g/mL 表示每毫升 NaOH 滴定液中含有 NaOH 的质量为 0.002 658 g。

（2）以每毫升滴定液相当于被测物质的质量表示，符号为 $T_{B/A}$，其单位为 g/mL，B 表示滴定液，A 表示被测物质。如 $T_{HCl/NaOH} = 0.003\ 656$ g/mL，表示每毫升 HCl 滴定液相当于 NaOH 的质量为 0.003 656 g，也就是在滴定过程中，每毫升 HCl 滴定液能与 0.003 656 g 的 NaOH 恰好完全反应。

被测物质的质量可用以下公式计算：

$$m_A = T_{B/A} \times V_B \qquad (4-2)$$

例 4 - 2　在用 HCl 滴定液滴定 NaOH 溶液过程中，若消耗 HCl 滴定液 20.56 mL，已知 $T_{HCl/NaOH} = 0.003\ 600$ g/mL，计算被测溶液中 NaOH 的质量为多少克。

解： $m_{NaOH} = T_{HCl/NaOH} \times V_{HCl}$

$\qquad = 0.003\ 600$ g/mL $\times 20.56$ mL

$\qquad = 0.074\ 02$ （g）

答：被测溶液中 NaOH 的质量为 0.074 02 g。

二、物质的量浓度的相关计算

1. 根据称取溶质的质量和配制溶液的体积计算溶液的物质的量浓度，计算公式为：

$$c_B = \frac{n_B}{V_B} = \frac{m_B}{M_B \times V_B} \qquad (4-3)$$

例 4 - 3　将 4.397 6 g NaCl 固体物质配成 0.5 L 溶液，计算 NaCl 溶液的物质的量的浓度。

解： $c_{NaCl} = \dfrac{m_{NaCl}}{M_{NaCl} \times V_{NaCl}} = \dfrac{4.397\ 6}{58.49 \times 0.5} = 0.150\ 4$ （mol/L）

答：NaCl 溶液的物质的量浓度为 0.150 4 mol/L。

2. 根据配制溶液的物质的量浓度和体积计算应称取溶质的质量，计算公式为：

$$m_B = n_B \times M_B = c_B \times V_B \times M_B \qquad (4-4)$$

例 4 - 4　要求配制重铬酸钾滴定液浓度为 0.015 68 mol/L，配制体积为 1 000 mL，计算应称取基准重铬酸钾的质量。

解：

$$m = n_{K_2Cr_2O_7} \times M_{K_2Cr_2O_7} = c_{K_2Cr_2O_7} \times V_{K_2Cr_2O_7} \times M_{K_2Cr_2O_7}$$

$$= 0.015\ 68 \times 1\ 000 \times 10^{-3} \times 294.18 = 4.613 \text{ （g）}$$

答：应称取基准重铬酸钾的质量为 4.613 g。

3. 根据溶液的浓度和体积计算溶液中含有溶质的物质的量，计算公式为：

$$n_B = c_B \times V_B \qquad (4-5)$$

例 4 - 5　计算体积为 1 000 mL，浓度为 0.015 68 mol/L 的重铬酸钾滴定液中，含重铬酸钾的物质的量。

解：

$$n_{K_2Cr_2O_7} = c_{K_2Cr_2O_7} \times V_{K_2Cr_2O_7}$$
$$= 0.015\ 68 \times 1\ 000 \times 10^{-3} = 0.015\ 68\ （mol）$$

答：重铬酸钾的物质的量为 0.015 68 mol。

4. 根据量取浓溶液的浓度和体积计算稀释后溶液的物质的量浓度，计算公式为：

$$c_{T(稀)} = \frac{n_{T(浓)}}{V_{稀}} = \frac{c_{T(浓)} \times V_{浓}}{V_{稀}} \tag{4-6}$$

例 4-6 精密量取 0.101 2 mol/L NaOH 滴定液 10.00~100 mL 容量瓶中，加水稀释至刻度线，则稀释后的 NaOH 滴定液的物质的量浓度是多少？

解：

$$c_{NaOH(稀)} = \frac{c_{NaOH(浓)} \times V_{浓}}{V_{稀}} = \frac{0.101\ 2 \times 10.00}{100.00} = 0.010\ 12\ （mol/L）$$

答：稀释后的 NaOH 滴定液的物质的量浓度是 0.010 12 mol/L。

5. 根据滴定液的浓度和终点时消耗的体积计算被测组分的含量。

对任一滴定反应：$bB + aA = mP$

式中：B 为滴定液，A 为被测物质。

$$A\% = \frac{m_A}{m_s} \times 100\% = \frac{n_A \times M_A}{m_s} \times 100\% = \frac{\frac{a}{b} \times n_B \times M_A}{m_s} \times 100\%$$

$$= \frac{\frac{a}{b} \times c_B \times V_{B(终点)} \times M_A}{m_s} \times 100\%$$

式中：m_s 为样品的质量，m_A 为样品中被测组分的质量。

例 4-7 用 0.101 2 mol/L 的盐酸滴定液滴定 0.2568 g 不纯的 Na_2CO_3 试样，完全反应后消耗盐酸滴定液 22.86 mL，计算试样中 Na_2CO_3 的含量。

解： $2HCl + Na_2CO_3 =\!=\!= 2NaCl + H_2O + CO_2 \uparrow$

已知：$M_{Na_2CO_3} = 105.99$ g/mol

$$Na_2CO_3\% = \frac{m_{Na_2CO_3}}{m_s} \times 100\% = \frac{n_{Na_2CO_3} \times M_{Na_2CO_3}}{m_s} \times 100\%$$

$$= \frac{\frac{a}{b} \times n_{HCl} \times M_{Na_2CO_3}}{m_s} \times 100\% = \frac{\frac{a}{b} \times C_{HCl} \times V_{HCl} \times M_{Na_2CO_3}}{m_s} \times 100\%$$

$$= \frac{\frac{1}{2} \times 0.101\ 2 \times 0.022\ 86 \times 105.99}{0.256\ 8} \times 100\% = 47.74\%$$

答：试样中 Na_2CO_3 的含量为 47.74%。

三、滴定液的配制

在滴定分析中滴定液是不可缺少的，有些物质可以用于直接配制滴定液或标定滴定液的浓度，这些物质被称为基准物质。

1. 基准物质必须具备的条件

（1）纯。物质纯度要高，质量分数不低于99.9%。

（2）真。物质的组成要与化学式完全相符，若含结晶水，其结晶水含量也应该与化学式完全相符，如硼砂 $Na_2B_4O_7 \cdot 10H_2O$ 等。

（3）稳。性质稳定，如不挥发，加热干燥时不易分解，称量时不吸收空气中的水分，不与空气中 CO_2 反应，不被空气氧化。

（4）重。最好具有较大的摩尔质量，以减小称量误差。

练一练

浓盐酸、氢氧化钠能否作为基准物质？为什么？

2. 滴定液的配制方法

（1）直接配制法。用基准物质直接配制滴定液。操作时准确称取一定量的基准物质，溶解后定量转移到容量瓶中，准确加水稀释至标线，根据基准物质的质量和溶液的体积，即可计算出滴定液的准确浓度。

（2）间接配制法。非基准物质可用间接配制法。操作时先配成近似于所需浓度的溶液，再用基准物质或另一种已知浓度的滴定液来确定其准确浓度。这种利用基准物质或已知准确浓度的溶液来确定滴定液浓度的操作过程称为标定。

四、滴定液的标定

1. 基准物质标定法

（1）多次称量法。精密称取基准物质若干份，分别置于锥形瓶中，各加适量纯化水溶解完全，用待标定的滴定液滴定至终点。根据基准物质的质量和待标定溶液消耗的体积，计算出滴定液的准确浓度，最后取其平均值作为滴定液的浓度。

（2）移液管法。准确称取一份基准物质于烧杯中，加适量水使其完全溶解，定量转移到容量瓶中，稀释至一定体积，摇匀。用移液管准确移取若干份该溶液分别置于锥形瓶中，用待标定的滴定液滴定，计算出滴定液准确浓度，最后取其平均值。

2. 比较法标定

准确吸取一定体积的待标定的溶液，用已知准确浓度的滴定液滴定，或准确吸取一定体积的已知准确浓度的滴定液，用待标定的溶液滴定。根据两种溶液所消耗的体积及滴定液的浓度，可计算出待标定溶液的准确浓度。

无论采用哪种方法标定，一般要求平行测定3~5次，并且相对平均偏差不大于0.2%。标定好的滴定液应妥善保存，对不稳定的溶液要定期进行标定。

实训二　氢氧化钠滴定液的配制与标定

一、实训目的

1. 了解移液管、碱式滴定管的结构，学会正确使用移液管、碱式滴定管。

2. 学会间接配制法配制氢氧化钠滴定液的方法和用基准物质标定溶液的方法，能正确判断滴定终点。

二、实训原理

由于固体 NaOH 易吸收空气中的水分潮解，易与空气中的 CO_2 反应生成 Na_2CO_3，因此，只能用间接法配制氢氧化钠滴定液。

为了消除 NaOH 滴定液中 Na_2CO_3 的干扰，通常将 NaOH 配成饱和溶液，因为 Na_2CO_3 在 NaOH 饱和溶液中溶解度很小，可沉淀于瓶底。将 NaOH 饱和溶液静置数日，待上层溶液澄清后，取上层清液标定。

标定 NaOH 溶液所用的基准物是邻苯二甲酸氢钾（$KHC_8H_4O_4$），由于在化学计量点时其水溶液呈碱性，故用酚酞指示剂指示终点。

三、器材准备

仪器：托盘天平、电子天平、碱式滴定管（50 mL）、玻璃棒、吸量管（10 mL）、量筒（100 mL）、锥形瓶（250 mL）、聚乙烯试剂瓶（500 mL）、烧杯（250 mL、1 000 mL）、洗瓶（500 mL）、试剂瓶（1 000 mL）、电热恒温干燥箱。

试剂：氢氧化钠、基准邻苯二甲酸氢钾（$KHC_8H_4O_4$）、酚酞指示剂。

四、实训内容与步骤

1. 氢氧化钠（NaOH）饱和溶液的配制

用托盘天平称取 120 g 固体 NaOH 于 250 mL 烧杯中，加纯化水 100 mL 溶解，制成饱和 NaOH 溶液，冷却后注入聚乙烯瓶中，密闭保存数日备用。

（1）0.1 mol/L NaOH 标准溶液的配制。用吸量管吸取上层清液 5.6 mL 于 1 000 mL 的烧杯中，加入新煮沸放冷的纯化水，配制成 1 000 mL 溶液，搅匀后置于试剂瓶中，用橡皮塞密塞，贴上标签备用。

（2）0.1 mol/L NaOH 滴定液的标定。用减重称量法精密称取在 105～110 ℃ 干燥至恒重的基准邻苯二甲酸氢钾（$KHC_8H_4O_4$）三份，每份质量约 0.6 g，分别置于 250 mL 锥形瓶中，加约 30 mL 煮沸放冷的纯化水溶解后，加酚酞指示剂两滴。用待标定的 NaOH 滴定液滴定至溶液呈淡红色，且 30 s 内不褪色即为终点。记录消耗 NaOH 滴定液的体积。平行测定三次。

NaOH 滴定液浓度的计算公式：

$$c_{NaOH} = \frac{m_{KHC_8H_4O_4}}{M_{KHC_8H_4O_4} \times V_{NaOH} \times 10^{-3}}$$

2. 实验数据记录及处理（见表 4-5）

表 4-5　　　　　　　　　　　　　　实验数据记录及处理表

品名		批号	
规格		来源	
有效期		取样日期	
检验项目		报告日期	
测定次数	I	II	III
邻苯二甲酸氢钾的质量 $m_{KHC_8H_4O_4}$/g			
NaOH 滴定液终读数 $V_{终}$/mL			
NaOH 滴定液初读数 $V_{初}$/mL			
消耗 NaOH 滴定液体积 V_{NaOH}/mL			
NaOH 滴定液浓度 c_{NaOH}/（mol/L）			
NaOH 滴定液的平均浓度 $\bar{c}_{NaOH}$/（mol/L）			

五、实训测评（见表 4-6）

表 4-6　　　　　　　　　　　　　　实训评分标准

序号	考核内容	考核标准	配分	得分
1	托盘天平的使用	托盘天平放置水平，游码调在零刻度；称量前调天平平衡；左物右码；正确记录称量物质量；称量完后整理实验器材	共 5 分，每项扣 1 分，扣完为止	
2	吸量管的使用	规格选用正确，无破损；洗涤方法正确；吸液前用滤纸擦掉外壁溶液；放液姿势正确；放完有停留	共 5 分，每项扣 1 分	
3	溶液的稀释	量杯规格选用正确；使用放冷的纯化水；稀释后搅匀溶液；规范填写标签；规范粘贴标签	共 5 分，每项扣 1 分	
4	电子天平的使用	清洁天平盘；调节天平水平；预热天平；称量物放入天平盘中央；称量时关闭天平门，取出称量物后关闭天平门	共 5 分，每项扣 1 分，扣完为止	
5	减重称量法	称量前电子天平去皮调零，用纸条取放称量瓶；正确计算二次称量范围；瓶盖敲击倾斜的称量瓶口外缘，药品准确敲到锥形瓶内；反复称量的次数不能过多，倒出的药品不能超量；称量完后整理实验器材	共 10 分，每项扣 2 分，扣完为止	
6	称量数据的记录	及时记录邻苯二甲酸氢钾的质量；记录数据符合仪器的精度；数据记录在相应表格	共 6 分，每项扣 2 分	

续表

序号	考核内容	考核标准	配分	得分
7	指示剂的使用	指示剂用量适当；胶头滴管使用规范：竖直、不入锥形瓶口	共 4 分，每项扣 2 分	
8	滴定操作时手部姿势	左手大拇指和食指捏挤碱式滴定管玻璃珠外的橡皮；左手无名指、小指固定滴定管尖嘴；右手握持锥形瓶姿势正确	共 6 分，每项扣 2 分	
9	滴定管夹持位置	滴定管夹持在铁架台右侧；滴定管尖离锥形瓶口 1~2 cm	共 4 分，每项扣 2 分	
10	滴定速度	先快滴、后慢滴；滴定终点前采用半滴技术；终点时溶液呈浅红色，30s 不褪色；滴定不能过量	共 16 分，每项扣 4 分	
11	滴定液体积的读数与记录	滴定管应保持垂直；视线与液面保持在同一水平面上，读取溶液的凹液面最低处与刻度相切点；及时记录 NaOH 滴定液初读数；及时记录 NaOH 滴定液终读数；数据记录以"mL"为单位的小数点后两位	共 10 分，每项扣 2 分，直至扣完	
12	计算滴定液的浓度	能正确运用公式计算出 NaOH 滴定液的浓度；有效数字保留正确	共 6 分，每项扣 3 分	
13	数据精密度	平行滴定消耗的 NaOH 滴定液体积与平均体积相差不超过 0.04 mL	共 10 分，体积相差每超 0.04 mL 扣 2 分，直至扣完	
14	填写报告单	规范填写实训报告单，不缺项；书写工整，填写规范	共 4 分，每项扣 2 分	
15	整理实验台面	实训后试剂、仪器放回原处；废液、纸屑放入指定容器	共 4 分，每项扣 2 分	
		合计	100 分	

六、实训讨论

1. NaOH 滴定液能否用直接法配制？为什么？

2. 配制 NaOH 饱和溶液时，静置数日的目的是什么？

3. 标定 NaOH 滴定液时，其滴定终点颜色是怎样变化的？为什么要求 30 s 内不褪色即为终点？

目标检测

一、选择题

1. 在滴定过程中，当滴定液与被测组分物质的量之间正好符合化学反应方程式所表示的化学计量关系时，称为（   ）。

A. 平衡点　　　　　　B. 滴定终点　　　　　　C. 化学计量点　　　　D. 变色点

2. 在滴定过程中，指示剂颜色变化的转变点称为（　　　）。

A. 变色点　　　　　　B. 滴定终点　　　　　　C. 化学计量点　　　　D. 变色范围

3. 滴定终点与化学计量点不一致而造成的误差称为（　　　）。

A. 仪器误差　　　　　B. 操作误差　　　　　　C. 偶然误差　　　　　D. 终点误差

4. 下列关于滴定分析法的特点叙述正确的是（　　　）。

A. 该法所用仪器设备简单，操作方便、快速

B. 相对误差在 0.1% 以上

C. 不适合多次平行测定

D. 常用于微量分析

5. 下列不属于滴定分析的化学反应必须具备的条件的是（　　　）。

A. 反应迅速

B. 化学反应严格按照一定化学反应方程式进行完全

C. 被测物质中无杂质

D. 有简便可靠的方法确定滴定终点

6. 移液管与吸量管在形状上的区别是（　　　）。

A. 移液管没有刻度，而吸量管有刻度

B. 吸量管没有刻度，而移液管有刻度

C. 移液管长，吸量管短

D. 移液管中部膨大，而吸量管是直形管

7. 使用移液管移取溶液时，持洗耳球的是（　　　）。

A. 左手　　　　　　　B. 右手　　　　　　　　C. 试管夹　　　　　　D. 镊子

8. 下列关于容量瓶的形状描述不正确的是（　　　）。

A. 长颈、梨形　　　　　　　　　　　　B. 瓶颈有标线

C. 配有磨口玻璃塞　　　　　　　　　　D. 圆底

9. 滴定管下端有一根橡皮管，橡皮管中间有一个玻璃珠，这种滴定管称为（　　　）。

A. 酸式滴定管　　　　B. 碱式滴定管　　　　　C. 移液管　　　　　　D. 滴定管

10. 酸式滴定管在使用中漏水、活塞不润滑、活塞转动不灵活时，应在活塞上涂（　　　）。

A. 机油　　　　　　　B. 堵漏剂　　　　　　　C. 凡士林　　　　　　D. 肥皂

11. 读取滴定管中溶液的体积时，滴定管应保持垂直，视线必须与液面保持在同一水平面上。若视线偏高，滴定管中溶液的体积读数比正确读数（　　　）。

A. 偏大　　　　　　　B. 偏小　　　　　　　　C. 适中　　　　　　　D. 无法辨别

12. 在使用下列滴定分析仪器时，不需要用待装溶液润洗的是（　　　）。

A. 容量瓶　　　　　　B. 移液管　　　　　　　C. 酸式滴定管　　　　D. 碱式滴定管

13. 在滴定分析仪器的校正中，都要用到的仪器是（　　　）。

A. 容量瓶　　　　　　B. 移液管　　　　　　　C. 滴定管　　　　　　D. 分析天平

14. $T_{\text{NaOH}} = 0.004\ 500\ \text{g/mL}$，表示（　　）。

A. 1 mL NaOH 滴定液中含有 NaOH 的质量为 0.004 500 g

B. 1 g NaOH 滴定液中含有 NaOH 的体积为 0.004 500 mL

C. 0.004 500 mL NaOH 滴定液中含有 NaOH 的质量为 1 g

D. 1 g NaOH 滴定液中含有 NaOH 的质量为 0.004 500 g

15. $T_{\text{HCl/NaOH}} = 0.004\ 500\ \text{g/mL}$，表示（　　）。

A. 1 mL NaOH 滴定液中含有 NaOH 的质量为 0.004 500 g

B. 1 mL HCl 滴定液中含有 HCl 的质量为 0.004 500 g

C. 1 mL NaOH 滴定液相当于 HCl 的质量为 0.004 500 g

D. 1 mL HCl 滴定液相当于 NaOH 的质量为 0.004 500 g

16. 可以用于直接配制滴定液或标定滴定液的浓度，这样的物质被称为（　　）。

A. 单质　　　　　　B. 纯净物　　　　　　C. 基准物质　　　　　D. 标准物质

17. 下列不属于基准物质需具备的条件的是（　　）。

A. 性质稳定　　　　　　　　　　　B. 不含结晶水

C. 纯度要高　　　　　　　　　　　D. 物质的组成要与化学式完全相符

18. 下列不是滴定液标定的常用方式的是（　　）。

A. 基准物质标定法　　B. 移液管法　　　　C. 比较标定法　　　　D. 比色法

19. 标定 NaOH 滴定液所需的基准物质是（　　）。

A. 邻苯二甲酸氢钾　　B. 无水碳酸钠　　　C. 浓盐酸　　　　　　D. 浓硫酸

20. 标定 NaOH 滴定液所需的指示剂是（　　）。

A. 石蕊　　　　　　　B. 酚酞　　　　　　C. 甲基橙　　　　　　D. 甲基红

二、填空题

1. 滴定分析法按滴定方式分，主要有＿＿＿＿＿＿＿＿、＿＿＿＿＿＿＿＿、＿＿＿＿＿＿＿＿、置换滴定法。

2. 使用移液管时，一般是左手持＿＿＿＿＿＿，右手持＿＿＿＿＿＿，吸取溶液后，将移液管的末端靠在盛液器皿的内壁，管体保持＿＿＿＿＿＿，稍微放松食指，使管内溶液慢慢流出。

3. 使用容量瓶配制溶液，如果是用固体物质配制，需先将固体物质放在＿＿＿＿＿＿中溶解，然后用＿＿＿＿＿＿引流，将溶液转移入容量瓶；再用适量纯化水洗涤＿＿＿＿＿＿三次，洗涤液一并转移入容量瓶。

4. 使用酸式滴定管时，如果发现漏水或活塞转动不灵活，需将活塞拆下，用＿＿＿＿＿＿把活塞和活塞套的水擦拭干净，涂上＿＿＿＿＿＿，将活塞插入活塞套中，往一个方向旋转后，用＿＿＿＿＿＿套住活塞尾部，以防脱落。

5. 使用酸式滴定管时，用＿＿＿＿＿＿手握持活塞，拇指在活塞柄的前侧，食指、中指在活塞柄的后侧。转动活塞时，手心不要顶住＿＿＿＿＿＿的小头，以免漏液。右手握住＿＿＿＿＿＿颈，沿同一方向旋摇，边滴边摇，使瓶内溶液完全反应。

6. 碱式滴定管的下端有一根_____，它的中间有一个实心玻璃珠，用来控制溶液的流速。使用碱式滴定管时，若有气泡，则把_____向上弯曲，玻璃尖嘴斜向上方，用两指挤压_____外的橡皮，形成缝隙，使溶液从尖嘴处喷出而排除气泡。

7. 使用滴定管滴定时，目光要集中在_____中溶液的颜色变化上，不要注视滴定管中液面的变化。滴定结束读数时，读取溶液_____与刻度的相切点，视线必须与相切点保持在同一水平面上。读数时，应估读到以"mL"为单位的小数点后第_____位。

8. 滴定管，移液管和容量瓶是滴定分析法所用的主要量器。容量器皿的容积与其所标出的体积并非完全相符合。在准确度要求较高的分析工作中，必须对_____进行校准。由于玻璃具有热胀冷缩的特性，在不同的温度下容量器皿的体积也有所不同，国际上规定玻璃容量器皿的标准温度为_____℃。

三、名词解释

1. 滴定液。
2. 滴定终点。
3. 终点误差。
4. 基准物质。
5. 标定。

四、问答题

1. 用于滴定分析的化学反应必须具备哪些条件？
2. 滴定管有哪些类型？它们在结构上有哪些区别？

五、计算题

1. 将 5.300 0 g 基准 Na_2CO_3 配制成 250 mL 滴定液，计算此滴定液的物质的量浓度（已知 $M_{Na_2CO_3} = 105.99$ g/mol）。

2. 用 HCl 滴定液滴定 NaOH 溶液，已知 $T_{HCl/NaOH} = 0.004\ 000$ g/mL，若消耗 HCl 滴定液 20.26 mL，则该 NaOH 溶液中所含 NaOH 的质量为多少？

3. 用无水 Na_2CO_3 标定 HCl 溶液的浓度，称取 0.127 2 g 无水 Na_2CO_3，甲基橙作指示剂，滴定消耗 23.48 mL HCl 溶液，计算该 HCl 溶液的物质的量浓度（已知 $M_{Na_2CO_3} = 105.99$ g/mol）。

第五章

酸碱滴定法

学习引导

醋是中国各大菜系中传统的调味品。据现有文字记载，中国古代劳动人民以酒作为发酵剂来发酵酿制食醋，东方醋起源于中国，据文献记载，酿醋历史至少在 3 000 年以上。在制作凉菜时，向其中加入食醋（醋酸），除了中和碱外，还有很多功效，如开胃进食，以及消食化积。醋还能够消除体内的湿热，减少盐分的吸收。

醋的作用与功效是什么？如果市场上出现假的食醋或者醋酸含量不足，是否可以采用酸碱滴定法进行检测？采用滴定分析法测定，需满足什么要求？

本章主要介绍酸碱滴定法的运用。

§5-1　酸碱滴定法概述

 学习目标

掌握酸碱滴定法的基本原理。

酸碱滴定法是以酸碱反应为基础的滴定分析方法，用于测定酸、碱，以及能与酸或碱直接或间接反应的物质的含量。酸碱滴定法是滴定分析中的重要方法之一。酸碱滴定法在工农业生产和医药卫生等领域都有非常重要的意义。《中国药典》中收载的许多原料药，如阿司匹林原料药，就采用酸碱滴定法测定其含量。

酸碱滴定法是利用酸碱中和反应来进行滴定分析的方法，又称为中和滴定法。其反应的实质是 H^+ 和 OH^- 中和生成难以电离的水。

$$H^+ + OH^- \rightleftharpoons H_2O$$

【知识链接】

酸碱理论是阐明酸、碱本身以及酸碱反应的本质的各种理论。酸碱理论主要有酸碱电离理论，酸碱质子理论和酸碱电子理论等。

1. 酸碱电离理论。在 19 世纪末威廉·奥斯特瓦尔德的影响下，根据电解质电离理论，化学界形成了这样的概念：凡是在溶液电离出的阳离子全为氢离子的化合物是酸，氢离子是酸的体现者；凡是在溶液中电离出的阴离子全为氢氧根离子的化合物是碱，氢氧根离子则是碱的体现者。

2. 酸碱质子理论。这是丹麦化学家布朗斯特和英国化学家汤马士·马丁·劳里于 1923 年各自独立提出的一种酸碱理论。凡是能给出质子（H^+）的物质称为酸，凡是能接受质子（H^+）的物质称为碱；酸（HB）给出质子后转变为碱（B^-），而碱（B^-）接受质子后转变为酸（HB），这种性质称为共轭性，对应的酸碱构成共轭酸碱对。它拓展了酸碱概念的范畴。

3. 酸碱电子理论。1923 年，美国科学家 G. N. 路易斯从结构观点提出了广义的酸碱电子理论：能给出电子对的物质是碱，能接受电子对的物质是酸。按照路易斯酸碱电子理论的观点，几乎可以把所有的物质都分成酸或碱，因此该理论又称广义酸碱理论。

酸碱滴定法主要是以酸碱电离理论和酸碱质子理论为依据的滴定分析方法。

一、基本概念

1. 酸碱质子理论

（1）酸碱质子理论的定义。凡是能给出质子（H^+）的物质就是酸，凡是能接受质子的物质就是碱。

（2）酸。如 HNO_3、HAc、H_2O、HPO_4^{2-}、NH_4^+ 等。而给出质子后剩余部分即为碱。例如：

$$酸 \rightleftharpoons 质子 + 碱$$
$$HAc \rightleftharpoons H^+ + Ac^-$$
$$NH_4^+ \rightleftharpoons H^+ + NH_3$$

NH_4^+ 是 NH_3 的共轭酸，NH_3 是 NH_4^+ 的共轭碱。

（3）碱。如 Ac^-、NH_3、H_2O、OH^- 等。而碱接受质子后即为酸。

（4）两性物质。既能给出质子又能接受质子的物质。例如：H_2O、HCO_3^-、HPO_4^{2-} 等。由上面的讨论可以看出酸碱质子理论中的酸碱概念比酸碱电离理论关于酸碱的定义更为广泛，酸碱的含义具有相对性，酸与碱彼此是不可分开的，具有相互依存的关系。酸与碱彼此相互依存又互相转化的性质称为共轭性，两者共同构成一个共轭酸碱对。

$$酸 \rightleftharpoons 质子 + 碱$$
$$HB \rightleftharpoons H^+ + B^-$$

共轭酸碱对

酸碱反应的实质是质子转移。酸（HB）要转化为共轭碱（B⁻），所给出的质子必须转移到另一种能接受质子的物质上，在溶液中实际上没有自由的氢离子，只是在一个共轭酸碱对的酸和另一个共轭酸碱对的碱之间有质子的转移。因此，酸碱反应是两个共轭酸碱对共同作用的结果。

HCl 在水中的解离是 HCl 分子与水分子之间的质子转移，作为溶剂的水分子，同时起着碱的作用，平衡如下：

$$\text{HCl（酸}_1\text{）} + \text{H}_2\text{O（碱}_2\text{）} \Longleftrightarrow \text{H}_3\text{O}^+\text{（酸}_2\text{）} + \text{Cl}^-\text{（碱}_1\text{）} \tag{5-1}$$

NH₃ 在水中解离，作为溶剂的水分子起着酸的作用，存在如下平衡：

$$\text{NH}_3\text{（碱}_1\text{）} + \text{H}_2\text{O（酸}_2\text{）} \Longleftrightarrow \text{NH}_4^+\text{（酸}_1\text{）} + \text{OH}^-\text{（碱}_2\text{）} \tag{5-2}$$

所以，HCl 的水溶液显酸性，是由于 HCl 和水之间发生了质子转移的结果。NH₃ 的水溶液显碱性，也是由于它与水之间发生了质子转移。式 5 – 1 中水是碱，式 5 – 2 中水是酸。将式 5 – 1 和式 5 – 2 两式合并得到式 5 – 3：

$$\text{NH}_3 + \text{HCl} \Longleftrightarrow \text{NH}_4^+ + \text{Cl}^- \tag{5-3}$$

2. 水的质子自递反应

由式 5 – 1 与式 5 – 2 可知，水分子作为溶剂，既能给出质子起酸的作用，也能接受质子起碱的作用，即：$\text{H}_2\text{O} + \text{H}_2\text{O} \Longleftrightarrow \text{H}_3\text{O}^+ + \text{OH}^-$。

即水分子之间发生的质子传递作用，称为水的质子自递反应。这个作用的平衡常数称为水的离子积 K_w，即：

$$K_w = [\text{H}_3\text{O}^+][\text{OH}^-] \tag{5-4}$$

为了书写方便，通常将 H_3O^+ 简写为 H^+，因此水的离子积 K_w 简写为：

$$K_w = [\text{H}^+][\text{OH}^-] \tag{5-5}$$

在 25 ℃时也可以表示为：$K_w = [\text{H}^+][\text{OH}^-] = 1.0 \times 10^{-14}$，$pK_w = 14$。

3. 酸碱解离常数

在水溶液中，酸的强度取决于它将质子给予水分子的能力，碱的强度取决于它从水分子中获取质子的能力。这种给出和获得质子的能力的大小，具体表现在它们的解离常数上。

酸的解离常数用 K_a 表示，碱的解离常数用 K_b 表示。可以根据 K_a 和 K_b 值的大小判断酸碱的强弱。酸本身的酸性越弱，K_a 值越小，则其共轭碱的碱性就越强，K_b 值越大，反之亦然。因此，一元强酸的共轭碱弱，一元弱酸的共轭碱强。

共轭酸碱既然具有相互依存的关系，那么 K_a、K_b 和 K_w 之间有什么样的关系呢？对于酸 HB 而言，其在水溶液中的解离反应与解离常数是：

$$\text{HB} + \text{H}_2\text{O} \Longleftrightarrow \text{H}_3\text{O}^+ + \text{B}^-$$

$$K_a = \frac{[\text{H}^+][\text{B}^-]}{[\text{HB}]} \tag{5-6}$$

对于碱 B⁻ 而言，它在水溶液中的解离反应与解离常数是：

$$\text{B}^- + \text{H}_2\text{O} \Longleftrightarrow \text{HB} + \text{OH}^-$$

$$K_b = \frac{[HB][OH^-]}{[B^-]} \tag{5-7}$$

根据式 5-6 和式 5-7，有以下关系：

$$K_a K_b = \frac{[H_3O^+][B^-]}{[HB]} \times \frac{[HB][OH^-]}{[B^-]} = [H_3O^+][OH^-] = K_w \tag{5-8}$$

或

$$pK_a + pK_b = pK_w \tag{5-9}$$

二、酸的浓度和酸度

酸的浓度是指酸的物质的量浓度，即酸的总浓度，是指该酸在溶液中各种存在形式的浓度之和。酸度是指溶液中氢离子的浓度，在稀溶液中，酸度通常用 pH 来表示。pH 值是氢离子浓度的负对数，$pH = -lg[H^+]$，pH 值越小，酸度越高，pH 值越大，酸度越低。各种稀溶液氢离子浓度的计算方法不同。常温下在水溶液中的 $[H^+]$ 与 $[OH^-]$ 关系为 $K_w = [H^+] \times [OH^-] = 1.0 \times 10^{-14}$。

一元强酸强碱溶液中 $[H^+] = c_{酸}$，$[OH^-] = c_{碱}$，弱酸弱碱常用 $[H^+] = \sqrt{K_a \cdot c_{酸}}$ 或 $[OH^-] = \sqrt{K_b \cdot c_{碱}}$ 计算；缓冲溶液常用 $pH = pK_a + lg\frac{c_{盐}}{c_{酸}}$ 或 $pOH = pK_b + lg\frac{c_{盐}}{c_{碱}}$；水解性盐常用 $[H^+] = \sqrt{\frac{K_w}{K_b} \cdot c_{盐}}$ 或 $[OH^-] = \sqrt{\frac{K_w}{K_a} \cdot c_{盐}}$。

练一练

1. 浓度相同的下列物质水溶液的 pH 值最高的是（　　　）。

A. NaCl   B. NaHCO₃   C. NH₄Cl   D. Na₂CO₃

2. 用 0.1 mol/L 的盐酸滴定 0.1 mol/L 的氢氧化钠溶液，当滴定至化学计量点时，溶液的 pH 值为（　　　）。

A. 7.0   B. 4.3   C. 9.7   D. 13

§5-2　酸碱指示剂

学习目标

1. 熟悉酸碱指示剂的变色原理、变色范围，酸碱滴定的类型。

2. 掌握酸碱指示剂的选择原则。

3. 了解混合指示剂的特点。

一、酸碱指示剂的变色原理和变色范围

1. 变色原理

酸碱滴定终点的判断一般是借助酸碱指示剂的颜色变化来指示反应的化学计量点。酸碱指示剂大多是结构复杂的有机弱酸或是弱碱，其酸式和碱式的结构不同，体现的颜色也不同。当溶液中的 pH 值发生改变时，指示剂由酸式结构变为碱式结构，或者由碱式结构变为酸式结构，从而使溶液颜色发生变化。下面以最常用的甲基橙、酚酞为例来说明。

甲基橙是一种有机弱碱，也是一种双色指示剂，它在溶液中的解离平衡表示为：

$$(CH_3)_2N \!-\!\!\langle\ \rangle\!-\! N \!=\! N \!-\!\langle\ \rangle\!-\! SO_3^- \underset{OH^-}{\overset{H^+}{\rightleftharpoons}} (CH_3)_2\overset{+}{N} \!=\!\langle\ \rangle\!=\! N \!-\! \overset{\overset{H}{|}}{N} \!-\!\langle\ \rangle\!-\! SO_3^-$$

黄色（偶氮式）　　　　　　　　　　　红色（醌式）

由以上式子可以看出：当溶液中［H^+］增大时，反应向右进行，此时甲基橙主要以醌式存在，溶液呈红色；当溶液中［H^+］降低，而［OH^-］增大时，反应向左进行，甲基橙主要以偶氮式存在，溶液呈黄色。

酚酞是一种有机弱酸，它在溶液中存在以下平衡：

$$HIn \rightleftharpoons H^+ + In^-$$

酸式　　　　碱式

（无色）　　（红色）

酚酞的 $pK_a = 9.1$。其酸式结构常用 HIn 表示，呈现的颜色为酸式色（即无色）；其碱式结构常用 In^- 表示，呈现的颜色称为碱式色（即红色）。

2. 酸碱指示剂的变色范围和变色点

以弱酸型指示剂 HIn 为代表，说明指示剂的颜色变化与溶液 pH 值的关系。以 HIn 代表酸碱指示剂的酸式（其颜色称为指示剂的酸式色），其离解产物 In^- 就代表酸碱指示剂的碱式（其颜色称为指示剂的碱式色），则离解平衡可表示为：

$$HIn \rightleftharpoons H^+ + In^-$$

酸式色　　　碱式色

当离解达到平衡时：

$$K_{HIn} = \frac{[H^+][In^-]}{[HIn]}$$

$$pH = pK_{HIn} + \lg\frac{[In^-]}{[HIn]} \tag{5-10}$$

一般情况下，指示剂在溶液中应呈现两种互变异构体的混合色。只有当两种颜色的浓度比在 10 以上的时候，人眼通常才看到较浓形式物质的颜色。即 $\frac{[In^-]}{[HIn]} \leqslant \frac{1}{10}$，看到的是 HIn 的颜色（即酸式色）。此时，由式 5-10 得：

$$pH \leq pK_{HIn} + \lg \frac{1}{10} = pK_{HIn} - 1$$

若 $\dfrac{[In^-]}{[HIn]} \geq \dfrac{10}{1}$，看到的是 In^- 的颜色（即碱式色）。此时，由式 5 – 10 得：

$$pH \geq pK_{HIn} + \lg \frac{10}{1} = pK_{HIn} + 1$$

若 $\dfrac{[In^-]}{[HIn]}$ 在 $\dfrac{1}{10} \sim 10$ 时，看到的是酸式色与碱式色的混合颜色。

因此，当溶液的 pH 由 $pK_{HIn} - 1$ 向 $pK_{HIn} + 1$ 改变时，人的肉眼才可以看到指示剂的颜色变化。我们称此范围为指示剂的理论变色范围，即：$pH = pK_{HIn} \pm 1$。

从理论上来说，指示剂的变色范围都有 2 个 pH 单位，但是实验测得的指示剂的变色范围并不都是 2 个 pH 单位。由于人眼对各种颜色的敏感程度不同，加上两种颜色之间的相互影响，因此实际观察到的各种指示剂的变色范围（见表 5 – 1）是在 2 个 pH 单位基础上略有上下浮动。

表 5 – 1　　　　　　　　几种常用酸碱指示剂在室温下水溶液中的变色范围

指示剂	变色范围（pH 值）	酸式色	碱式色	变色点 pK_{HIn}	用量（滴/10 mL 试液）
百里酚蓝	1.2 ~ 2.8	红	黄	1.7	1 ~ 2
甲基黄	2.9 ~ 4.0	红	黄	3.3	1
甲基橙	3.1 ~ 4.4	红	黄	3.4	1
溴酚蓝	3.0 ~ 4.6	黄	紫	4.1	1
溴甲酚绿	3.8 ~ 5.4	黄	蓝	4.9	1 ~ 3
甲基红	4.4 ~ 6.2	红	黄	5.0	1
溴百里酚蓝	6.2 ~ 7.6	黄	蓝	7.3	1
中性红	6.8 ~ 8.0	红	黄橙	7.4	1
苯酚红	6.8 ~ 8.4	黄	红	8.0	1
酚酞	8.0 ~ 10.0	无色	红	9.1	1 ~ 3

二、影响酸碱指示剂变色范围的因素

1. 温度

指示剂的变色范围与指示剂的解离常数有关，而解离常数与温度有关，因此当温度改变时，指示剂的变色范围也随之改变。如：18 ℃ 时，甲基橙的变色范围为 3.1 ~ 4.4；100 ℃ 时则为 2.5 ~ 3.7。

2. 指示剂用量

根据指示剂变色的平衡关系可以得出：

$$HIn \rightleftharpoons H^+ + In^-$$

如果指示剂用量少，加入少量的碱标准溶液即可使 HIn 转变为 In^-，变色敏锐。如果指示剂用量过大，指示剂本身也会消耗标准滴定溶液，使变色范围加宽，变色延迟，终点难以判断。因此在不影响指示剂变色敏锐的前提下，用量少一些为佳。但却不能太少，否则，由于人眼辨色能力的限制，无法观察到溶液颜色的变化，一般分析滴定中用量为 2 ~ 4 滴。对于单色指示剂（如酚酞），也是指示剂的用量偏少时，滴定终点变色敏锐。

3. 溶剂

指示剂在不同溶剂中的 pK_{HIn} 值是不同的，指示剂的变色范围也会不同。甲基橙在水溶液中 pK_{HIn} 为 3.4，在甲醇中 pK_{HIn} 为 3.8。

4. 滴定顺序

由于深色较浅色明显，所以当溶液由浅色变为深色时，或者由无色变为有色，人眼容易辨别。例如：以甲基橙作指示剂，用 HCl 滴定 NaOH 时，终点由黄色到橙色颜色变化明显；以酚酞做指示剂，用 NaOH 滴定 HCl，终点由无色到粉红色，容易判断终点。反之，变色不敏锐，容易使滴定液过量。

三、混合指示剂

由于指示剂具有一定的变色范围，因此只有当溶液 pH 值的改变超过一定数值，也就是说只有在酸碱滴定的化学计量点附近 pH 值发生突跃时，指示剂才能从一种颜色突然变为另一种颜色。但在某些酸碱滴定中，由于化学计量点附近 pH 值突跃小，使用单一指示剂确定终点无法达到所需要的准确度，这时可考虑采用混合指示剂。

混合指示剂是用一种酸碱指示剂和另一种不随 pH 值变化而改变颜色的染料，或者用两种指示剂混合配制而成。混合指示剂的原理是利用互补色进行调色，掩盖过渡色，其目的是使指示剂的颜色变化敏锐，减少误差，提高准确度。混合指示剂具有变色范围窄，变色明显的优点。

一种是由两种或多种酸碱指示剂混合而成的。由于颜色互补的原理使变色范围变窄，颜色变化更敏锐。如：溴甲酚绿与甲基红指示剂按照 3:1 混合后，两种颜色混合在一起，酸式色便成为酒红色（即红稍带黄），碱式色便成为绿色。

另一种混合指示剂是在某种指示剂中加入一种惰性染料（不是酸碱指示剂，颜色不随溶液 pH 值的变化而变化，变色范围不变，但因颜色互补使变色更敏锐）。如：甲基橙和靛蓝组成的混合指示剂，靛蓝是惰性染料，不随 pH 值变化，只作为甲基橙的蓝色背景。当 pH 值大于 4.4 时，在溶液中混合指示剂显绿色；当 pH 值小于 3.1 时，在溶液中混合指示剂显紫色；在 pH 值等于 4 时，在溶液中混合指示剂显浅灰色。常用的混合指示剂见表 5-2。

表 5-2　　　　　　　　　　　几种常用的混合指示剂

指示剂溶液的组成	变色点 pK_{HIn}	颜色		备注
		酸色	碱色	
甲基黄乙醇溶液和次甲基蓝乙醇溶液	3.25	蓝紫	绿	pH = 3.2，蓝紫色；pH = 3.4，绿色
甲基橙水溶液和靛蓝二磺酸水溶液	4.1	紫	黄绿	—
溴甲酚绿钠盐水溶液和甲基橙水溶液	4.3	橙	蓝绿	pH = 3.5，黄色；pH = 4.05，绿色；pH = 4.3，浅绿

续表

指示剂溶液的组成	变色点 pK_{HIn}	颜色		备注
		酸色	碱色	
溴甲酚绿乙醇溶液和甲基红乙醇溶液	5.1	酒红	绿	—
溴甲酚绿钠盐水溶液和氯酚红钠盐水溶液	6.1	黄绿	蓝绿	pH = 5.4，蓝绿色；pH = 5.8，蓝色；pH = 6.0，蓝带紫；pH = 6.2，蓝紫
中性红乙醇溶液和次甲基蓝乙醇溶液	7.0	紫蓝	绿	pH = 7.0，紫蓝
甲酚红钠盐水溶液和百里酚蓝钠盐水溶液	8.3	黄	紫	pH = 8.2，玫瑰红；pH = 8.4，清晰的紫色
酚酞乙醇溶液和百里酚酞乙醇溶液	9.9	无色	紫	pH = 9.6，玫瑰红；pH = 10，紫色
二份 0.1% 百里酚酞乙醇溶液 一份 0.1% 茜素黄 R 乙醇溶液	10.2	黄	紫	

练一练

1. 某指示剂的 $K_{HIn} = 1.0 \times 10^{-4}$，其理论变色范围（ ）。

A. pH3 ~ 4　　　B. pH4 ~ 6　　　C. pH3 ~ 5　　　D. pH4 ~ 5

2. 指示剂颜色变化时_____范围称为酸碱指示剂的变色范围，当 pH = pK_{HIn} 时为指示剂的理论变色点，故 pH = _____就是指示剂的理论变色范围。

§5-3　酸碱滴定曲线和指示剂的选择

学习目标

1. 理解如何绘制滴定曲线。

2. 掌握滴定突跃范围。

在酸碱滴定法中，终点是借助指示剂的颜色变化显示的，而指示剂的颜色变化与溶液的 pH 值有关，尤其要了解在计量点附近多加一滴或少加一滴酸（碱）引起的 pH 值改变情况，只有在这一 pH 值改变范围内变色的指示剂才能正确指示滴定终点。而滴定中 pH 值的改变过程可用曲线来表示，叫滴定曲线。

酸碱滴定曲线是以滴加滴定液的物质的量或体积为横坐标，以滴定过程中溶液的 pH 值为纵坐标来绘制的。酸碱滴定曲线从理论上解释了滴定过程中溶液的 pH 值随着滴定液加入量而变化的规律，它对指示剂的选择具有指导意义。

一、强酸、强碱的滴定

1. 强碱滴定强酸

（1）滴定过程。强酸、强碱滴定的基本反应式为：

$$H^+ + OH^- = H_2O$$

这种类型的酸碱滴定，其反应程度是最高的，也最容易得到准确的滴定结果。下面以 0.100 0 mol/L NaOH 标准滴定溶液滴定 20.00 mL 0.100 0 mol/L HCl 为例，来说明强碱滴定强酸过程中 pH 值的变化与滴定曲线的形状。该滴定过程可分为四个阶段：

1）滴定开始前。由于 HCl 是强酸，所以溶液的 pH 值由盐酸溶液的浓度决定，即：

$$[H^+] = 0.100 0 \ mol/L$$

$$pH = -\lg 0.100 0 = 1.00$$

2）滴定开始至化学计量点前。溶液的 pH 值由剩余 HCl 溶液的浓度决定。

例如，当滴入 NaOH 溶液 18.00 mL 时，反应后剩余 HCl 溶液 2.00 mL，此时溶液的 pH 值为：

$$[H^+] = \frac{0.100 0 \times 2.00}{20.00 + 18.00} mol/L = 5.26 \times 10^{-3} \ (mol/L)$$

$$pH = 2.28$$

当滴入 NaOH 溶液 19.80 mL 时，反应后剩余 HCl 溶液 0.20 mL，则

$$[H^+] = \frac{0.100 0 \times 0.20}{20.00 + 19.80} mol/L = 5.03 \times 10^{-4} \ (mol/L)$$

$$pH = 3.30$$

当滴入 NaOH 溶液 19.98 mL 时，反应后剩余 HCl 0.02 mL，则

$$[H^+] = \frac{0.1 000 \times 0.02}{20.00 + 19.98} mol/L = 5.00 \times 10^{-5} \ (mol/L)$$

$$pH = 4.30$$

3）在化学计量点时。当滴入 20.00 mL NaOH 溶液时，溶液中的 HCl 全部被中和，因此溶液呈中性，即

$$[H^+] = [OH^-] = 1.00 \times 10^{-7} \ mol/L$$

$$pH = 7.00$$

4）化学计量点后。此时溶液的 pH 值由过量的 NaOH 浓度决定。

例如，当滴入 NaOH 20.02 m 时，NaOH 过量 0.02 mL，此时溶液中 pH 值为：

$$[OH^-] = \frac{0.100 0 \times 0.02}{20.00 + 20.02} mol/L = 5.00 \times 10^{-5} \ (mol/L)$$

$$pOH = 4.30; \ pH = 14 - pOH = 9.70$$

（2）滴定曲线。用完全类似的方法可以计算出整个滴定过程中加入任意体积 NaOH 时溶液的 pH 值，其结果见表 5 – 3。

表 5 - 3　用 0.100 0 mol/L NaOH 溶液滴定 20.00 mL 0.100 0 mol/L HCl 时 pH 值的变化

加入 NaOH/mL	剩余 HCl/mL	过量 NaOH/mL	$[H^+]$	pH 值
0.00	20.00	—	1.00×10^{-1}	1.00
18.00	2.00	—	5.26×10^{-3}	2.28
19.80	0.20	—	5.02×10^{-4}	3.30
19.98	0.02	—	5.00×10^{-5}	4.30
20.00	0.00	—	1.00×10^{-7}	7.00
20.02	—	0.02	2.00×10^{-10}	9.70
20.20	—	0.20	2.01×10^{-11}	10.70
22.00	—	2.00	2.10×10^{-12}	11.68
40.00	—	20.00	5.00×10^{-13}	12.52

（突跃范围：4.30、7.00、9.70）

以表 5 - 3 溶液的 pH 值为纵坐标，以 NaOH 溶液的加入量体积为横坐标，可绘制出强碱滴定强酸的滴定曲线，如图 5 - 1 所示。

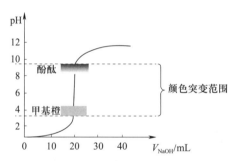

图 5 - 1　0.100 0 mol/L NaOH 与 0.100 0 mol/L HCl 的滴定曲线

由表 5 - 3 与图 5 - 1 可以得出以下结论：

从滴定开始到加入 19.98 mL NaOH 滴定溶液，溶液的 pH 值仅改变了 3.30 个 pH 单位，变化较慢，曲线形状比较平坦。

而在化学计量点附近，加入 1 滴 NaOH 溶液（相当于 0.04 mL，即从溶液中剩余 0.02 mL HCl 到过量 0.02 mL NaOH）就使溶液的 pH 值由 4.30 突然上升到 9.70，改变了 5.40 个 pH 单位，曲线形状变陡。这种在化学计量点附近溶液 pH 值的突然改变便称为滴定突跃，而突跃所对应的 pH 值的范围称为滴定突跃范围。那么用 0.100 0 mol/L NaOH 标准溶液滴定 0.100 0 mol/L HCl 溶液，从图 5 - 1 中可以看出滴定突跃范围的 pH 值为 4.30 ~ 9.70，若在此突跃范围内停止滴定，滴定误差较小。

（3）指示剂的选择。在化学计量点后继续滴加 NaOH 溶液，溶液的 pH 值变化又比较缓慢，曲线形状再度趋于平坦。滴定突跃是选择指示剂的依据：凡是变色范围全部或部分落在滴定突跃范围内的指示剂，都可以用作该滴定方法的指示剂，这就是指示剂的选择原则。从图 5 - 1 中可以看出酚酞和甲基橙等都可以用来指示滴定终点。

（4）影响突跃范围的因素。还必须注意的是，滴定突跃范围的大小与酸碱的浓度高低有关。

从图 5 - 2 中可以看出，如果用 0.010 0 mol/L NaOH 标准溶液滴定 0.010 0 mol/L HCl 溶液时，则滴定突跃范围变成 pH5.30 ~ 8.70，此时甲基橙指示剂就不能再用了。可见溶液浓度越大，滴定突跃范围越宽，可供选择的指示剂就越多；溶液的浓度越小，滴定突跃越窄，指示剂的选择就越少。从图 5 - 2 中可以看出，当溶液稀释至一定程度时，则没有明显的滴定突跃，也就无法准确滴定。所以合适的浓度是保证准确滴定的前提条件。

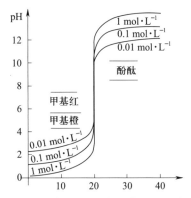

图 5 - 2　各种不同浓度的 NaOH 溶液滴定 HCl 溶液的滴定曲线

2. 强酸滴定强碱

如果用 0.100 0 mol/L HCl 标准滴定溶液滴定 20.00 mL 0.100 0 mol/L NaOH，显然滴定曲线形状与 NaOH 溶液滴定 HCl 溶液的曲线对称，滴定突跃范围相同，只是 pH 值不是随着滴定溶液的加入而逐渐增大，而是逐渐减小。

从滴定过程 pH 值的计算中可以知道，滴定的突跃大小还必然与被滴定物质及标准溶液的浓度有关。一般说来，酸碱浓度增大 10 倍，则滴定突跃范围就增加 2 个 pH 单位；反之，若酸碱浓度变为原来的 1/10，则滴定突跃范围就减少 2 个 pH 单位。如用 1.00 0 mol/L NaOH 滴定 1.00 0 mol/L HCl 时，其滴定突跃范围就增大为 3.30 ~ 10.70；若用 0.010 00 mol/L NaOH 滴定 0.010 00 mol/L HCl 时，其滴定突跃范围就减小为 5.30 ~ 8.70。

二、一元弱酸、弱碱的滴定

1. 强碱滴定弱酸

（1）滴定过程。由于弱酸、弱碱的电离不完全，那么用强酸滴定弱碱或用强碱滴定弱酸的反应完全程度较差。这可以从下面的强碱（酸）滴定一元弱酸（碱）的滴定反应看出。

$$HA + OH^- = H_2O + A^- \qquad K_t = \frac{[A^-]}{[HA][OH^-]} = \frac{K_a}{K_w} \qquad (5-11)$$

或

$$BOH + H^+ = H_2O + B^+ \qquad K_t = \frac{[B^+]}{[BOH][H^+]} = \frac{K_b}{K_w} \qquad (5-12)$$

下面以 0.100 0 mol/L NaOH 标准溶液滴定 20.00 mL 0.100 0 mol/L HAc 溶液为例，说明这一类滴定过程中 pH 值变化规律。该滴定过程也可分为以下四个阶段：

1）滴定开始前。由于 HAc 是弱酸，此时溶液中的 $[H^+]$ 主要来自 HAc 的解离。根据弱酸 pH 计算的最简式：

$$[H^+] = \sqrt{c_a K_a}$$

得出　　　　　$[H^+] = \sqrt{0.100\ 0 \times 1.76 \times 10^{-5}}\ \text{mol/L} = 1.33 \times 10^{-3}\ (\text{mol/L})$

$$pH = -\lg [H^+] = 2.88$$

2）滴定开始至化学计量点前。这一阶段的溶液是由未反应的 HAc 与反应产物 NaAc 组成的，其 pH 由 HAc - NaAc 缓冲体系来决定，即

$$pH = pK_a + \lg \frac{[Ac^-]}{[HAc]}$$

比如，当滴入 NaOH 19.98 mL（剩余 HAc 0.02 mL）时，反应产物 Ac^- 可按 19.98 mL 计算，此时溶液的 pH 值为：

$$pK_a = -\lg 1.76 \times 10^{-5} = 4.75$$

$$pH = 4.75 + \lg \frac{19.98}{0.02} = 7.75$$

3）在化学计量点时。当加入 20.00 mL NaOH 溶液时，溶液中的 HAc 全部被中和为 NaAc，溶液呈弱碱性。此时溶液的 pH 值为：

$$[OH^-] = \sqrt{c_b K_b}$$

由于　　　　　$K_b = \dfrac{K_w}{K_a} = \dfrac{1.0 \times 10^{-14}}{1.76 \times 10^{-5}} = 5.68 \times 10^{-10}$

$$[Ac^-] = \frac{20.00}{20.00 + 20.00} \times 0.100\ 0\ \text{mol/L} = 5.0 \times 10^{-2}\ (\text{mol/L})$$

所以　　　　　$[OH^-] = \sqrt{5.0 \times 10^{-2} \times 5.68 \times 10^{-10}}\ \text{mol/L} = 5.33 \times 10^{-6}\ (\text{mol/L})$

$$pOH = 5.27;\ pH = 8.73$$

4）在化学计量点后。此时溶液的组成是过量 NaOH 和滴定产物 NaAc。由于过量 NaOH 的存在，抑制了 Ac^- 的水解。因此，溶液的 pH 值仅由过量 NaOH 的浓度来决定，即

$$[OH^-] = \frac{c_{NaOH} \times V_{过量}}{V_{HAc} + V_{NaOH}}$$

比如，滴入 20.02 mL NaOH 溶液（过量的 NaOH 为 0.02 mL），则

$$[OH^-] = \frac{0.02 \times 0.100\ 0}{20.00 + 20.02}\ \text{mol/L} = 5.0 \times 10^{-5}\ (\text{mol/L})$$

$$pOH = 4.30;\ pH = 9.70$$

按上述方法，依次计算出滴定过程中溶液的 pH 值，其计算结果如表 5 - 4 所示。

（2）滴定曲线。以表 5 - 4 中的 NaOH 溶液加入体积为横坐标，以 pH 值的变化为纵坐标作图，可以得到一条曲线，即强碱滴定弱酸的滴定曲线，如图 5 - 3 所示。

表 5-4　用 0.100 0 mol/L NaOH 滴定 20.00 mL 0.100 0 mol/L HAc 的 pH 值变化

加入 NaOH/mL	剩余 HAc 的体积/mL	过量 NaOH/mL	pH 值
0.00	20.00	—	2.88
18.00	2.00	—	5.70
19.80	0.20	—	6.76
19.98	0.02	—	7.76 ⎫ 突跃
20.00	0.00	—	8.73 ⎬ 范围
20.02	—	0.02	9.70 ⎭
20.20	—	0.20	10.70
22.00	—	2.00	11.68
40.00	—	20.00	12.59

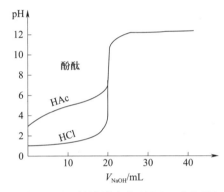

图 5-3　0.100 0 mol/L NaOH 溶液滴定 0.100 0 mol/L HAc 溶液的滴定曲线

从图 5-3 中可以看出,滴定前 0.100 0 mol/L 的 HAc 比等浓度的 HCl pH 值约大 2 个 pH 单位。这是由于 HAc 的解离度要比等浓度的 HCl 小的缘故。

滴定开始后,曲线的坡度比滴定 HCl 时更倾斜,继续滴入 NaOH,由于 NaAc 的生成,构成了缓冲体系,溶液的 pH 值增加变缓慢,这一段曲线较为平坦。接近化学计量点时,由于 HAc 剩下很少,缓冲作用减弱,pH 值变化速度又逐渐加快。直到化学计量点时,溶液 pH 值发生突变,pH 值为 8.73,在碱性范围内。

在化学计量点后,pH 值的变化规律与强碱滴定强酸情况基本相同。

(3)指示剂的选择。化学计量点附近 pH 值的突跃范围为 7.76~9.70,比同浓度的强碱滴定强酸要小得多,这就是强碱滴定弱酸的特点。指示剂的选择原则:一是指示剂的变色范围全部或部分地落入滴定突跃范围内,二是指示剂的变色点尽量靠近化学计量点。

从 pH 值的突跃范围可知,在酸性范围内变色的指示剂,如甲基橙等此时均不可使用(因引起较大的滴定误差);而酚酞、百里酚酞、百里酚蓝等变色范围恰好在突跃范围之内,因而可作为这一滴定类型的指示剂。

(4)影响突跃范围的因素。在弱酸的滴定中,突跃范围的大小除了与溶液浓度有关外,还与弱酸的强度有关。用 0.100 0 mol/L NaOH 标准溶液滴定 20.00 mL 0.100 0 mol/L 不同强度的一元酸时,其滴定曲线如图 5-4 所示。

从图 5-4 中可以得出,当解离常数为 10^{-9} 时,由于溶液的 pH 值已经很高,看不出滴

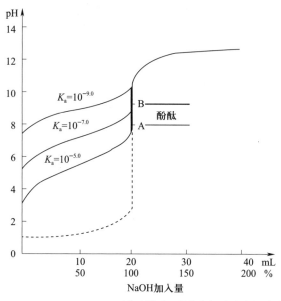

图 5 – 4　0.100 0 mol/L NaOH 溶液滴定不同强度酸溶液的滴定曲线

定突跃；在水溶液中无法用一般的酸碱指示剂来指示终点；所以不是所有的弱酸弱碱都可以在水溶液中进行滴定。当弱酸溶液的浓度 c 和其解离常数 K 的乘积大于或等于 10^{-8}，也就是 $c_a \cdot K_a \geq 10^{-8}$ 且 $c_a \geq 10^{-3}$ mol/L，其滴定突跃可大于 0.3pH 单位，一般人的眼睛可以辨别，滴定可以直接进行。以此作为判别弱酸弱碱可以在水中滴定的标准。

2. 强酸滴定弱碱

若用强酸滴定弱碱，滴定曲线的形状与强碱滴定弱酸时基本相似，仅 pH 值变化方向相反，突跃范围的大小取决于弱碱的强度和浓度。能够用指示剂法直接准确滴定一元弱碱的条件是：$c_b \cdot K_b \geq 10^{-8}$ 且 $c_b \geq 10^{-3}$ mol/L。

三、多元弱酸、多元弱碱的滴定

多元弱酸和多元弱碱的滴定由于存在分步电离，因而滴定中可形成多个滴定突跃，而能否分步滴定，则涉及各滴定突跃是否明显，这就意味着必须考虑两种情况：一是能否滴定酸或碱的总量，二是能否分级滴定。

强碱滴定多元酸及强酸滴定多元碱根据滴定可行性判断具有下述原则：

当 $c_a \cdot K_{a_1} \geq 10^{-8}$（$c_b \cdot K_{b_1} \geq 10^{-8}$）时，这一级解离的 H^+（OH^-）可以被直接滴定；

当相邻的两个 K_a（K_b）的比值大于或等于 10^5 时，较强的那一级解离的 H^+（OH^-）先被滴定，出现第一个滴定突跃，较弱的那一级解离的 H^+（OH^-）后被滴定。但能否出现第二个滴定突跃，则取决于酸的第二级解离常数值是否满足：

$$c_a \cdot K_{a_2} \geq 10^{-8} \tag{5 – 13}$$

如果相邻的两个 K_a（K_b）的比值小于 10^5 时，滴定时两个滴定突跃将混在一起，这时只出现一个滴定突跃。

§5－4 滴定液

 学习目标

1. 掌握酸碱滴定液的配制与标定方法。
2. 掌握直接滴定法的应用。

在滴定分析法中，要求滴定液的浓度是已知的、准确的。配制准确浓度的滴定液的方法有直接配制法和间接配制法。直接配制法是直接配制成准确浓度的滴定液的方法。直接配制法配制滴定液，现配现用，浓度可直接计算，但是须使用基准试剂，配制成本高，配制的量受到容量瓶的限制。间接配制法是先将滴定液配制成与标示浓度近似的浓度，然后进行标定的配制方法，也称标定法。在没有基准试剂、无法精密称定、选择不到合适的容量瓶时，可用间接配制法配制滴定液。

一、0.1 mol/L NaOH 滴定液的配制与标定

NaOH 容易吸收空气中的 CO_2 使配得的溶液中含有少量 Na_2CO_3，其反应式如下：

$$2NaOH + CO_2 \Longrightarrow Na_2CO_3 + H_2O$$

经过标定的含有碳酸盐的标准碱溶液，用它测定酸含量时，若使用与标定时相同的指示剂，则含碳酸盐对测定结果并无影响。若标定与测定不是用相同的指示剂，则将发生一定的误差，因此应配制不含碳酸盐的标准溶液。

配制不含 Na_2CO_3 的标准 NaOH 溶液，最常见的方法是用 NaOH 的饱和水溶液配制。Na_2CO_3 在饱和 NaOH 溶液中不溶解，待 Na_2CO_3 沉淀后，量取一定量上层澄清溶液，再用水稀释至所需浓度，即可得到不含 Na_2CO_3 的 NaOH 溶液。

饱和 NaOH 溶液的相对密度为 1.56，含量约为 52%（W/W），故其物质的量浓度为：

$$\frac{1\,000 \times 1.56 \times 0.52}{40} \approx 20 \ （mol/L）$$

取饱和 NaOH 溶液 5 mL 加水稀释至 1 000 mL，即得 0.1 mol/L NaOH 溶液。为保证其浓度略大于 0.1 mol/L 故规定取 5.6 mL。

标定碱溶液常用的基准物质是邻苯二甲酸氢钾。其滴定反应式如下：

在计量点时，由于弱酸盐的水解，溶液呈微碱性，应采用酚酞为指示剂。

1. 配制

用刻度吸管吸取饱和 NaOH 储备液的中层溶液 2.8 mL，置于烧杯中，加新沸并放冷的蒸馏水至 500 mL，搅拌均匀，转移至聚乙烯瓶中，盖紧瓶塞，待标定。

2. 标定

（1）用配好的 NaOH 滴定液将洗净的碱式滴定管荡洗 3 遍（每次约 5 mL），装液，赶气泡，放至零刻度。

（2）精密称取邻苯二甲酸氢钾 0.44 g，加新煮沸过的冷蒸馏水 50 mL，小心摇动，使其溶解，加酚酞指示液 1 ~ 2 滴，用待标定的 NaOH 溶液滴定至微红色，半分钟不褪色，即为终点。记录 NaOH 滴定液的体积，按式 5 – 14 计算 NaOH 滴定液的浓度：

$$c_{NaOH} = \frac{m_{邻}}{V_{NaOH} \times \dfrac{M_{KHC_8H_4O_4}}{1\ 000}} \tag{5 – 14}$$

平行滴定 3 次，并计算相对平均偏差。标定完毕，将试剂瓶贴好标签，备用。

二、0.1 mol/L HCl 滴定液的配制与标定

以甲基橙或溴甲酚绿 – 甲基红作指示剂，用盐酸溶液滴定基准无水碳酸钠，其反应式为：

$$Na_2CO_3 + 2HCl == 2NaCl + H_2O + CO_2 \uparrow$$

根据基准无水碳酸钠的质量及所用盐酸溶液的体积，计算盐酸溶液的准确浓度。

1. 配制

先用量筒准确量取蒸馏水 495.50 mL 于试剂瓶中，再用吸量管准确量取密度为 1.19 g/cm³ 的浓盐酸 4.50 mL，注入试剂瓶中，充分摇匀。

2. 标定

用称量瓶按递减称量法称取在 270 ~ 300 ℃ 灼烧至恒重的基准无水碳酸钠 0.15 ~ 0.2 g（称准至 0.000 2 g），放入 250 mL 锥形瓶中，以 25 mL 蒸馏水溶解，加甲基橙指示剂 1 ~ 2 滴（或以 50 mL 蒸馏水溶解，加溴甲酚绿—甲基红混合指示剂 10 滴），用 0.1 mol/L 盐酸溶液滴定至溶液由黄色变为橙色（或由绿色变成暗红色），加热煮沸 2 min，冷却后继续滴定至溶液呈橙色（或暗红色）为终点。平行测定 2 ~ 3 次，同时做空白试验。

实训三　氢氧化钠滴定液的标定

一、实训目的

1. 会用酚酞作指示剂判断滴定终点。

2. 会用基准邻苯二甲酸氢钾标定氢氧化钠溶液浓度。

二、器材准备

仪器：分析天平 1 台、称量瓶 1 个、500 mL 烧杯 1 个、50 mL 量筒 1 个、25 mL 移液管 1 支、250 mL 锥形瓶 4 个、50 mL 碱式滴定管 1 支、玻璃棒 1 根、洗耳球 1 个。

试剂：氢氧化钠溶液（0.1 mol/L）、邻苯二甲酸氢钾（固体、基准物）、1% 酚酞酒精溶液。

三、实训原理与内容

1. 实验原理

用基准邻苯二甲酸氢钾标定。以酚酞为指示剂，用待标氢氧化钠溶液滴定邻苯二甲酸氢钾，其反应为：

在化学计量点时，溶液呈弱碱性（pH≈9.20）。根据基准邻苯二甲酸氢钾的质量及所用氢氧化钠溶液的体积，计算氢氧化钠溶液的准确浓度。

2. 实验内容

准确称取在 110 ~ 120 ℃ 烘至恒重的基准邻苯二甲酸氢钾 0.5 ~ 0.6 g（称准至 0.000 2 g），放入 250 mL 锥形瓶中，以 50 mL 不含 CO_2 的蒸馏水溶解，加酚酞指示剂 2 滴，用 0.1 mol/L 氢氧化钠溶液滴定至溶液由无色变为粉红色 30 s 不褪色为终点。平行测定 2 ~ 3 次，同时做空白试验。

3. 实验数据记录及结果计算

实验数据记录见表 5 - 5。

$$c_{NaOH} = \frac{m \times 1\,000}{(V_1 - V_0) \times 204.22} \tag{5-15}$$

式中　m——基准邻苯二甲酸氢钾的质量，g；

　　　V_1——氢氧化钠溶液的用量，mL；

　　　V_0——空白试验氢氧化钠溶液的用量，mL；

　　　204.22——邻苯二甲酸氢钾的摩尔质量，g/mol；

　　　c_{NaOH}——氢氧化钠标准溶液的浓度，mol/L。

表 5 - 5　　　　　　　　　　　　　　　　实验数据记录

编号	1	2	3
瓶 + 样重（倾样前）/g			
瓶 + 样重（倾样后）/g			
基准邻苯二甲酸氢钾质量/g			
滴定消耗 NaOH 标液体积/mL			

续表

编号	1	2	3
空白试验消耗 NaOH 标液体积/mL			
实际消耗 NaOH 标液体积/mL			
NaOH 标液浓度/（mol/L）			
NaOH 标液浓度平均值/（mol/L）			
平行测定结果的相对极差/%			

四、实训测评

按表 5-6 所列评分标准进行测评，并做好记录。

表 5-6　　　　　　　　　　实训评分标准

项目	考核内容	操作要求	配分	得分
天平使用	天平准备工作	①检查天平水平；②清扫天平；③天平零点检查	2	
	试样取放	①试样置于盘中央；②手不直接接触被称容器；③试样容器不直接放于台面	3	
	称量操作	①称量或倾样时关闭天平门；②在接收器上方开关称量瓶盖；③倾样回盖充分；④读数正确	4	
	试样洒落	试样洒落或污染天平要及时清理干净	2	
	基准物称样范围	在规定量±5%内	6	
	样品量	在规定量±10%内	4	
	称量结束工作	①试剂归位；②天平调至零点状态；③天平门关闭；④凳子归位；⑤填写使用记录	2	
	重称	每重称一次要扣分，可累加	2	
基准物溶解及溶液转移	基准物溶解	①溶解时液体不溅出；②使用玻璃棒溶解；③溶解完全后转移	4	
	容量瓶准备及溶液转移	①容量瓶试漏；②容量瓶洗涤；③玻璃棒不碰瓶口和杯口；④玻璃棒上提动作；⑤玻璃棒不离烧杯；⑥吹洗玻璃棒及瓶口；⑦洗涤次数少于 3 次；⑧溶液不洒落	3	
定容	平摇操作	①按规定平摇；②平摇时溶液量在 3/4 左右；③平摇时容量瓶不盖塞子	3	
	静置	加水至近标线时静置 1~2 min	3	
	定容	①定容前不盖瓶盖；②溶液定容体积正确	3	
	摇匀操作	①持瓶方法正确；②摇匀数次后打开塞子并旋转；③摇匀次数 12 次以上	3	
	重配试液	试液每重新配制一次要扣分，可累加	3	
溶液移取	移液管润洗	①润洗液量为 1/3 球左右；②润洗时溶液倒入已润洗 3 次的小烧杯；③润洗 3 次；④从尖嘴放溶液	2	
	吸液操作	①移液管不吸空；②调节液面前擦干外壁；③调刻度时移液管竖直；④调刻度时失败次数不大于 1 次；⑤调好刻度时，移液管内无气泡且不挂滴	2	
	放溶液	①放液时管垂直靠壁；②接收容器倾斜；③放液后停留 15 s，旋转	2	

续表

项目	考核内容	操作要求	配分	得分
滴定操作	滴定管试漏	试漏且方法正确	2	
	滴定管润洗	①润洗液量适当；②润洗动作正确；③润洗次数 3 次以上	2	
	滴定前试样操作	按顺序正确加入各种辅助试剂	4	
	滴定操作	①装溶液前摇匀溶液；②装溶液时溶液不洒落；③赶气泡；④滴定前碰去管尖残液；⑤滴定速度不成直线；⑥半滴操作正确	4	
	终点判断	终点颜色正确	4	
	读数	①停留 30 s 读数；②读数方法正确	2	
	失败滴定	失败滴定一次要扣分，所有操作结束，开始计算后不可重做实验	4	
	空白实验	未做空白试验要扣分	3	
数据记录处理及报告	原始记录	①数据直接填在报告单上；②数据齐全；③无空项；④有效数字位数正确；⑤记录数据不带单位	6	
	有效数字运算	①运算结果保留位数正确；②按要求改正错误	4	
	计算方法	计算公式，校正值使用正确	4	
	计算结果	计算结果正确（前后有连带关系的，不重复扣分），未完成计算结果没有分	4	
	报告	原始记录齐全，报告完整	4	
合计			100	

【注意事项】

1. 标定氢氧化钠滴定液时，酚酞作指示剂，滴定至微红色；半分钟不褪色为终点。时间长红色褪去，是因为溶液吸收了空气中的二氧化碳，使溶液 pH 值下降所至。

2. 要控制好在终点时一滴或半滴滴定液的加入，这是滴定成功的关键。

实训四　阿司匹林的含量测定

一、实训目的

1. 学会酸碱滴定法测定阿司匹林含量的原理和方法。

2. 进一步巩固碱式滴定管的操作和酚酞指示终点的判定。

二、器材准备

仪器：碱式滴定管（50 mL）、锥形瓶（250 mL）、分析天平、量筒。

试剂：阿司匹林（原料药）、NaOH 标准溶液（0.1 mol/L）、酚酞指示剂、中性乙醇。

三、实训原理与内容

1. 实验原理

阿司匹林（乙酰水杨酸）属芳酸酯类药物，分子结构中有一个羟基，呈酸性，摩尔质量为 180.16 g/mol。在 25 ℃时 $K_a = 3.27 \times 10^{-4}$，可用 NaOH 标准溶液在乙醇溶液中直接滴定测其含量。其滴定反应为：

在计量点时，溶液呈微碱性，可选用酚酞作指示剂。

2. 实验内容

（1）取阿司匹林（原料药）约 0.4 g 于锥形瓶中，精密称定，加中性乙醇（对酚酞指示液显中性）20 mL，旋摇溶解后，加入 3 滴酚酞指示液。

（2）碱式滴定管用少量标准 NaOH 溶液（0.1 mol/L）润洗 2～3 次后，加入标准 NaOH 溶液（0.1 mol/L）至零刻线以上，赶走碱式滴定管乳胶管内的气泡，使 NaOH 液面处于零刻度或略低于零刻度的位置，记下准确读数。

（3）用标准 NaOH 溶液滴定待测液，边滴边摇，至溶液呈浅红色，但经振摇后消失，放慢滴液速度，逐滴或半滴滴加 NaOH 溶液。当溶液呈浅红色，并在振摇 15 s 后不消失时，即为滴定终点。记下读数。再平行滴定两次，记录三次滴定数据。

3. 实验数据记录及结果计算

实验数据记录见表 5 - 7。

按下式计算试样中阿司匹林的质量分数：

$$W_{C_9H_8O_4}(\%) = \frac{c_{NaOH} V_{NaOH} \times M_{C_9H_8O_4}}{m \times 1\ 000} \times 100\% \qquad (5-16)$$

式中　　$W_{C_9H_8O_4}$——阿司匹林的质量分数，%；

　　　　c_{NaOH}——氢氧化钠溶液的浓度，mol/L；

　　　　V_{NaOH}——氢氧化钠溶液的用量，mL；

　　　　$M_{C_9H_8O_4}$——阿司匹林的摩尔质量，g/mol；

　　　　m——称取阿司匹林的质量，g。

表 5 - 7　　　　　　　　　　　　　　　实验数据记录

编号	1	2	3
瓶 + 样重（倾样前）/g			
瓶 + 样重（倾样后）/g			
阿司匹林的质量/g			
滴定消耗 NaOH 标液体积 V_1/mL			
空白试验消耗 NaOH 标液体 V_0/mL			

续表

编号	1	2	3
实际消耗 NaOH 标液体积 V/mL			
试样中阿司匹林的质量分数测定值			
试样中阿司匹林的质量分数平均值			
平行测定结果的相对极差/%			

四、实训测评

按表 5-8 所列评分标准进行测评，并做好记录。

表 5-8   实训评分标准

项目	考核内容	操作要求	配分	得分
天平使用	天平准备工作	①检查天平水平；②清扫天平；③天平零点检查	3	
	试样取放	①称量物置于盘中央；②手不直接接触被称容器；③被称物容器不直接放于台面	4	
	称量操作	①称量或倾样时关闭天平门；②在接收器上方开关称量瓶盖；③倾样回敲充分；④读数正确	5	
	试样洒落	洒落或污染天平要及时清理干净	3	
	基准物称样范围	在规定量 ±5% 内	6	
	样品量	在规定量 ±10% 内	5	
	称量结束工作	①试剂归位；②天平调至零点状态；③天平门关闭；④凳子归位；⑤填写使用记录	3	
	重称	每重称一次要扣分，可累加	3	
基准物溶解及溶液转移	基准物溶解	①溶解时液体不溅出；②使用玻璃棒溶解；③溶解完全后转移	4	
	容量瓶准备及溶液转移	①容量瓶试漏；②容量瓶洗涤；③玻璃棒不碰瓶口和杯口；④玻璃棒上提动作；⑤玻璃棒不离烧杯；⑥吹洗玻璃棒及瓶口；⑦洗涤次数少至 3 次；⑧溶液不洒落	4	
溶液移取	移液管润洗	①润洗液量为 1/3 球左右；②润洗时溶液倒入已润洗 3 次的小烧杯；③润洗 3 次；④从尖嘴放溶液	3	
	吸液操作	①移液管不吸空；②调节液面前擦干外壁；③调刻线时移液管竖直；④调刻线时失败次数不大于 1 次；⑤调好刻度时，移液管内无气泡且不挂滴	3	
	放溶液	①放液时管垂直靠壁；②接收容器倾斜；③放液后停留 15 s，旋转	3	
滴定操作	滴定管试漏	试漏且方法正确	3	
	滴定管润洗	①润洗液量适当；②润洗动作正确；③润洗次数 3 次以上	3	
	滴定前试样操作	按顺序正确加入各种辅助剂	5	
	滴定操作	①装溶液前摇匀溶液；②装溶液时溶液不洒落；③赶气泡；④滴定前碰去管尖残液；⑤滴定速度不成直线；⑥半滴操作正确	5	
	终点判断	终点颜色正确	4	
	读数	①停留 30 s 读数；②读数方法正确	2	
	失败滴定	失败滴定一次要扣分，所有操作结束，开始计算后不可重做实验	4	
	空白实验	未做空白试验要扣分	3	

续表

项目	考核内容	操作要求	配分	得分
数据记录处理及报告	原始记录	①数据直接填在报告单上；②数据齐全；③无空项；④有效数字位数正确；⑤记录数据不带单位	6	
	有效数字运算	①运算结果保留位数正确；②按要求改正错误	4	
	计算方法	计算公式，校正值使用正确	4	
	计算结果	计算结果正确（前后有连带关系的，不重复扣分），未完成计算结果没有分	4	
	报告	原始记录齐全，报告完整	4	
合计			100	

【注意事项】

1. 阿司匹林在水中微溶，在乙醇中易溶，又因乙醇的极性较小，可抑制乙酰水杨酸的水解，故选用乙醇为溶剂。

2. 为了避免样品水解，实验中应尽可能少用水，滴定速度稍快，注意旋摇，防止局部碱度过浓。

目标检测

一、填空题

1. 在滴定分析中，选择指示剂的依据是滴定曲线的＿＿＿＿＿＿＿＿＿。

2. 在弱酸或弱碱溶液中，pH 值和 pOH 值之和等于＿＿＿＿＿＿＿＿＿。

3. 酚酞属于＿＿＿＿＿＿指示剂，甲基橙属于＿＿＿＿＿＿指示剂。

4. 影响指示剂变色范围的因素有＿＿＿＿＿＿＿＿＿、＿＿＿＿＿＿＿＿＿、＿＿＿＿＿＿＿＿、＿＿＿＿＿＿＿＿＿等。

5. 在不影响指示剂变色灵敏度的条件下，指示剂的用量越少越好，一般被测试液在 20 ~ 30 mL 时，指示剂用量通常加＿＿＿＿＿＿＿＿＿滴。

6. NaCl 水溶液显＿＿＿＿＿＿性，0.1 mol/L 的 NaOH 溶液的 pH 值等于＿＿＿＿。

7. 滴定曲线中溶液越稀，滴定曲线上的 pH 值突跃范围越＿＿＿＿。在酸碱滴定中，常用标准溶液的浓度一般为＿＿＿＿。

二、选择题

1. 在弱酸滴定弱碱时，采用甲基橙指示剂的优点是（　　　）。

A. 终点明显　　　B. 指示剂稳定　　　C. 不受 CO_2 影响　　　D. 终点好观察

2. 在水溶液中共轭酸碱对 K_a 与 K_b 的关系是（　　　）。

A. $K_a \cdot K_b = 1$　　　B. $K_a \cdot K_b = K_w$　　　C. $K_a / K_b = K_w$　　　D. $K_b / K_a = K_w$

3. HPO_4^{2-} 的共轭碱是 ( )。

A. $H_2PO_4^-$ B. H_3PO_4 C. PO_4^{3-} D. OH^-

4. 水溶液呈中性是指 ( )。

A. pH = 7   B. $[H^+] = [OH^-]$ C. pH + pOH = 14   D. pOH = 7

5. 酸碱滴定法一般属于 ( )。

A. 仪器分析法   B. 称量分析法   C. 常量分析法   D. 微量分析法

6. 测定蒸馏水的 pH 值时，应选用 ( ) 的标准缓冲溶液定位。

A. pH = 3.56   B. pH = 6.68   C. pH = 4.01   D. pH = 9.18

7. 根据酸碱质子理论，HCO_3^- 属于 ( )。

A. 酸性物质   B. 碱性物质   C. 中性物质   D. 两性物质

8. 将 pH = 13.0 的强碱溶液与 pH = 1.0 的强酸溶液等体积混合，混合后溶液的 pH 值为 ( )。

A. 10.0   B. 7.0   C. 6.0   D. 6.5

9. 某指示剂的 $K_{HIn} = 1.0 \times 10^{-4}$，其理论变色范围则为 ( )。

A. pH3 ~ 4   B. pH4 ~ 6   C. pH3 ~ 5   D. pH4 ~ 5

10. 国家标准规定基准 Na_2CO_3 使用前的干燥方法为 ( )。

A. 105 ~ 110 ℃灼烧至恒重   B. 180 ℃灼烧至恒重

C. 270 ~ 300 ℃灼烧至恒重   D. （120 ± 2）℃灼烧至恒重

11. 指示剂用量过多，则 ( )。

A. 终点变色更易观察   B. 并不产生任何影响

C. 终点变色不明显   D. 滴定准确度更高

三、问答题

1. 说明酸的浓度和酸度的区别？

2. 酸碱滴定中，指示剂的用量是不是加得越多越好，为什么？

3. 用称量法标定盐酸溶液时，基准无水 Na_2CO_3 为什么必须进行预处理？

四、计算题

1. 称取草酸样品 1.050 g，在容量瓶中配成 250 mL 溶液，用移液管从中取出 25.00 mL，用 $c_{NaOH} = 0.1023$ mol/L 的 NaOH 标准溶液滴定，消耗 15.25 mL，计算样品中 $H_2C_2O_4 \cdot 2H_2O$ 的百分含量（$M_{H_2C_2O_4 \cdot 2H_2O} = 126.07$ g/mol）。

2. 在滴定时（用甲基橙为指示剂），若要消耗 25.00 mL 0.1000 mol/L HCl 溶液，应称取基准无水 Na_2CO_3 多少克（$M_{Na_2CO_3} = 105.99$ g/mol）？

第六章

非水酸碱滴定法

学习引导

咖啡是一种具有提神醒脑作用的饮料，深受人们的喜爱。咖啡中的咖啡因具有兴奋中枢神经的作用，是一种嘌呤类生物碱化合物，能够暂时驱走睡意并恢复精力，在临床上用于昏迷复苏，咖啡因也是世界上最普遍被使用的精神药品。

咖啡因是软饮料中的常见成分，例如，某品牌能量饮料每瓶含有 50 mg 咖啡因，但过量的饮用会引发精神紊乱。此类饮品需要检测及标明咖啡因的含量。咖啡因碱性极弱，与酸反应生成的盐不稳定，在水溶液或醇溶液中易水解。

那么，采用酸碱滴定法检测咖啡因如何选择溶剂？此种酸碱滴定有何特点？本章主要介绍非水溶液的酸碱滴定法。

§6–1　非水酸碱滴定法概述

 学习目标

1. 掌握非水溶剂的性质及其对溶质酸碱性的影响。
2. 熟悉非水溶剂的分类和选择原则。

酸碱滴定一般是在水溶液中进行的，但存在一定的局限性。

（1）许多弱酸弱碱，当 $c_a \cdot K_a < 10^{-8}$ 或 $c_b \cdot K_b < 10^{-8}$ 时，在水溶液中没有明显的滴定突跃，无法确定滴定的终点，不能准确滴定。

（2）有些有机酸或有机碱在水中的溶解度较小，反应不完全，使滴定无法进行。

若以非水溶剂（有机溶剂和不含水的无机溶剂）作为滴定介质，不仅能增大有机化合物的溶解度，而且能改变弱酸弱碱的解离强度，使在水中不能进行滴定反应的物质，在非水溶剂中能够顺利进行，从而扩大了酸碱滴定分析法的应用范围。

非水滴定除溶剂比较特殊外，具有一般滴定分析法的优点，如准确、快速、无需特殊设备等。该方法可用于酸碱滴定、氧化还原滴定、配位滴定以及沉淀滴定。在药物分析中，以非水酸碱滴定法的应用最为广泛，常用非水溶液酸碱滴定法测定有机碱及其氢卤酸盐、硫酸盐、有机酸盐和有机酸碱金属盐类药物的含量。同时也用于测定某些有机弱酸药物的含量和水分测定。

一、非水溶剂

1. 溶剂的分类

以酸碱质子理论为基础，非水滴定常用的溶剂分为质子性溶剂和非质子性溶剂两大类。

（1）质子性溶剂。凡是能给出或接受质子的溶剂称为质子性溶剂。根据溶剂给出或接受质子能力的强弱，又可以分为酸性溶剂、碱性溶剂和中性溶剂三种类型。

1）酸性溶剂。酸性溶剂是指给出质子能力较强的溶剂，与水相比，具有较强的酸性，如甲酸、冰醋酸、丙酸、硫酸等，其中常用的是冰醋酸。酸性溶剂适用于作为滴定弱碱性物质的溶剂。

2）碱性溶剂。碱性溶剂是指接受质子能力较强的溶剂，与水相比，具有较强的碱性，如乙二胺、液氨、乙醇胺等。碱性溶剂适用于作为滴定弱酸性物质的溶剂。

3）中性溶剂。中性溶剂是指既易接受质子又能给出质子的溶剂，其酸碱性与水相似，并能在溶剂分子间发生质子自递反应，如甲醇、乙醇、异丙醇等。中性溶剂主要作为滴定较强酸或碱的物质的溶剂。

（2）非质子性溶剂。相同分子间不能发生质子自递反应的溶剂称为非质子性溶剂。根据接受质子能力的不同，可以分为偶极亲质子性溶剂和惰性溶剂两种。

1）偶极亲质子性溶剂。这类溶剂与水比较几乎无酸性且无两性的特征，分子中没有可给出的质子，但却有较弱的接受质子倾向和程度不同的形成氢键的能力，例如酮类、酰胺类、吡啶类等。这类溶剂适合于作弱酸或某些混合物的滴定介质。

2）惰性溶剂。惰性溶剂是指既不能给出质子又不能接受质子，溶剂分子不参与酸碱反应亦无形成氢键能力的溶剂，例如，苯、四氯化碳、三氯甲烷和硝基等，这类溶剂在滴定中对溶质起溶解、分散和稀释的作用。

非水滴定分析中，为使样品易于溶解、增大滴定突跃、指示剂的终点变色更敏锐，常将质子性溶剂和惰性溶剂混合使用，即称为混合溶剂。常用的混合溶剂有：由二醇类与烃类或卤代烃组成的溶剂，用于溶解有机酸盐、生物碱和高分子化合物；冰醋酸—醋酐、冰醋酸—苯混合溶剂，用于弱碱性物质的滴定；苯—甲醇混合溶剂，可用于羧酸类物质的滴定。

练一练

非水滴定常用的溶剂分为_____和_____两大类。质子性溶剂根据溶剂给出或接受质子能力的强弱，又可以分为_____、_____和中性溶剂三种类型。

2. 溶剂的性质

当溶质溶解于溶剂中，其酸碱性都将受到溶剂的酸碱性、解离性和极性等因素的影响。因此，了解溶剂的性质有助于选择适当溶剂，达到增大滴定突跃范围和改变溶质酸碱性的目的。

（1）溶剂的酸碱性。根据酸碱质子理论，一种酸（碱）在溶液中的酸（碱）性强弱，不仅与酸（碱）的本身性质有关，还与溶剂的碱（酸）性有关。实践证明，酸在溶剂中的表观酸强度，取决于酸的自身酸度和溶剂的碱度。同理，碱在溶剂中的表观碱强度，取决于碱的自身碱度和溶剂的酸度。例如，硝酸在水溶液中给出质子能力较强，即表现出强酸性。而醋酸在水溶液中给出质子能力较弱，而表现出弱酸性。若将硝酸溶于冰醋酸中，由于醋酸的酸性比水强，即 Ac^- 的接受质子的能力比水弱，导致硝酸在冰醋酸溶液中给出质子的能力比在水中弱，而表现出弱酸性。同理，醋酸溶于氨水中的酸性比溶于水中的酸性强。因此，一种酸（碱）在溶液中的酸（碱）性强弱，不仅与酸（碱）本身的给出（接受）质子能力大小有关，还与溶剂接受（给出）质子能力有关，即酸碱的强度具有相对性。弱酸溶解于碱性溶剂中，可以增强其酸性；弱碱溶解于酸性溶剂中，可以增强其碱性。非水酸碱滴定法就是根据此原理，通过选择不同酸碱性的溶剂，达到增强溶质酸碱强度的目的。例如，碱性很弱的胺类物质，在水中难以进行滴定，若改用冰醋酸作溶剂，则使胺的碱性增强，可以用高氯酸的冰醋酸溶液进行滴定。反应式如下：

滴定液：$HClO_4 + HAc \Longrightarrow H_2Ac^+ + ClO_4^-$

待测溶液：$RNH_2 + HAc \Longrightarrow RNH_3^+ + Ac^-$

滴定反应：$H_2Ac^+ + Ac^- \Longrightarrow 2HAc$

总反应式：$HClO_4 + RNH_2 \Longrightarrow RNH_3^+ + ClO_4^-$

（2）溶剂的解离性。常用的非水溶剂中，只有惰性溶剂不能解离，其他溶剂均有不同程度的解离。它们与水一样，能发生质子自递反应，即一分子作酸，另一分子作碱，质子的传递是在同一种溶剂分子之间进行。若以 SH 表示质子性溶剂，则溶剂间发生的质子自递反应为：$2SH = SH_2^+ + S^-$。

$$K_s = [SH_2^+][S^-]/[SH]^2 \qquad (6-1)$$

式中，K_s 称为溶剂的自身解离常数，也称质子自递常数。

在一定温度下，不同溶剂因离解程度不同而具有不同的自身离解常数。几种常见溶剂的 pK_s，见表 6-1。

表 6-1　　　　几种常见溶剂的自身离解常数（pK_s）和介电常数（25 ℃）

溶剂	自身离解常数 pK_s	介电常数 D
水	14.0	78.5
甲醇	16.7	31.5
乙醇	19.1	24.0
冰醋酸	14.45	6.13
醋酐	14.5	20.5

溶剂	自身离解常数 pK_s	介电常数 D
乙腈	28.5	36.6
乙二胺	15.3	14.2
苯	—	2.3
三氯甲烷	—	4.81

溶剂 K_s 的大小对酸碱滴定突跃范围的改变有一定影响。例如，以乙醇和水分别作为强碱滴定同一强酸的滴定介质。在以水为介质的溶液中滴定，其滴定突跃只有 5.4 个 pH 单位的变化，在以乙醇为介质的溶液中滴定，其滴定突跃有 10.5 个 pH 单位的变化。由此可见，溶剂的自身解离常数越小，pK_s 越大，滴定突跃范围越大，滴定终点更敏锐，反应进行更完全。因此，原来在水中不能滴定的弱酸、弱碱，在乙醇中有可能被滴定。

（3）溶剂的极性。溶剂的极性与其介电常数有关，不同的溶剂其介电常数不同。介电常数是溶剂极性强弱的量度，极性强的溶剂，其介电常数较大，见表 6 - 1。溶质在介电常数大的溶剂中较易解离，而在介电常数小的溶剂中较难解离。因此，同一溶质，在极性不同的溶剂中，因解离的难易程度不同而表现出不同的酸碱度。例如，将冰醋酸溶解在水和乙醇两个碱度相近而极性不同的溶剂中，所表现出的解离度是不同的，在极性较大的水中，有较多的醋酸分子发生解离，形成水合质子和醋酸根离子；而在极性较小的乙醇中，只有很少的醋酸分子解离成离子，故醋酸在水中的酸度比在乙醇中大。

（4）均化效应和区分效应。在水溶液中，高氯酸、硫酸、盐酸和硝酸等强度几乎相同，均属于强酸。因为它们溶于水后，几乎全部离解生成水合质子 H_3O^+。

H_3O^+ 是水溶液中酸的最强形式。以上几种酸溶于水后，其固有的酸强度就显示不出来了，都被拉平为水合质子的强度水平。这种将各种不同强度的酸均化到溶剂合质子水平，使其酸强度相等的效应，称为均化效应。具有均化效应的溶剂称为均化性溶剂。水是上述四种酸的均化性溶剂。在水中能够存在的最强酸的形式是 H_3O^+，最强碱的形式是 OH^-。

若将上述四种酸分别溶解在冰醋酸溶剂中，由于冰醋酸接受质子的能力比水弱，它们就不能将其质子全部转移给冰醋酸，并且在程度上有差异。

$$HClO_4 + HAc \Longrightarrow H_2Ac^+ + ClO_4^- \qquad K_a = 2.0 \times 10^7$$

$$H_2SO_4 + HAc \Longrightarrow H_2Ac^+ + HSO_4^- \qquad K_a = 1.3 \times 10^6$$

$$HCl + HAc \Longrightarrow H_2Ac^+ + Cl^- \qquad K_a = 1.0 \times 10^3$$

$$HNO_3 + HAc \Longrightarrow H_2Ac^+ + NO_3^- \qquad K_a = 22$$

从它们在冰醋酸中的解离常数可以看出，这四种酸的强度从上到下依次减弱。这四种酸在冰醋酸溶剂中所表现出的酸性强度是不同的，这种能区分酸（碱）强弱的效应称为区分效应，具有区分效应的溶剂为区分性溶剂。冰醋酸是这四种酸的区分性溶剂。

溶剂的均化效应和区分效应，实质是溶剂与溶质之间发生质子转移的强弱的结果。一般来说，酸性溶剂是碱的均化性溶剂，是酸的区分性溶剂；碱性溶剂是酸的均化性溶剂，是碱的区分性溶剂。例如，水是盐酸和高氯酸的均化性溶剂，同时又是盐酸和醋酸的区分性溶剂。这是由于盐酸和高氯酸的酸性较强，在水中质子的转移反应均能进行完全，而醋酸的酸性较弱，在水中质子的转移反应不能进行完全。但若将醋酸溶解在碱性的液氨中，由于液氨的碱性比水强得多，因此醋酸在液氨中的质子转移反应则能进行完全，即醋酸在液氨中表现为强酸，所以液氨是盐酸和醋酸的均化性溶剂，在液氨溶剂中，它们的酸强度都被均化到氨合质子（NHT）的水平，从而使这两种酸的强度差异消失。

在非水滴定中，经常利用均化效应来测定混合酸（碱）的总量，利用区分效应来测定混合酸（碱）中各组分的含量。惰性溶剂没有明显的酸碱性，因而没有均化效应，但它是一种良好的区分性溶剂。

3. 溶剂的选择

利用非水溶剂来提高弱酸、弱碱的强度是非水酸碱滴定法的最基本原理。良好的非水溶剂应具备以下条件：

（1）对试样和滴定产物的溶解能力要大。根据相似相溶原理，极性物质可选择质子溶剂，非极性物质易溶于惰性溶剂，必要时也可用混合溶剂。

（2）无副反应。溶剂与试样及滴定液不发生化学反应。

（3）能增强试样的酸碱性。弱碱性物质应选择酸性溶剂，弱酸性物质可选择碱性溶剂。

（4）物质的纯度要高。存在于非水溶剂中的水分，既是酸性杂质又是碱性杂质，应先将其去除。

（5）溶剂应使用安全、价格便宜、黏度小、挥发性低，易于回收和提纯。

【实例分析】

乳酸钠是一种无色或几乎无色的透明液体，能与水、乙醇、甘油溶合，在食品、医药、日化工业中应用广泛。

在食品领域可做乳化剂、保湿剂、风味改进剂、品质改进剂、抗氧化增效剂和 pH 调节剂，被广泛应用于肉禽食品加工业，能增强风味、抑制食物内致病细菌的生长、延长产品货架期。乳酸钠作为食品保鲜剂、调味剂、防冻剂、保湿剂等，已在国外部分替代苯甲酸钠，作为防腐剂应用于食品行业。

在医疗领域中，乳酸钠注射液可解除因腹泻引起的脱水和糖尿病及胃炎引起的中毒。乳酸钠被广泛地应用于针对肾病病人的连续可移动式的腹膜透析液中和在普通人工肾上用作透析液；乳酸钠用作静脉注射液中电解质及渗析物，以及肠内消毒液、漱口含剂及膀胱注入剂等；乳酸钠注射液用作治疗代谢性酸中毒；乳酸钠能非常有效地治疗皮肤功能紊乱。乳酸和乳酸盐具有抗微生物作用，而被应用于抗粉刺产品中。它们通常与许多其他有效成分结合使用，产生协同效果。

乳酸钠注射液用于纠正代谢性酸中毒，在腹膜透析液中作缓冲剂，高钾血症伴严重心率失常 QRS 波宽者。《中国药典》（2020 年版，二部）中规定其含量测定的方法是：精密量取本品 1 mL，置于锥形瓶中，在 105 ℃温度下干燥 1 h，加冰醋酸 15 mL 与醋酐 2 mL，加热使之溶解，放冷，加结晶紫指示液 1 滴，用高氯酸滴定液（0.1 mol/L）滴定至溶液显蓝绿色，并将滴定的结果用空白试验校正。每 1 mL 高氯酸滴定液（0.1 mol/L）相当于 11.21 mg 的 $C_3H_5NaO_3$。

问：乳酸钠注射液含量测定使用的溶剂是什么？能否将冰醋酸和醋酐换成水？

二、非水酸碱滴定的类型

在水溶液中，弱酸（弱碱）能够准确被滴定的条件是 $c_a \cdot K_a \geqslant 10^{-8}$（$c_b \cdot K_b \geqslant 10^{-8}$）。若选用合适的非水溶剂作为滴定介质，使滴定反应完全，滴定突跃范围明显，可以用标准酸（或碱）溶液直接滴定测定。在实际操作中，滴定弱碱常用的非水溶剂为冰醋酸，滴定弱酸常用的非水溶剂为醇类，如甲醇、乙醇等。

1. 弱酸的滴定

一般采用非水酸碱滴定测定的弱酸主要是羧酸类。若测定物酸性不太弱，则选择醇类碱性物质作溶剂，如甲醇、乙醇等；如果羧酸类分子酸性极弱，可选用二甲基甲酰胺、乙二胺等碱性物质作溶剂；混合酸各组分的滴定，常以甲基异丁酮为区分溶剂，有时也可用甲醇—苯等混合溶剂。

弱酸的滴定常采用的滴定液是甲醇钠溶液。标定甲醇钠滴定液常用的基准物质是苯甲酸。弱酸的非水滴定常用指示剂为百里酚蓝、偶氮紫及溴酚蓝等。

2. 弱碱的滴定

冰醋酸是非水酸碱滴定常用的酸性溶剂，因冰醋酸中通常含有少量的水分，水分的存在会影响滴定突跃，使指示剂变色不敏锐，所以冰醋酸使用前应加入醋酐除去水分。

在冰醋酸中，$HClO_4$ 酸性最强，常用高氯酸的冰醋酸溶液作为测定弱碱的标准溶液，采用间接配制法配制，用基准物质邻苯二甲酸氢钾标定。测定弱碱时，常用的指示剂有结晶紫、喹哪啶红等。

§6-2 非水酸碱滴定法的应用与示例

 学习目标

1. 掌握非水酸碱滴定法的类型。
2. 熟悉非水酸碱滴定法在药品检验中的应用。

一、应用范围

非水滴定以非水溶液作为滴定介质，测定在水溶液中不能准确滴定的物质。目前，《中国药典》（2020年版）中近三分之一的药物测定用非水酸碱滴定法，主要测定有机碱及氢卤酸盐、硫酸盐、有机酸盐和有机酸碱金属盐类药物的含量，同时也用于测定某些有机弱酸药物的含量。

1. 弱碱的测定范围

具有碱性基团的化合物，如胺类、含氮杂环类、生物碱类、氨基酸类、有机酸碱金属盐、有机碱无机酸盐或有机酸盐等，大都可在冰醋酸溶剂中用高氯酸滴定液进行滴定。

2. 弱酸的测定范围

具有酸性基团的化合物，如羧酸类、酚类、磺酰胺类、巴比妥类和氨基酸类及某些盐类，可在苯—甲醇溶剂中用甲醇钠滴定液进行滴定。

二、弱碱的测定

在水溶液中，$c_b \cdot K_b < 10^{-8}$的弱碱不能用酸滴定液直接滴定，但可在非水溶液中直接滴定。

1. 溶剂

滴定弱碱，通常应选用对碱有均化效应的酸性溶剂，如冰醋酸等，对一些难溶试样或者终点不太明显的滴定，常选用混合溶剂。

冰醋酸是滴定弱碱最常用的酸性溶剂，市售冰醋酸含有少量水分，水分的存在会影响滴定突跃，使指示剂变色不敏锐。一般需加入一定量的醋酐，使其与水反应转变成醋酸，反应式如下：

$$(CH_3CO)_2O + H_2O \Longrightarrow 2CH_3COOH$$

从反应式可得出，醋酐与水反应的物质的量比是1:1，可根据物质的量相等的原则，计算出加入醋酐的量。

2. 滴定液

高氯酸滴定液常用间接配制法配制，用基准物质邻苯二甲酸氢钾标定。

（1）配制方法。市售高氯酸为含 $HClO_4$ 70%~72%的水溶液，其密度为175 g/mL。《中国药典》（2020年版，四部）中高氯酸滴定液（0.1 mol/L）的配制方法是：取无水冰醋酸（按含水量计算，每1 g水加醋酐5.22 mL）750 mL，加入高氯酸（70%~72%）8.5 mL，摇匀，在室温下缓缓滴加醋酐23 mL，边加边摇，加完后再振摇均匀，放冷，加无水冰醋酸适量，使之体积达到1 000 mL，摇匀，放置24 h。若所测供试品易乙酰化，则须用水分测定法测定本液的含水量，再用水和醋酐调节至本液的含水量为0.01%~0.2%。

配制过程中需要注意以下事项：①高氯酸与有机物接触、遇热，极易引起爆炸；和醋酐混合时易发生剧烈反应放出大量的热。因此，在配制时应先用冰醋酸将高氯酸稀释后再在不断搅拌下滴加适量醋酐。②高氯酸的冰醋酸溶液在低于16 ℃时会结冰，使滴定难于进行，通常用冰醋酸—醋酐（9:1）的混合溶剂配制高氯酸滴定液，不仅不会结冰，且吸湿性小。

（2）标定方法。《中国药典》（2020年版，四部）中高氯酸滴定液（0.1 mol/L）的标定方法是：取在105 ℃干燥至恒重的基准邻苯二甲酸氢钾约0.16 g，精密称定，加无水冰醋酸 20 mL 使之溶解，加结晶紫指示液 1 滴，用本液缓缓滴定至蓝色，并将滴定的结果用空白试验校正。每 1 mL 高氯酸滴定液（0.1 mol/L）相当于 20.42 mg 的邻苯二甲酸氢钾。根据本液的消耗量与邻苯二甲酸氢钾的取用量，算出本液的浓度，即得。

如需用高氯酸滴定液（0.05 mol/L 或 0.02 mol/L）时，可取高氯酸滴定液（0.1 mol/L）用无水冰醋酸稀释制成，并标定浓度。

本液也可用二氧六环配制：取高氯酸（70%～72%）8.5 mL，加异丙醇 100 mL 溶解后，再加二氧六环稀释至 1 000 mL。标定时，取在 105 ℃ 干燥至恒重的基准邻苯二甲酸氢钾约 0.16 g，精密称定，加丙二醇 25 mL 与异丙醇 5 mL，加热使之溶解，放冷，加二氧六环 30 mL 与甲基橙—二甲苯蓝 FF 混合指示液数滴，用本液滴定至由绿色变为蓝灰色，并将滴定的结果用空白试验校准，即得。

3. 指示剂

用非水溶液酸碱滴定法滴定弱碱性物质时，可用结晶紫、喹哪啶红等作指示剂，其中最常用的是结晶紫。结晶紫在不同的酸度下变色较为复杂，由碱区到酸区的颜色变化为紫、蓝、蓝绿、黄绿、黄。因此滴定不同强度的碱时终点颜色变化不同，滴定较强的碱，以蓝色或蓝绿色为终点；滴定较弱的碱，以蓝绿色或绿色为终点。同时需做空白试验减小误差。在非水溶液酸碱滴定中，除用指示剂确定终点外，还可用电位法确定终点。

4. 应用示例

具有碱性基团的化合物，如胺类、氨基酸类、含氮杂环化合物、生物碱、有机碱以及它们的盐等，常用高氯酸滴定液测定其含量，举例如下。

（1）有机弱碱类。有机弱碱在水溶液中的 $K_b > 10^{-10}$，如胺类、生物碱类都能被冰醋酸溶剂均化到溶剂阴离子水平，选择适当指示剂，即可用高氯酸滴定液滴定。对在水溶液中 $K_b < 10^{-12}$ 的极弱碱滴定时，需选择一定比例的冰醋酸—醋酐的混合溶液为介质，加入适宜的指示剂，用高氯酸滴定液滴定。如咖啡因（$K_b = 4.0 \times 10^{-14}$）在冰醋酸—醋酐的混合溶液中滴定，有明显的滴定突跃。《中国药典》（2020 年版，二部）中咖啡因含量测定方法是：取本品约 0.15 g，精密称定，加醋酐—冰醋酸（5:1）的混合液 25 mL，微温使之溶解，放冷，加结晶紫指示液 1 滴，用高氯酸滴定液（0.1 mol/L）滴定至溶液显黄色，并将滴定的结果用空白试验校准。每 1 mL 高氯酸滴定液（0.1 mol/L）相当于 19.42 mg 的 $C_8H_{10}N_4O_2$。

（2）有机碱的氢卤酸盐。因生物碱类药物难溶于水，且不稳定，常以氢卤酸盐的形式存在，而氢卤酸在冰醋酸的溶液中呈较强的酸性，使反应不能进行完全，需加醋酸汞使之生成 HgX_2，此时生物碱以醋酸盐的形式存在，便可用高氯酸滴定液滴定。例如，盐酸麻黄碱的含量测定，《中国药典》（2020 年版，二部）中含量测定方法是：取本品约 0.15 g，精密称定，加冰醋酸 10 mL，加热溶解后，加醋酸汞试液 4 mL 与结晶紫指示液 1 滴，用高氯酸滴定液（0.1 mol/L）滴定至溶液显翠绿色，并将滴定的结果用空白试验校准。每 1 mL 高氯酸滴定液（0.1 mol/L）相当于 20.17 mg 的 $C_{10}H_{15}NO \cdot HCl$。

（3）有机酸的碱金属盐。由于有机酸的酸性较弱，其共轭碱有机酸根在冰醋酸中显较强的碱性，故可用高氯酸的冰醋酸溶液滴定，如邻苯二甲酸氢钾、乳酸钠及枸橼酸钠等。

《中国药典》（2020年版，二部）中枸橼酸钠含量测定方法是：取本品约 80 mg，精密称定，加冰醋酸 30 mL，加热溶解后，放冷，加醋酐 10 mL，按照电位滴定法，用高氯酸滴定液（0.1 mol/L）滴定，并将滴定的结果用空白试验校准。每 1 mL 高氯酸滴定液（0.1 mol/L）相当于 8.602 mg 的 $C_6H_5Na_3O_7$。

（4）有机碱的有机酸盐。此类盐在冰醋酸或冰醋酸—醋酐的混合溶剂中碱性增强。因此可用高氯酸的冰醋酸溶液滴定，以结晶紫为指示剂。属于此类的药物有枸橼酸喷托维林、马来酸氯苯那敏及重酒石酸去甲肾上腺素等。《中国药典》（2020年版，二部）中马来酸氯苯那敏含量测定方法是：取本品约 0.15 g，精密称定，加冰醋酸 10 mL 溶解后，加结晶紫指示液 1 滴，用高氯酸滴定液（0.1 mol/L）滴定至溶液显蓝绿色，并将滴定的结果用空白试验校准。每 1 mL 高氯酸滴定液（0.1 mol/L）相当于 19.54 mg 的 $C_{16}H_{19}ClN_2 \cdot C_4H_4O_4$。

【知识链接】

高氯酸

高氯酸又称过氯酸，无机化合物，氯的含氧酸，六大无机强酸之首，具有强氧化性、可助燃性，具强腐蚀性、强刺激性，易爆，是无色透明的发烟液体。高氯酸可致人体灼伤，皮肤黏膜接触、误服或吸入后，会引起强烈刺激。

1. 事故应急措施

泄漏污染区人员迅速撤离至安全区，并进行隔离，严格限制出入。不要直接接触泄漏物，勿使泄漏物与有机物、还原剂、易燃物接触。尽可能切断泄漏源，防止其流入下水道、排洪沟等限制性空间。小量泄漏时，用沙土、干燥石灰或苏打灰与其混合；大量泄漏时，构筑围堤或挖坑收容。也可用泵将其转移至槽车或专用收集器内，回收或运至废物处理场所处置。

2. 预防措施

操作注意事项：密闭操作，局部排风。操作尽可能机械化、自动化。操作人员必须经过专门培训，严格遵守操作规程。远离火种、热源，工作场所严禁吸烟。防止蒸气泄漏到工作场所空气中。避免其与酸类、碱类、胺类接触。尤其要注意避免其与水接触。搬运时要轻装轻卸，防止包装及容器损坏。禁止振动、撞击和摩擦。配备相应品种和数量的消防器材及泄漏应急处理设备。倒空的容器可能残留有害物。稀释或制备溶液时，应把酸加入水中，避免沸腾和飞溅。

储存注意事项：储存于阴凉、通风的库房。远离火种、热源。库温不宜超过 30 ℃。保持容器密封。应与酸类、碱类、胺类等分开存放，切忌混储。储区应备有泄漏应急处理设备和合适的收容材料。

三、弱酸的测定

1. 溶剂

在水溶液中，$c_a \cdot K_a < 10^{-8}$ 的弱酸不能用碱滴定液直接滴定，若改用碱性比水更强的非水溶剂，则能增强弱酸的酸性，使滴定反应完全，滴定突跃增大。因此，滴定不太弱的羧酸

类，常以醇类作溶剂，如甲醇、乙醇等；滴定弱酸或极弱酸时，使用碱性溶剂，如乙二胺、二甲基甲酰胺等。对于混合酸的各组分滴定，则常用区分性溶剂如甲基异丁酮，有时也用甲醇—苯、甲醇—丙酮等混合溶剂。

2. 滴定液

常用于滴定酸的滴定液为甲醇钠的苯—甲醇溶液。甲醇钠由甲醇与金属钠反应制得，反应式如下：

$$2CH_3OH + 2Na \Longrightarrow 2CH_3ONa + H_2$$

（1）配制方法。《中国药典》（2020 年版，四部）中甲醇钠滴定液（0.1 mol/L）的配制方法是：取无水甲醇（含水量 0.2% 以下）150 mL，置于冰水冷却的容器中，分次加入新切的金属钠 2.5 g，待完全溶解后，加无水苯（含水量 0.02% 以下）适量，使之体积达到 1 000 mL，摇匀。储藏时应置于密闭的附有滴定装置的容器内，避免与空气中的二氧化碳及湿气接触。

（2）标定方法。标定甲醇钠滴定液常用的基准物质为苯甲酸。《中国药典》（2020 年版，四部）中甲醇钠滴定液（0.1 mol/L）的标定方法是：取在五氧化二磷干燥器中减压干燥至恒重的基准苯甲酸约 0.4 g，精密称定，加无水甲醇 15 mL 使之溶解，加无水苯 5 mL 与 1% 麝香草酚蓝的无水甲醇溶液 1 滴，用本液滴定至蓝色，并将滴定的结果用空白试验校准。每 1 mL 的甲醇钠滴定液（0.1 mol/L）相当于 12.21 mg 的苯甲酸。根据本液的消耗量与苯甲酸的取用量，算出本液的浓度，即得。需要注意的是，本液标定时应注意防止二氧化碳的干扰和溶剂的挥发，每次临用前均应重新标定。

3. 指示剂

在非水滴定中用甲醇钠滴定液滴定酸时常用百里酚蓝、偶氮紫和溴酚蓝等指示剂指示滴定终点。

4. 应用示例

非水溶液中弱酸的测定主要用于含有酸性基团的有机化合物，如羧酸类、酚类、磺酰胺类、巴比妥类药物等。

磺胺异噁唑为治疗全身感染的短效磺胺药，抗菌效力比磺胺嘧啶强，乙酰化率低，不易形成结晶尿。临床主要用于泌尿系统感染，亦可用于流脑和细菌性痢疾等。《中国药典》（2020 年版，二部）中磺胺异噁唑含量测定方法是用非水酸碱滴定法，用甲醇钠作滴定液，偶氮紫作指示剂，滴定终点溶液恰显蓝色。操作步骤是：取本品约 0.5 g，精密称定，加 N，N–二甲基甲酰胺 40 mL 使之溶解，加偶氮紫指示液 3 滴，用甲醇钠滴定液（0.1 mol/L）滴定至溶液恰显蓝色，并将滴定的结果用空白试验校准。每 1 mL 甲醇钠滴定液（0.1 mol/L）相当于 26.73 mg 的 $C_{11}H_{13}N_3O_3S$。

【知识链接】

甲醇钠

甲醇钠是一种有机化合物，化学式为 CH_3ONa，是一种危险化学品，具有腐蚀性、可自燃性，主要用于医药工业，在有机合成中用作缩合剂、化学试剂、食用油脂处理的催化剂等。

1. 主要用途

甲醇钠有着比较广泛的用途，可用作医药、农药的原料，是磺胺类药物合成的重要原料；用作有机合成中的碱性缩合剂及催化剂，用于香料、染料等的合成；用作处理食用脂肪和食用油（特别是处理猪油）的催化剂，以改变脂肪结构，使之适用于制作人造奶油等，在最终食品中必须除去。

2. 健康危害

甲醇钠蒸气、雾或粉尘对呼吸道有强烈刺激和腐蚀性。吸入后，可引起昏睡、中枢抑制和麻醉；对眼睛有强烈刺激和腐蚀性，可致失明；皮肤接触可致灼伤；口服腐蚀消化道，引起腹痛、恶心、呕吐，大量口服可致失明和死亡。

3. 防护措施

可能接触其粉尘时，应该佩戴防毒口罩，必要时佩戴防毒面具。眼睛防护，应戴化学安全防护眼镜，穿工作服（防腐材料制作），戴橡皮手套。存放被毒物污染的衣服，洗后再用，保持良好的卫生习惯。

4. 急救措施

皮肤接触：脱去被污染的衣着，用流动清水冲洗 15 min。若有灼伤，就医。眼睛接触：立即提起眼睑，用流动清水或生理盐水冲洗至少 15 min，就医。吸入：脱离现场至空气新鲜处。呼吸困难时给吸氧。呼吸停止时，立即进行人工呼吸，就医。食入：误服者立即漱口，给饮牛奶或蛋清，就医。灭火方法：可用泡沫、沙土、二氧化碳，禁止用水。

实训五 枸橼酸钠的含量测定

一、实训目的

1. 掌握用非水滴定法测定枸橼酸钠含量的原理。
2. 学会利用空白实验来校准实验结果的方法。
3. 熟悉用结晶紫指示剂指示滴定终点的方法。
4. 熟悉电位滴定法指示滴定终点。

二、实训原理

枸橼酸钠一般用作供输血用的血液抗凝剂。本品作为体外抗凝剂，成人使用剂量一般在600 mL 以下，输血速度不快，而且在肝功能正常时一般不会产生不良反应。当输血速度太快或输血量过大时，因枸橼酸盐不能及时氧化，导致血钙过低，可出现枸橼酸中毒反应。当肝肾功能不全或新生儿酶系统发育不全，不能充分代谢枸橼酸钠时，即使缓慢输血也可能出现血钙过低现象，应特别注意。

枸橼酸钠是有机酸的碱金属盐，其酸根离子在冰醋酸溶液中显较强的碱性，故可用高氯酸的冰醋酸溶液滴定。滴定反应为：

$$C_6H_5O_7Na_3 + 3HClO_4 \Longrightarrow C_6H_5O_7H_3 + 3NaClO_4$$

以结晶紫为指示剂，终点颜色由黄色到蓝绿色，根据滴定液消耗的体积可计算枸橼酸钠的百分含量。或用电位滴定法指示滴定终点，并将滴定的结果用空白试验校准。

三、器材准备

仪器：电位滴定仪、分析天平、烘箱、水浴锅、药匙、称量纸、漏斗、酸碱两用滴定管、铁架台、蝴蝶夹、烧杯、量筒、锥形瓶、试剂瓶。

试剂：0.1 mol/L 高氯酸滴定液、枸橼酸钠试样、冰醋酸、醋酐、0.5% 结晶紫、邻苯二甲酸氢钾、高氯酸。

四、实训内容与步骤

1. 0.1 mol/L 高氯酸滴定液的配制与标定

（1）配制方法。《中国药典》（2020 年版，四部）中高氯酸滴定液（0.1 mol/L）的配制方法：取无水冰醋酸（按含水量计算，每 1 g 水加醋酐 5.22 mL）750 mL，加入高氯酸（70%~72%）8.5 mL，摇匀，在室温下缓慢滴加醋酐 23 mL，边加边摇，加完后再振摇均匀，放冷，加无水冰醋酸适量，使之体积达到 1 000 mL，摇匀，放置 24 h。置于棕色玻璃瓶中，密闭保存。

（2）标定方法。《中国药典》（2020 年版，四部）中高氯酸滴定液（0.1 mol/L）的标定方法：取在 105 ℃ 干燥至恒重的基准邻苯二甲酸氢钾约 0.16 g，精密称定，加无水冰醋酸 20 mL 使之溶解，加结晶紫指示液 1 滴，用本液缓慢滴定至蓝色，并将滴定的结果用空白试验校准。每 1 mL 高氯酸滴定液（0.1 mol/L）相当于 20.42 mg 的邻苯二甲酸氢钾。根据本液的消耗量与邻苯二甲酸氢钾的取用量，算出本液的浓度，即得。

本液也可用二氧六环配制：取高氯酸（70%~72%）8.5 mL，加异丙醇 100 mL 溶解后，再加二氧六环稀释至 1 000 mL。标定时，取在 105 ℃ 干燥至恒重的基准邻苯二甲酸氢钾约 0.16 g，精密称定，加丙二醇 25 mL 与异丙醇 5 mL，加热使之溶解，放冷，加二氧六环 30 mL 与甲基橙—二甲苯蓝 FF 混合指示液数滴，用本液滴定至由绿色变为蓝灰色，并将滴定的结果用空白试验校准。

2. 枸橼酸钠的含量测定

精密称取枸橼酸钠样品 70 mg，置于锥形瓶中，加冰醋酸 5 mL，加热使之溶解，放冷，加醋酐 10 mL，加结晶紫指示剂 1 滴，用 0.1 mol/L 高氯酸滴定液滴至溶液由黄色变为蓝绿色，即为终点。用空白试验校准，平行测定 3 次。

在本实训中，除用结晶紫指示剂确定终点外，还可用电位法确定终点。《中国药典》

（2020年版，二部）中枸橼酸钠含量测定方法：取本品约 80 mg，精密称定，加冰醋酸 30 mL，加热溶解后，放冷，加醋酐 10 mL，按照电位滴定法，用高氯酸滴定液（0.1 mol/L）滴定，并将滴定的结果用空白试验校准。每 1 mL 高氯酸滴定液（0.1 mol/L）相当于 8.602 mg 的 $C_6H_5Na_3O_7$。

3. 数据记录及处理

枸橼酸钠的含量测定数据记录见表 6-2。

表 6-2 枸橼酸钠的含量测定数据记录

检品编号：

检品名称				检验日期	
批　　号		规　格		完成日期	
生产单位或产地		包　装		检验者	
供样单位		有效期		核对者	
检验项目		检品数量		检品余量	
检验依据					

室温：		湿度：		
分析天平型号编号：		高氯酸滴定液批号：		
冰醋酸批号：		结晶紫指示液批号：		

	1	2	3
邻苯二甲酸氢钾取用量/g			
高氯酸滴定液初读数/mL			
高氯酸滴定液终读数/mL			
$V_{标定}$/mL			
高氯酸滴定液实际浓度 $C_{实际浓度}$/（mol/L）			
枸橼酸钠滴定分析用量/g			
高氯酸滴定液初读数/mL			
高氯酸滴定液终读数/mL			
V/mL			
枸橼酸钠的百分含量			
枸橼酸钠的百分含量平均值			
结果绝对偏差			
结果平均偏差			
相对平均偏差			

标准规定：

结论：

五、实训测评

按表 6-3 所列评分标准进行测评，并做好记录。

表 6-3 实训评分标准

序号	考核内容	考核标准	配分	得分
1	称量操作	天平操作规范，动作正确	8	

续表

序号	考核内容	考核标准	配分	得分
2	邻苯二甲酸氢钾称量范围	称量在规定范围内	8	
3	称量结束工作	复原清扫天平，登记	6	
4	滴定液的配制与保存	配制正确，按照要求保存	8	
5	枸橼酸钠称量范围	在规定范围内称量	8	
6	量筒的使用	使用量筒量取溶液动作规范	4	
7	加热操作	正确安全加热	8	
8	滴定管的使用	滴定管的洗涤、试漏、润洗、装液、排气、调零正确	10	
9	滴定操作	滴定速度控制适当，与摇瓶配合紧密	8	
10	滴定终点	终点判断正确	4	
11	空白试验	空白试验测定规范	6	
12	滴定管读数	停留30 s读数，读数正确	4	
13	原始数据记录	原始数据记录及时、正确、规范、整齐	4	
14	数据记录及处理	计算正确，有效数字保留正确，修改规范	4	
15	报告单填写正确	报告单填写规范，缺项扣2分	6	
16	整理实验台面	实验后试剂、仪器放回原处	2	
17	清理物品	废液、纸屑不乱扔乱倒	2	
	合计		100	

【注意事项】

1. 高氯酸滴定液配制过程中需要注意：①高氯酸与有机物接触、遇热，极易引起爆炸；和醋酐混合时易发生剧烈反应放出大量的热。因此，在配制时应先用冰醋酸将高氯酸稀释后再在不断搅拌下滴加适量醋酐。②高氯酸的冰醋酸溶液在低于16 ℃时会结冰，使滴定难以进行，通常用冰醋酸—醋酐（9:1）的混合溶剂配制高氯酸滴定液，不仅不会结冰，且吸湿性小。

2. 用冰醋酸和醋酐溶解枸橼酸钠试样时，加热指的是水浴温热。

3. 测定枸橼酸钠的含量时，滴定过量，溶液会由蓝色变为蓝绿色，再变为黄绿色，注意终点的判断。

目标检测

一、选择题

1. 用非水碱量法测定氢卤酸的生物碱盐的含量，为了使反应进行完全，常需要在溶液中加入（　　　）。

 A. 醋酐   B. 氯化汞   C. 醋酸汞   D. 醋酸

2. 属于酸性溶剂的是（　　　）。

 A. 甲醇   B. 冰醋酸   C. 四氯化碳   D. 乙二胺

3. 属于碱性溶剂的是（　　　）。

 A. 甲醇   B. 四氯化碳   C. 冰醋酸   D. 乙二胺

4. 属于中性溶剂的是（　　　）。

 A. 甲醇   B. 冰醋酸   C. 四氯化碳   D. 乙二胺

5. 属于惰性溶剂的是（　　　）。

 A. 甲醇   B. 冰醋酸   C. 乙二胺   D. 四氯化碳

6. 在非水滴定法中加入少量醋酐的目的是（　　　）。

 A. 提高准确度   B. 除去水分

 C. 消除系统误差   D. 以上选项都可以

7. （多选）以酸碱质子理论为基础，非水滴定常用的溶剂可分为（　　　）。

 A. 酸性溶剂   B. 质子性溶剂

 C. 碱性溶剂   D. 非质子性溶剂

8. 标定甲醇钠滴定液常用的基准物质是（　　　）。

 A. 苯甲酸   B. 冰醋酸   C. 邻苯二甲酸氢钾 D. 不确定

9. 标定高氯酸滴定液常用的基准物质是（　　　）。

 A. 苯甲酸   B. 氧化锌   C. 邻苯二甲酸氢钾 D. 甲醇钠

10. 在实际操作中，滴定弱碱常用的非水溶剂为（　　　）。

 A. 甲醇   B. 冰醋酸   C. 乙醇   D. 乙二胺

二、问答题

1. 什么是均化效应与均化溶剂？

2. 什么是区分效应与区分溶剂？

3. 在非水酸碱滴定法中，弱碱的滴定溶剂该如何选择？

4. 马来酸氯苯那敏的含量测定中，选择哪种非水溶剂？用哪种标准溶液滴定？

三、计算题

1. 精密称取某含苯甲酸钠的试样 0.324 5 g，溶于冰醋酸中，用 0.100 0 mol/L 高氯酸滴定液滴定至终点，用去 18.42 mL 滴定液，空白试验消耗 0.12 mL 滴定液，求苯甲酸钠的百分含量。

2. 精密称取盐酸麻黄碱试样 0.149 8 g，加冰醋酸 10 mL 溶解后，加入醋酐 4 mL，加入结晶紫指示剂 1 滴，用 0.101 3 mol/L 的 $HClO_4$ 标准溶液滴定至终点，消耗 7.95 mL，空白试验消耗标准溶液 0.65 mL，计算此试样中盐酸麻黄碱的百分含量（每 1 mL 0.1 mol/L 的 $HClO_4$ 滴定液相当于 20.17 mg 的盐酸麻黄碱）。

第七章

沉淀滴定法

学习引导

氯化钠是常用的等渗调节剂，如果需要测定注射液中氯化钠的含量，应该采用什么方法呢？《中国药典》（2020 年版）规定，浓度为 0.9% 的氯化钠溶液采用沉淀滴定法测定其含量，利用氯离子和银离子生成白色沉淀的反应来进行定量分析。

本章主要介绍沉淀滴定法在药物分析中的应用。

§7−1　沉淀滴定法概述

 学习目标

了解沉淀滴定法的概念、条件。

一、沉淀滴定法的概念

以沉淀反应为基础的滴定分析方法称为沉淀滴定法。

二、沉淀滴定法的条件

沉淀反应类型很多，但作为滴定分析法，沉淀滴定反应必须满足滴定分析法对滴定反应的要求：

1. 生成沉淀的溶解度必须很小（$S \leqslant 10^{-3}$ g/L），以保证被测组分反应完全。

2. 沉淀反应必须迅速、定量地进行，且被测组分和滴定液之间具有确定的化学计量关系。

3. 生成的沉淀无明显的吸附作用，不影响滴定结果及终点判断。

4. 有适当的方法指示滴定终点。

能够满足滴定分析要求的沉淀反应有生成难溶性银盐的反应、$NaB(C_6H_5)_4$ 与 K^+、$K_4[Fe(CN)_6]$ 与 Zn^{2+}、$Ba^{2+}(Pb^{2+})$ 与 SO_4^{2-}、Hg^{2+} 与 S^{2-} 的反应。

练一练

关于沉淀滴定法的说法不正确的是（　　　）。

A. 沉淀反应必须迅速

B. 沉淀反应必须定量地进行

C. 生成的沉淀有较强的吸附作用

D. 有适当的方法指示滴定终点

【实例分析】

生理盐水是指生理学实验或临床上常用的渗透压与动物或人体血浆的渗透压基本相等的氯化钠溶液，一般是浓度为 0.9% 的氯化钠水溶液。其渗透压与人体血液近似，钠的含量也与血浆相近，可维持细胞的正常形态，供给电解质和维持体液的张力。亦可外用，如清洁伤口或换药时应用。

问：《中国药典》（2020 年版）规定，采用硝酸银滴定液测定生理盐水中氯化钠的含量，测定的原理和指示滴定终点的原理分别是什么？

【知识链接】

溶解度与溶度积

溶解度，符号 S，在一定温度下，某固态物质在 100 g 溶剂中达到饱和状态时所溶解的溶质的质量，叫作这种物质在这种溶剂中的溶解度。物质的溶解度属于物理性质。

溶度积，是指沉淀的溶解平衡常数，用 K_{sp} 表示，溶度积的大小反映了难溶电解质的溶解能力。溶度积常数仅适用于难溶电解质的饱和溶液，对易溶的电解质不适用。在温度一定时，每一难溶盐类化合物的 K_{sp} 皆为一特定值。

溶度积与溶解度均可表示难溶电解质的溶解性，两者之间可以相互换算。

1. AB 型（如 $AgCl$、$AgBr$、$CaCO_3$）

$$S = \sqrt{K_{sp}}$$

2. AB_2 或 A_2B 型 [如 $Mg(OH)_2$、Ag_2CrO_4]

$$S = \sqrt[3]{\frac{K_{sp}}{4}}$$

3. AB_3 或 A_3B 型 [如 $Fe(OH)_3$、Ag_3PO_4]

$$S = \sqrt[4]{\frac{K_{sp}}{27}}$$

§7-2 银量法

 学习目标

1. 掌握铬酸钾指示剂法、铁铵矾指示剂法和吸附指示剂法的概念、分析依据、终点确定和滴定条件。

2. 熟悉银量法的概念和分类、银量法滴定液的种类和配制方法。

沉淀滴定法中，应用最多的滴定反应是生成难溶性银盐的反应。例如：

$$Ag^+ + X^- = AgX \downarrow$$

$X = Cl^-$、Br^-、I^-、SCN^- 等。

这种利用生成难溶性银盐沉淀的反应来进行滴定分析的方法，称为银量法。银量法以硝酸银和硫氰酸铵为滴定液，主要用于测定 Cl^-、Br^-、I^-、SCN^- 及 Ag^+ 及一些含氯的有机化合物，多数生物碱的氢卤酸盐，在水溶液中产生的卤离子也可用银量法测定。

根据确定滴定终点所用的指示剂不同，银量法可分为铬酸钾指示剂法（莫尔法）、铁铵矾指示剂法（佛尔哈德法）和吸附指示剂法（法扬司法），见表 7-1。

表 7-1 银量法的分类

方法名称	铬酸钾指示剂法	铁铵矾指示剂法		吸附指示剂法
		铁铵矾指示剂 直接滴定法	铁铵矾指示剂 剩余滴定法	
滴定剂	$AgNO_3$	NH_4SCN	$AgNO_3$ 和 NH_4SCN	$AgNO_3$
滴定反应	$Ag^+ + X^- \rightleftharpoons AgX \downarrow$	$SCN^- + Ag^+ \rightleftharpoons$ $AgSCN \downarrow$	$Ag^+(总) + X^- \rightleftharpoons$ $AgX \downarrow$ $Ag^+(剩余) + SCN^- \rightleftharpoons$ $AgSCN \downarrow$	$Ag^+ + X^- \rightleftharpoons AgX \downarrow$
指示剂	K_2CrO_4	$FeNH_4(SO_4)_2$	$FeNH_4(SO_4)_2$	吸附指示剂
指示剂 作用原理	$2Ag^+ + CrO_4^{2-} \rightleftharpoons$ $Ag_2CrO_4 \downarrow$	$Fe^{3+} + SCN^- \rightleftharpoons$ $[Fe(SCN)]^{2+}$	$Fe^{3+} + SCN^- \rightleftharpoons$ $[Fe(SCN)]^{2+}$	物理吸附导致指示剂 结构变化，引起 颜色变化
pH 条件	$6.5 \sim 10.5$	0.3 mol/L 的 HNO_3	0.3 mol/L 的 HNO_3	与指示剂 pK_a 有关， 使其以离子形态存在
测定对象	Cl^-, Br^-	Ag^+	Cl^-, Br^-, I^-, SCN^- 等	Cl^-, Br^-, I^-, SCN^- 等

练一练

1. 测定 Ag^+ 含量，可以采用（　　）。

A. 铬酸钾指示剂法

B. 铁铵矾指示剂直接滴定法

C. 铁铵矾指示剂剩余滴定法　　　　　　　D. 吸附指示剂法

2. （多选）银量法根据滴定所选用指示剂不同，可分为（　　　）。

A. 莫尔法　　　　B. 佛尔哈德法　　　　C. 法扬司法　　　　D. 沉淀法

一、铬酸钾指示剂法

1. 概念

铬酸钾指示剂法（莫尔法）是以铬酸钾（K_2CrO_4）为指示剂，在中性或弱碱性溶液中，以硝酸银（$AgNO_3$）为滴定液，通过直接滴定测定氯化物或溴化物含量的银量法。

2. 分析依据

现以 $AgNO_3$ 滴定液测定 Cl^- 含量为例来说明铬酸钾指示剂法的分析依据。

（1）滴定反应。滴定时硝酸银滴定液中的银离子首先与氯离子作用，生成氯化银白色沉淀。

待滴定达到化学计量点附近，Cl^- 被定量滴定时，Ag^+ 浓度迅速增加，过量一滴或半滴的 $AgNO_3$ 滴定液与 CrO_4^{2-} 作用，生成砖红色的铬酸银沉淀，表明滴定达到终点。

（2）化学计量关系。计量点时：

$$\frac{n_{Ag^+}}{n_{Cl^-}} = \frac{1}{1}$$

（3）结果计算。根据滴定液的浓度和终点时消耗的体积即可计算氯化物的含量，计算公式为：

$$Cl^-\% = \frac{m_{Cl^-}}{m_s} \times 100\% = \frac{(cV_{终点})_{AgNO_3} M_{Cl^-}}{m_s} \times 100\% \tag{7-1}$$

3. 滴定终点的确定

以测定氯化钠的含量为例。

（1）滴定前。在 NaCl 溶液中加入 K_2CrO_4 指示剂，NaCl 和 K_2CrO_4 分别电离，溶液呈现 CrO_4^{2-} 的颜色，为黄色的透明溶液，反应式为：

$$NaCl = Na^+ + Cl^-$$
$$K_2CrO_4 = 2K^+ + CrO_4^{2-} （黄色）$$

（2）滴定开始至终点前。由于 AgCl 沉淀的溶解度小于 Ag_2CrO_4 沉淀的溶解度，加入的 $AgNO_3$ 滴定液与 Cl^- 反应生成 AgCl 白色沉淀，而不与 CrO_4^{2-} 反应，溶液为黄色的混浊液，反应式为：

$$Ag^+ + Cl^- = AgCl\downarrow$$

（3）终点时。溶液中的 Cl^- 与加入的 $AgNO_3$ 滴定液完全反应，此时，$AgNO_3$ 滴定液与溶液中的 CrO_4^{2-} 反应，生成砖红色的 Ag_2CrO_4 沉淀，溶液转变为橙色的混浊液，指示滴定终点的到达，反应式为：

$$2Ag^+ + CrO_4^{2-} = Ag_2CrO_4\downarrow （砖红色）$$

4. 滴定条件

为保证分析结果的准确、可靠，铬酸钾指示剂法应在下述条件下进行测定。

（1）指示剂的用量。由于 AgCl 和 Ag_2CrO_4 沉淀产生的先后和完全程度除与它们的溶解度有关外，还与 Cl^-、CrO_4^{2-} 的浓度有关。指示剂 K_2CrO_4 加入量过多或过少，浓度过高或过低都会影响化学计量点的确定。为此，必须控制 K_2CrO_4 的浓度和用量，可根据溶度积常数进行计算。

若要刚好在计量点时生成 Ag_2CrO_4 沉淀，溶液中 $[Ag^+]^2$ 与 $[CrO_4^{2-}]$ 的乘积应大于等于 Ag_2CrO_4 沉淀的溶度积常数 $K_{sp(Ag_2CrO_4)}$，即：

$$[Ag^+]^2[CrO_4^{2-}] \geqslant K_{sp(Ag_2CrO_4)} = 1.2 \times 10^{-12}$$

在计量点时，溶液中的 AgCl 处于沉淀平衡状态，即：

$$AgCl \Longrightarrow Ag^+ + Cl^-$$

$$[Ag^+][Cl^-] = [Ag^+]^2 = K_{sp(AgCl)} = 1.8 \times 10^{-10}$$

因此，此时溶液中指示剂的浓度，即 $[CrO_4^{2-}]$ 应为：

$$[CrO_4^{2-}] = \frac{K_{sp(Ag_2CrO_4)}}{[Ag^+]^2} = \frac{1.2 \times 10^{-12}}{1.8 \times 10^{-10}} = 7.1 \times 10^{-3}(mol/L)$$

滴定时，若 $[CrO_4^{2-}]$ 过高，Ag_2CrO_4 沉淀在化学计量点前析出，不仅会导致滴定终点提前，测定结果偏低，而且本身的黄色会影响终点观察；若 $[CrO_4^{2-}]$ 过低，会引起滴定终点推迟，导致测定结果偏高。实际测定时，通常在 50～100 mL 溶液中，加入 5%（g/mL）K_2CrO_4 指示剂 1～2 mL。

（2）溶液的酸碱度。铬酸钾指示剂法应在中性或弱碱性溶液中（pH6.5～10.5）进行。因铬酸钾是弱酸盐，若溶液的酸度过高，CrO_4^{2-} 可转化为 $HCrO_4^-$、$Cr_2O_7^{2-}$ 等，使 $[CrO_4^{2-}]$ 降低，引起滴定终点推迟甚至不能生成 Ag_2CrO_4 来指示终点，导致测定结果偏高，可用稀 HNO_3 调节。

$$2CrO_4^{2-} + 2H^+ \Longrightarrow 2HCrO_4^- \Longrightarrow Cr_2O_7^{2-} + H_2$$

若酸度过低，OH^- 与 $AgNO_3$ 滴定液反应析出黑色的 Ag_2O 沉淀，导致测定结果偏高，可用 $NaHCO_3$ 溶液调节。

$$2Ag^+ + 2OH^- \Longrightarrow Ag_2O \downarrow + H_2O$$

滴定也不能在氨碱性溶液中进行，应控制溶液的 pH 值在 6.5～7.2 范围内，以免 pH 值过高，NH_4^+ 解离产生 NH_3，NH_3 与 Ag^+ 配位生成 $[Ag(NH_3)_2]^+$，使滴定无法定量进行。

$$AgCl + 2NH_3 \Longrightarrow [Ag(NH_3)_2]^+ + Cl^-$$

（3）滴定时应充分振摇。在滴定过程中，由于 AgCl 沉淀易吸附 Cl^-，使溶液中 $[Cl^-]$ 降低，终点提前。滴定过程中充分振摇可以使被吸附的离子释放出来，从而得到准确的终点。

（4）干扰的消除。凡是能与 CrO_4^{2-} 生成沉淀的阳离子（如 Ba^{2+}、Pb^{2+} 等）、能与 Ag^+ 生成难溶化合物或配位物的阴离子（如 SO_3^{2-}、S^{2-}、PO_4^{3-}、CO_3^{2-}、$C_2O_4^{2-}$ 等）、易水解的离

子（如 Fe^{3+}、Al^{3+} 等）等均为干扰离子，应在滴定前预先分离除去或用适当的方法掩蔽。

5. 适用范围

本法主要用于 Cl^- 和 Br^- 的测定，不适用于 I^- 和 SCN^- 的测定，因为 AgI 和 $AgSCN$ 沉淀有较强的吸附作用，即使剧烈振摇也无法使被吸附的 I^- 和 SCN^- 释放出来，结果使滴定终点提前，使测定结果偏低。

练一练

1. 莫尔法采用（　　）作为指示剂。

A. 铬酸钾　　　　　B. 氯化钠　　　　　C. 硝酸银　　　　　D. 氯化银

2. 莫尔法测定中酸度过高会导致测定结果偏（　　）。

A. 高　　　　　　　B. 低

二、铁铵矾指示剂法

1. 概念

铁铵矾指示剂法（佛尔哈德法）是在酸性溶液中，以铁铵矾 $[NH_4Fe(SO_4)_2 \cdot 12H_2O]$ 作为指示剂的银量法。本法可分为直接滴定法和剩余滴定法。

2. 直接滴定法

铁铵矾指示剂直接滴定法是在酸性介质中，以铁铵矾 $[NH_4Fe(SO_4)_2 \cdot 12H_2O]$ 作为指示剂，以硫氰酸铵（NH_4SCN）为滴定液，通过直接滴定测定 Ag^+ 含量的银量法。

（1）分析依据

1）滴定反应。铁铵矾指示剂直接滴定法的滴定反应式为：

$$Ag^+（被测组分）+ SCN^-（滴定液）\Longleftrightarrow AgSCN \downarrow$$

2）化学计量关系。在计量点时：

$$\frac{n_{Ag^+}}{n_{Cl^-}} = \frac{1}{1}$$

3）结果计算。根据滴定液的浓度和终点时消耗的体积即可计算 Ag^+ 的含量，计算公式为：

$$Ag^+\% = \frac{m_{Ag^+}}{m_s} \times 100\% = \frac{(cV_{终点})_{SCN^-} M_{Ag^+}}{m_s} \times 100\% \quad (g/g) \tag{7-2}$$

（2）滴定终点的确定

1）滴定前。在酸性溶液中，银盐和铁铵矾在溶液中电离出 Ag^+ 和 Fe^{3+}，为无色的透明溶液。

$$NH_4Fe(SO_4)_2 \cdot 12H_2O \Longrightarrow NH_4^+ + Fe^{3+} + 2SO_4^{2-} + 12H_2O$$

2）滴定开始至终点前。加入的以 NH_4SCN 为滴定液与 Ag^+ 反应生成白色的 $AgSCN$ 沉淀，溶液为白色的混浊液。

$$Ag^+ + SCN^- \Longleftrightarrow AgSCN \downarrow$$

3）终点时。溶液中的 Ag^+ 与加入的 NH_4SCN 滴定液完全反应，此时，稍过量的 NH_4SCN 滴定液与溶液中的 Fe^{3+} 反应，生成红色的 $[Fe(SCN)]^{2+}$，溶液转变为浅红色的混浊液，指示终点的到达。

$$Fe^{3+} + SCN^- \Longrightarrow [Fe(SCN)]^{2+}（红色）$$

（3）适用范围。可用于测定可溶性银盐。

3. 剩余滴定法

铁铵矾指示剂剩余滴定法是在酸性溶液中，加入定量且过量的 $AgNO_3$ 滴定液，再以铁铵矾 $[NH_4Fe(SO_4)_2 \cdot 12H_2O]$ 作为指示剂，用 NH_4SCN 滴定液滴定剩余的 $AgNO_3$，测定卤化物含量的银量法。

（1）分析依据

1）滴定反应。铁铵矾指示剂剩余滴定法的滴定反应为：

$$Ag^+（定量、过量滴定液） + X^-（被测组分） \Longrightarrow AgX \downarrow$$
$$(X^- = Cl^-、Br^-、I^-、SCN^-、CN^-等)$$
$$Ag^+（剩余的滴定液） + SCN^-（返滴定液） \Longrightarrow AgSCN \downarrow$$

2）化学计量关系。在计量点时

$$\frac{n_{Ag^+}}{n_{X^-}} = \frac{1}{1} \quad \frac{n_{Ag^+}（过量）}{n_{SCN^-}} = \frac{1}{1}$$

3）结果计算。剩余的 $AgNO_3$ 滴定液的物质的量，由滴定终点时消耗 NH_4SCN 滴定液的体积和浓度，可计算过量的 $AgNO_3$ 滴定液的量。

$$n_{AgNO_3（过量）} = n_{SCN^-} = (cV_{终点})_{SCN^-}$$

与被测组分卤化物反应的 $AgNO_3$ 滴定液的物质的量等于加入 $AgNO_3$ 滴定液的总量减去过量的 $AgNO_3$ 滴定液。

$$n_{AgNO_3} = n_{AgNO_3（总量）} - n_{AgNO_3（过量）} = (cV)_{AgNO_3} - (cV_{终点})_{SCN^-}$$

被测组分卤化物的含量，根据与被测组分卤化物反应的 $AgNO_3$ 滴定液的物质的量即可计算 X^- 的含量，计算公式为：

$$X^-\% = \frac{m_{X^-}}{m_s} \times 100\% = \frac{[(cV)_{AgNO_3} - (cV_{终点})_{SCN^-}] \times M_{X^-}}{m_s} \times 100\%（g/g） \quad (7-3)$$

（2）滴定终点的确定

1）滴定前。在酸性溶液中，卤素化合物在溶液中电离出卤离子 X^-，为无色的透明溶液。

2）滴定。加入过量的 $AgNO_3$ 滴定液与 X^- 反应生成白色的 AgX 沉淀，X^- 完全反应，溶液为白色的混浊液。

$$Ag^+ + X^- = AgX \downarrow （白色）$$

3）剩余滴定。加入铁铵矾指示剂，用 NH_4SCN 滴定液滴定剩余的 $AgNO_3$ 滴定液，在计量点时，NH_4SCN 滴定液与溶液中的 Fe^{3+} 反应，生成红色的 $[Fe(SCN)]^{2+}$，溶液转变为浅红色的混浊液，指示终点的到达。

$$Ag^+（剩余）+ SCN^- \rightleftharpoons AgSCN \downarrow （白色）$$

$$Fe^{3+} + SCN^- \rightleftharpoons [Fe(SCN)]^{2+}（红色）$$

（3）适用范围。可用于测定 Cl^-、Br^-、I^-、SCN^-、CN^- 等。

4. 滴定条件

（1）指示剂的用量。指示剂在溶液中的浓度过高，会使滴定终点提前。反之，则终点推后。为了能在滴定终点观察到明显的红色，指示剂的适宜浓度为 0.01 mol/L。

（2）溶液的酸度。滴定应在 0.1 ~ 1 mol/L HNO_3（强酸性）溶液中进行。即可避免在中性溶液中干扰离子（如 PO_4^{3-}、CO_3^{2-} 等）的影响，提高方法的选择性，又可防止 Fe^{3+} 水解。

（3）滴定在剧烈振摇下进行。滴定反应生成的 AgSCN 沉淀具有强烈的吸附作用，易吸附溶液中的 Ag^+，使滴定终点提前，测定结果偏低。滴定过程中要充分振摇，使被沉淀吸附的 Ag^+ 解吸附，防止上述情况发生。

但测定氯化物时，当滴定到化学计量点附近，应避免用力振摇，以免生成的 $[Fe(SCN)]^{2+}$ 配离子解离而使滴定终点的红色消失。原因是 AgCl 沉淀的溶解度比 AgSCN 沉淀的溶解度大，若返滴定时用力振摇可造成 AgCl 沉淀在返滴定过程中转换为 AgSCN 沉淀，造成滴定终点推迟，造成较大的负误差。为避免上述现象的发生，通常采取的措施为：①加入过量 $AgNO_3$ 滴定液后，将已生成的 AgCl 沉淀滤去，并用稀硝酸充分洗涤沉淀，再用硫氰酸铵滴定剩余的硝酸银。②加入过量 $AgNO_3$ 滴定液后，向溶液中加入 1 ~ 3 mL 硝基苯或异戊醇，并强烈振摇，使其包裹在沉淀颗粒的表面上，不能与溶液接触，从而避免沉淀发生转化。

测定溴化物或碘化物时，由于 AgBr 和 AgI 沉淀的溶解度都比 AgSCN 沉淀的溶解度小，不会发生沉淀转化。但测碘化物时，指示剂必须在加入过量 $AgNO_3$ 滴定液后才能加入，否则 Fe^{3+} 将与 I^- 反应析出 I_2。

（4）排除干扰物质。强氧化剂、氮的低价氧化物、铜盐、汞盐均可与 SCN^- 作用而干扰测定，应预先除去。

练一练

1. 铁铵矾直接滴定法可以用来测定（　　）的含量。

A. Ag^+　　　　　　B. Cl^-　　　　　　C. Br^-　　　　　　D. SCN^-

2. 铁铵矾直接滴定法在_____性溶液中进行。

三、吸附指示剂法

1. 概念

吸附指示剂法（法扬司法）是以硝酸银为滴定液，用吸附指示剂确定滴定终点，通过直接滴定测定卤化物和硫氰酸盐含量的银量法。

吸附指示剂是一类有色的有机染料，属于有机弱酸弱碱，在溶液中可电离出指示剂阴离子。吸附指示剂的离子被带异电荷的胶体沉淀微粒表面吸附之后，结构发生改变而导致颜色变化，从而指示滴定终点。

如吸附指示剂荧光黄（$K_a \approx 10^{-8}$）是一种有机弱酸，用 HFIn 表示，它在溶液中解离出黄绿色的离子 FIn^-，被难溶银盐胶状沉淀吸附后，结构发生变化而呈粉红色。

2. 分析依据

以测定 Cl^- 为例。

（1）滴定反应。吸附指示剂法的滴定反应为：

$$Ag^+（滴定液）+ Cl^-（被测组分）\Longrightarrow AgCl \downarrow$$

（2）化学计量关系。在计量点时：

$$\frac{n_{Ag^+}}{n_{Cl^-}} = \frac{1}{1}$$

（3）结果计算。根据滴定液的浓度和终点时消耗的体积即可计算氯化物的含量，计算公式为：

$$Cl^- \% = \frac{m_{Cl^-}}{m_s} \times 100\% = \frac{(cV_{终点})_{AgNO_3} M_{Cl^-}}{m_s} \times 100\% \ (g/g)$$

$$Cl^- \% = \frac{m_{Cl^-}}{v_s} = \frac{(cV)_{AgNO_3} \times M_{Cl^-}}{v_s} \ (g/mL) \tag{7-4}$$

3. 终点的确定

以荧光黄为指示剂，直接滴定 Cl^- 为例。

（1）滴定前。在 NaCl 溶液中加入荧光黄 HFIn 指示剂，NaCl 和荧光黄分别电离，溶液呈现荧光黄阴离子 FIn^- 的颜色，为黄绿色的透明溶液，如图 7-1 所示。

$$NaCl \Longrightarrow Na^+ + Cl^-$$

$$HFIn \rightleftharpoons H^+ + FIn^- \ （黄绿色）$$

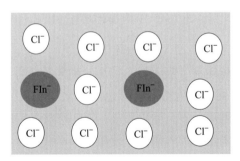

图 7-1　吸附指示剂滴定前

（2）滴定开始至终点前。加入的 $AgNO_3$ 滴定液与 Cl^- 反应生成白色的 AgCl 沉淀，AgCl 沉淀选择性吸附溶液中剩余的 Cl^-，沉淀表面带负电荷，不吸附荧光黄阴离子 FIn^-，溶液为黄绿色的混浊液，如图 7-2 所示。

$$Ag^+ + Cl^- \Longrightarrow AgCl \downarrow$$

$$AgCl + Cl^- \Longrightarrow AgCl \cdot Cl^-$$

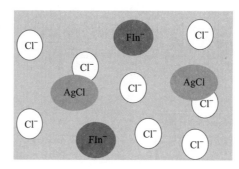

图 7 - 2 吸附指示剂终点前

（3）终点时。溶液中的 Cl^- 与加入的 $AgNO_3$ 滴定液完全反应，此时，AgCl 沉淀选择性吸附溶液中稍过量的 Ag^+，沉淀表面带正电荷，吸附荧光黄阴离子 FIn^-，FIn^- 颜色转变为粉红色，如图 7 - 3 所示，指示终点的到达。

$$AgCl + Ag^+ \rightleftharpoons AgCl \cdot Ag^+$$
$$AgCl \cdot Ag^+ + FIn^- \rightleftharpoons AgCl \cdot Ag^+ \cdot FIn^-$$

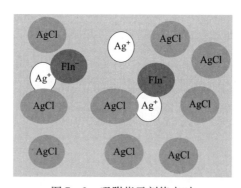

图 7 - 3 吸附指示剂终点时

4. 滴定条件

为使滴定终点时颜色变化明显，吸附指示剂法的滴定条件为：

（1）防止胶体沉淀的凝聚。吸附指示剂颜色的变化发生在沉淀表面，胶体沉淀颗粒很小，比表面积大，吸附指示剂离子多，颜色明显。为使沉淀保持胶体状态，具有较大的吸附表面，防止沉淀凝聚，应在滴定前加入糊精、淀粉等亲水性高分子化合物等胶体保护剂，使卤化银沉淀呈胶体状态。

（2）溶液的酸度。常用的吸附指示剂大多是有机弱酸，控制溶液适宜的酸度，有利于指示剂以阴离子的形式存在。常用的几种吸附指示剂的适用 pH 值范围见表 7 - 2。

表 7 - 2　　　　　　　　　　　常用的吸附指示剂 pH 值范围

名称	被测组分	颜色变化	适用的 pH 值范围
荧光黄	Cl^-	黄绿色～粉红色	7～10
二氯荧光黄	Cl^-	黄绿色～红色	4～10

续表

名称	被测组分	颜色变化	适用的 pH 值范围
曙红	Br^-、I^-、SCN^-	橙色~红色	2~10
二甲基二碘荧光黄	I^-	橙红色~蓝红色	4~7

（3）胶体沉淀对指示剂的吸附能力。胶体沉淀对指示剂离子的吸附能力应略小于对被测离子的吸附能力，以免终点提前到达。在计量点前，胶体沉淀吸附溶液中的被测离子，到达计量点被测离子完全反应时，胶体沉淀就立即吸附指示剂离子而变色。胶体沉淀若对指示剂离子的吸附能力比对被测离子的吸附能力强，则会在计量点前就吸附指示剂离子而变色，使滴定终点提前，测定结果偏低；若对指示剂离子的吸附能力太弱，则会在到达计量点时不能被吸附变色，使滴定终点推迟，测定结果偏高。卤化银胶体对卤素离子和几种常用指示剂的吸附能力的大小次序为：

$$I^- > 二甲基二碘荧光黄 > Br^- > 曙红 > Cl^- > 荧光黄$$

因此在滴定 Cl^- 时应选用荧光黄为指示剂，滴定 Br^- 时应选用曙红为指示剂。

（4）避免强光照射。因卤化银胶体沉淀对光敏感，易分解析出金属银使沉淀变为灰色或黑色，影响滴定终点的观察，故滴定过程要避免强光照射。

（5）溶液的浓度。溶液的浓度不能太低，否则，生成的沉淀太少，终点颜色变化不易观察，一般要求浓度大于 0.005 mol/L。

5. 适用范围

可用于测定 Cl^-、Br^-、I^-、SCN^- 等。

练一练

1. 荧光黄是一种（　　）。

A. 吸附指示剂　　　　B. 自身指示剂　　　　C. 氧化还原指示剂　　　　D. 酸碱指示剂

2. 法扬司法在滴定过程中要避免强光照射的原因是_____。

【知识链接】

沉淀的转化

沉淀的转化是由一种难溶电解物转化为另一种难溶物的过程。一般情况下，沉淀从溶解度小的向溶解度更小的方向转化。沉淀转化的实质是沉淀溶解平衡移动。在生活中可以用于锅炉除水垢，锅炉中的水垢含有硫酸钙，可先用碳酸钠溶液处理，使之转化为疏松、易溶于酸的碳酸钙。

§7-3 银量法的滴定液

 学习目标

1. 熟悉银量法滴定液的种类和配制方法。
2. 掌握硝酸银滴定液的配制和标定方法。

银量法中使用的滴定液有硝酸银滴定液和硫氰酸铵滴定液两种。

一、硝酸银滴定液的配制与标定

1. 《中国药典》（2020年版）中的硝酸银滴定液（0.1 mol/L）

【配制】取硝酸银17.5 g，加水适量使之溶解成1 000 mL，摇匀。

【标定】取在110 ℃干燥至恒重的基准氯化钠约0.2 g，精密称定，加水50 mL使之溶解，再加糊精溶液（1→50）5 mL、碳酸钙0.1 g与荧光黄指示液8滴，用本液滴定至混浊溶液由黄绿变为微红色。每1 mL硝酸银滴定液（0.1 mol/L）相当于5.844 mg的NaCl。根据本液的消耗量与基准氯化钠的取用量，算出本液的浓度，即得。

【储存】置于带玻璃塞的棕色玻璃瓶中，密闭保存。

2. 配制

硝酸银滴定液一般用间接配制法配制成近似浓度，再用基准氯化钠进行标定，确定其准确浓度。

3. 标定

标定原理属于吸附指示剂法。硝酸银滴定液的准确浓度可根据称取基准氯化钠的质量和滴定终点时消耗滴定液的体积计算得到，物质的量浓度计算公式为：

$$c_{AgNO_3} = \frac{m_{NaCl}}{T_{AgNO_3/NaCl} \times V_{AgNO_3}} \times 0.1 \qquad (7-5)$$

由于硝酸银性质不稳定，见光易分解，因此为保持浓度的稳定，硝酸银滴定液应避光、密闭保存。

4. 标定记录填写

滴定液标定记录见表7-3。

表7-3 滴定液标定记录

滴定液名称：0.1 mol/L AgNO₃滴定液	批号：
配制有效期至：	浓度有效期：

仪器设备			
名称	型号	设备编号	有效期至

试剂/试液			
名称	批号	厂家	有效期至

标定基准物质称量、滴定记录

标定日期：	标定人：	滴定管编号：	标定温度：

基准试剂	名称		滴定液	名称	
	质量/g			浓度/（mol/L）	

1. 标定方法：□基准试剂　□滴定液
2. □基准试剂称量　□滴定液吸量

编号		1	2	3
基准试剂质量/g	标定			
	复标			
滴定液吸量/mL	标定			
	复标			

3. 滴定

编号		1	2	3
标定	初读数 V_0/mL			
	终读数 V_1/mL			
复标	初读数 V_0/mL			
	终读数 V_1/mL			

计算：

编号	1	2	3	平均结果	RSD/%	F
标定结果/（mol/L）						
复标结果/（mol/L）						

滴定液浓度/（mol/L）：

标定、复标 RSD/%

判断标准

标定	$RSD \leqslant 0.1\%$	标定、复标	$RSD \leqslant 0.1\%$
复标	$RSD \leqslant 0.1\%$	F 值	$0.95 \sim 1.05$

结果判定：□符合规定　□不符合规定

标定人/日期：_____　　复标人/日期：_____

二、硫氰酸铵滴定液

1. 《中国药典》（2020 年版）中的硫氰酸铵滴定液（0.1 mol/L）

【配制】取硫氰酸铵 8.0 g，加水使之溶解达到 1 000 mL，摇匀。

【标定】精密量取硝酸银滴定液 25 mL（0.1 mol/L），加水 50 mL、硝酸 2 mL 与硫酸铁铵指示液 2 mL，用本液滴定至溶液显淡棕红色，经剧烈振摇后仍不褪色，即为终点。根据本液的消耗量算出本液的浓度，即得。

硫氰酸钠滴定液（0.1 mol/L）或硫氰酸钾滴定液（0.1 mol/L）均可作为本液的代用品。

2. 配制

硫氰酸铵滴定液（0.1 mol/L）用间接配制法配制，用已知准确浓度的硝酸银滴定液（0.1 mol/L）进行标定。

3. 标定

标定的原理属于铁铵矾指示剂直接滴定法。硫氰酸铵滴定液的准确浓度可由精密量取硝酸银滴定液的浓度和体积、终点时消耗硫氰酸铵滴定液的体积计算得知，物质的量浓度计算公式为：

$$c_{NH_4SCN} = \frac{(cV)_{AgNO_3}}{V_{NH_4SCN}} \tag{7-6}$$

4. 标定记录填写

滴定液标定记录见表 7-4。

表 7-4　　　　　　　　　　　　　滴定液标定记录

滴定液名称：0.1 mol/L NH₄SCN 滴定液		批号：	
配制有效期至：		浓度有效期：	
仪器设备			
名称	型号	设备编号	有效期至
试剂/试液			
名称	批号	厂家	有效期至
标定基准物质称量、滴定记录			
标定日期：	标定人：	滴定管编号：	标定温度：

续表

基准试剂	名称		滴定液	名称	
	质量/g			浓度/（mol/L）	

1. 标定方法：□基准试剂 □滴定液
2. □基准试剂称量 □滴定液吸量

编号		1	2	3
基准试剂质量/g	标定			
	复标			
滴定液吸量/mL	标定			
	复标			

3. 滴定

编号		1	2	3
标定	初读数 V_0/mL			
	终读数 V_1/mL			
复标	初读数 V_0/mL			
	终读数 V_1/mL			

计算：

编号	1	2	3	平均结果	RSD/%	F
标定结果/（mol/L）						
复标结果/（mol/L）						

滴定液浓度/（mol/L）：
标定、复标 RSD/%

判断标准

标定	RSD≤0.1%	标定、复标	RSD≤0.1%
复标	RSD≤0.1%	F值	0.95~1.05

结果判定：□符合规定 □不符合规定

标定人/日期：_____ 复标人/日期：_____

练一练

1. 银量法中使用的滴定液有_____滴定液和_____滴定液两种。
2. （判断题）硝酸银滴定液可采用直接配制法配制。（ ）

【知识链接】

硝酸银

硝酸银是一种无机化合物，化学式为 $AgNO_3$，为白色结晶性粉末，易溶于水、氨水、甘油，微溶于乙醇。纯硝酸银对光稳定，但由于一般的产品纯度不够，其水溶液和固体常被保存在棕色试剂瓶中。硝酸银能与一系列试剂发生沉淀反应或配位反应。例如，与硫化氢反应，形成黑色的硫化银 Ag_2S 沉淀；与铬酸钾反应，形成红棕色的铬酸银 Ag_2CrO_4 沉淀；与卤素离子反应，形成卤化银 AgX 沉淀。还能与碱作用，形成棕黑色氧化银 Ag_2O 沉淀；与草酸根离子作用形成白色草酸银 $Ag_2C_2O_4$ 沉淀等。硝酸银能与 NH_3、CN^-、SCN^- 等反应，形成各种配位分子。

---

§7-4 沉淀滴定法的应用

 学习目标

了解沉淀滴定法在药物分析中的应用。

沉淀滴定法可用于测定无机卤化物（如 NaCl、KCl、NaBr、KBr、KI、NaI 等）、有机碱的氢卤酸盐（如盐酸丙卡巴肼等）、银盐（如磺胺嘧啶银等）、有机卤化物（如三氯叔丁醇、林旦等）以及能形成难溶性银盐的非含卤素有机化合物（如苯巴比妥等）。

一、以硫氰酸铵作滴定液的应用

示例 7-1 磺胺嘧啶银的含量测定

1. 测定方法

取本品约 0.5 g，精密称定，置于具塞锥形瓶中，加硝酸 8 mL 溶解后，加水 50 mL 与硫酸铁铵指示液 2 mL，用硫氰酸铵滴定液（0.1 mol/L）滴定。每 1 mL 硫氰酸铵滴定液（0.1 mol/L）相当于 35.71 mg 的磺胺嘧啶银（$C_{10}H_9AgN_4O_2S$）。

2. 测定原理

本例采用铁铵矾指示剂直接滴定法，在酸性溶液中，以硫酸铁铵为指示剂，用硫氰酸铵滴定液直接滴定 Ag^+。终点前 Ag^+ 与 SCN^- 反应生成白色 AgSCN 沉淀，终点时 Fe^{3+} 与 SCN^- 反应生成棕红色配位化合物指示滴定终点。

3. 数据记录

称取磺胺嘧啶银的质量 $m_1 =$ _____，$m_2 =$ _____；滴定到达终点时读取的消耗硫氰酸铵滴定液体积 $V_1 =$ _____，$V_2 =$ _____。

4. 结果计算

（1）含量计算公式

$$B\% = \frac{TVF}{m} \times 100\% \tag{7-7}$$

（2）含量计算结果

磺胺嘧啶银的含量 $B_1\% =$ _____，$B_2\% =$ _____，平均百分含量是 _____。

5. 结论判定

按干燥品计算，含 $C_{10}H_9AgN_4O_2S$ 不得少于 98%，故 _____（符合/不符合）规定。

二、以硝酸银作滴定液的应用

示例 7 - 2　氯化钾的含量测定

1. 测定方法

取本品约 0.15 g，精密称定，加水至 50 mL 溶解后，加 2% 糊精溶液 5 mL、2.5% 硼砂溶液 2 mL 与荧光黄指示液 5~8 滴，摇匀，用硝酸银滴定液（0.1 mol/L）滴定。每 1 mL 硝酸银滴定液（0.1 mol/L）相当于 7.455 mg 的 KCl。

2. 测定原理

本例采用吸附指示剂法，以荧光黄作为指示剂，在滴定前加入糊精溶液，以防止生成的氯化银胶体凝固，使之尽可能保持胶体状态，具有较大的表面积，有利于吸附。加入硼砂溶液可调节溶液的 pH 值，使指示剂变色更敏锐。

3. 数据记录

称取氯化钾的质量 m_1 = _____，m_2 = _____；滴定到达终点时读取的消耗硝酸银滴定液体积 V_1 = _____，V_2 = _____。

4. 结果计算

（1）含量计算公式

$$B\% = \frac{TVF}{m} \times 100\% \tag{7-8}$$

（2）含量计算结果

氯化钾的含量 $B_1\%$ = _____，$B_2\%$ = _____，平均百分含量是_____。

5. 结论判定

按干燥品计算，含氯化钾（KCl）不得少于 99.5%，故_____（符合/不符合）规定。

实训六　氯化钠注射液的含量测定

一、实训目的

1. 会合理选用实验器材。
2. 会正确规范使用滴定管和移液管。
3. 会根据《中国药典》规定完成氯化钠注射液含量测定任务。

二、器材准备

仪器：锥形瓶（250 mL）、移液管（10 mL）、量筒（50 mL、5 mL）、洗耳球、滴定管（聚四氟乙烯棕色 25 mL）。

试剂：氯化钠注射液、硝酸银滴定液（0.1 mol/L）、2%糊精溶液、2.5%硼砂溶液、荧光黄指示液。

三、实训内容与步骤

精密量取本品 10 mL，加水 40 mL、2%糊精溶液 5 mL、2.5%硼砂溶液 2 mL 与荧光黄指示液 5~8 滴，用硝酸银滴定液（0.1 mol/L）滴定。每 1 mL 硝酸银滴定液（0.1 mol/L）相当于 5.844 mg 的 NaCl。

本品为氯化钠的等渗灭菌水溶液，含氯化钠（NaCl）应为 0.850%~0.950%（g/mL）。

1. 实验准备

（1）2%糊精溶液的配制。用_____称取糊精_____g，加水搅拌溶解后定容，使之体积达到_____mL，转入试剂瓶中，贴标签备用。

（2）2.5%硼砂溶液的配制。用_____称取硼砂_____g，加水搅拌溶解后定容使之体积达到_____mL，转入试剂瓶中，贴标签备用。

（3）荧光黄指示液的配制。查询《中国药典》（2020 年版，_____部）通则_____可知。

取荧光黄 0.1 g，加乙醇 100 mL 使之溶解，即得。

（4）硝酸银滴定液（0.1 mol/L）的配制和标定。参考本章第三节内容。

2. 供试品处理

用_____量取待测氯化钠注射液_____mL 至_____中，需移取_____份。每一份依次加入_____、_____、_____和_____。

3. 滴定

（1）将滴定液装入滴定管，排气泡，调零。

（2）用滴定液滴定待测试样，至溶液呈粉红色。

（3）记录到达滴定终点时消耗的滴定液体积，填入记录表。

（4）将滴定管重新调整到液面零刻度后滴定下一份。

4. 清场

（1）将废液和废渣倒入指定地点。

（2）清洗实验过程中使用的玻璃仪器。

（3）整理实验台面，将试验器材和试剂复位。

5. 数据处理

氯化钠注射液含量测定数据记录见表 7-5。

表 7-5　　　　　氯化钠注射液含量测定数据记录

检品编号：

检品名称			检验日期	
批　　号		规　格	完成日期	

续表

生产单位或产地		包　装		检验者	
供样单位		有效期		核对者	
检验项目		检品数量		检品余量	
检验依据					

【含量测定】

精密量取本品 10 mL，加水 40 mL、2% 糊精溶液 5 mL、2.5% 硼砂溶液 2 mL 与荧光黄指示液 5~8 滴，用硝酸银滴定液（0.1 mol/L）滴定。每 1 mL 硝酸银滴定液（0.1 mol/L）相当于 5.844 mg 的 NaCl。

$V_1 =$　　　　mL　　$V_2 =$　　　　mL　　$F =$

计算过程：

标准规定：本品为氯化钠的等渗灭菌水溶液，含氯化钠应为 0.850%~0.950%。

结论：

四、实训测评

按表 7-6 所列评分标准进行测评，并做好记录。

表 7-6　　　　　　　　　　　　实训评分标准

序号	考核内容	考核标准	配分	得分
1	滴定管选择合理	选用棕色滴定管	6	
2	玻璃仪器洗涤	内壁不挂水珠	8	
3	滴定管润洗	少量多次	6	
4	滴定管排气泡	是否存在气泡	6	
5	移液管润洗	少量多次	6	
6	移液动作规范	移液管竖直，视线与刻度水平，调液面前用滤纸擦拭移液管外壁	8	
7	熟练移取溶液	不吸空，不重吸，错一次扣 3 分	6	
8	滴定动作规范	左手控制活塞，右手悬摇锥形瓶	6	
9	滴定管读数正确	视线与凹液面平齐，小数点后位数正确，读数准确（不超过 ±0.02 mL）	8	
10	滴定速度控制得当	液滴不能连成直线，近终点有半滴操作	6	
11	滴定终点判断正确	粉红色，错一个扣 4 分	8	
12	记录及时正确	记录中不按规范改正每处扣 0.5 分，原始记录不及时，每次扣 1 分	8	
13	报告单填写正确	报告单填写规范，缺项扣 2 分	8	
14	整理实验台面	实验后试剂、仪器放回原处	6	
15	清理物品	废液、纸屑不乱扔乱倒	4	
合计			100	

【注意事项】

1. 由于氯化银沉淀易感光变色影响滴定终点的正确判定，应避免在强光下进行滴定，且应选用棕色滴定管。

2. 硝酸银具有腐蚀性，使用时应注意勿与皮肤接触，做好个人防护。

3. 控制适当的 pH 值，使指示剂充分解离，有足够浓度的 In$^-$，让终点颜色变化明显，便于判定滴定终点。

4. 应防止氨的存在，氨与银离子可生成可溶性 $[Ag(NH_3)_2]^+$ 配合物，干扰氯化银沉淀生成。

5. 该实训项目采用吸附指示剂法，滴定前加入糊精、淀粉，形成保护胶体，防止沉淀凝固，使吸附指示剂在沉淀的表面发生颜色变化，易于观察终点。

目标检测

一、选择题

1. 能用于沉淀滴定的沉淀反应要求沉淀的溶解度（　　　）。

A. 小于 10^{-3} g/mL　　B. 小于 10^{-3} g/L　　C. 大于 10^{-3} g/mL　　D. 大于 10^{-3} g/L

2. 莫尔法采用的指示剂是（　　　）。

A. 铬酸钾　　　　　　B. 铁铵矾　　　　　　C. 荧光黄　　　　　　D. 自身指示剂

3. 佛尔哈德法采用的指示剂是（　　　）。

A. 铬酸钾　　　　　　B. 铁铵矾　　　　　　C. 吸附指示剂　　　　D. 自身指示剂

4. 法扬司法采用的指示剂是（　　　）。

A. 铬酸钾　　　　　　B. 铁铵矾　　　　　　C. 吸附指示剂　　　　D. 自身指示剂

5. 采用佛尔哈德法测定溶液中 Ag$^+$ 含量时，终点颜色为（　　　）。

A. 红色　　　　　　　B. 黄绿色　　　　　　C. 砖红色　　　　　　D. 橙色

6. 用铬酸钾作指示剂测定氯离子时，终点颜色为（　　　）。

A. 红色　　　　　　　B. 黄绿色　　　　　　C. 砖红色　　　　　　D. 橙色

7. 下列关于吸附指示剂说法错误的是（　　　）。

A. 吸附指示剂是一种有机染料

B. 吸附指示剂能用于沉淀滴定法中的法扬司法

C. 吸附指示剂本身无色

D. 吸附指示剂指示终点的原因是其离子发生结构改变

8. 以铁铵矾为指示剂，用硫氰酸铵标准滴定液滴定银离子时，应在（　　　）条件下进行。

A. 弱酸性　　　　　　B. 弱碱性　　　　　　C. 碱性　　　　　　D. 酸性

9. 沉淀滴定中的莫尔法指的是（　　）。

A. 以铁铵矾作指示剂的方法

B. 以硫氰酸铵作指示剂的方法

C. 以吸附指示剂确定终点的方法

D. 以铬酸钾作指示剂的方法

10. 莫尔法采用 $AgNO_3$ 标准溶液测定 Cl^- 时，其滴定条件是（　　）。

A. 1.5~4.0　　　B. 6.5~10.5　　　C. 4.0~6.5　　　D. 10.0~12.0

二、判断题

1. 硝酸银标准溶液应装在白色滴定管中进行滴定。（　　）

2. 由于 $K_{sp(Ag_2CrO_4)}=2.0\times10^{-12}$ 小于 $K_{sp(AgCl)}=1.8\times10^{-10}$，因此在 CrO_4^{2-} 和 Cl^- 浓度相等时，滴加硝酸银，铬酸银首先沉淀下来。（　　）

3. 用氯化钠基准试剂标定 $AgNO_3$ 溶液浓度时，溶液酸度过大，对标定结果没有影响。（　　）

4. 在法扬司法中，为了使沉淀具有较强的吸附能力，通常加入适量的糊精或淀粉，使沉淀处于胶体状态。（　　）

5. 莫尔法测定 Cl^- 含量，应在中性或碱性溶液中进行。（　　）

三、问答题

1. 什么是沉淀滴定法？沉淀滴定法的条件有哪些？

2. 银量法分哪几类？测定对象各有哪些？

3. 以荧光黄为例，说明吸附指示剂的作用原理。

4. 溶液的酸碱度对铬酸钾指示剂法的测定有哪些影响？

5. 铁铵矾指示剂剩余滴定法中如何避免已经生成的 AgCl 沉淀转化成 AgSCN？

四、计算题

1. 称取 KCl 试样 0.1864 g，加蒸馏水溶解后，用 0.1028 mol/L $AgNO_3$ 溶液滴定，用去 21.30 mL，求试样中 KCl 的百分含量。

2. 精密量取 0.1000 mol/L $AgNO_3$ 滴定液 25.00 mL，加入含氯化物试样 0.3000 g 的溶液中，用 0.1000 mol/L NH_4SCN 滴定液滴定过量 $AgNO_3$ 溶液，消耗 1.10 mL，计算试样中 Cl^- 的百分含量。

3. 称取磺胺嘧啶银原料药 0.5004 g，置于具塞锥形瓶中，加硝酸 8 mL 溶解后，加水 50 mL 与硫酸铁铵指示液 2 mL，用硫氰酸铵滴定液（0.1009 mol/L）滴定，消耗该滴定液 13.75 mL，求磺胺嘧啶银的百分含量。已知每 1 mL 硫氰酸铵滴定液（0.1 mol/L）相当于 35.71 mg 的 $C_{10}H_9AgN_4O_2S$。

第八章

配位滴定法

学习引导

　　水怎么会有软硬之分呢？这里所说的软硬并不是物理性能上的软硬，而是根据水中所溶解的矿物质多少来划分的。凡是水体存在能与肥皂反应产生沉淀的矿物质离子，都称为硬度离子，包括钙、镁、铁、锰、锌、铜离子等。在一般的自然水（包括自来水）中，除钙、镁离子外，其他金属离子含量很少，因此水的硬度可以说是水中钙、镁离子浓度所代表之特征，可分为钙硬度和镁硬度，两者之和称为总硬度。

　　水的硬度可以用什么方法测定呢？

　　本章主要介绍配位滴定法如何用于金属元素的测定。

§8-1　配位滴定法概述

 学习目标

了解配位滴定法的概念、条件。

一、配位滴定法的概念

　　配位滴定法是以配位反应为基础的滴定分析方法，即滴定反应是金属离子和配位剂反应生成配位化合物的反应。配位反应具有极大的普遍性，多数金属离子在溶液中以配位离子形式存在，但只有具备滴定分析条件的配位反应才能用于滴定分析。

【实例分析】

　　钙是人体必需的常量元素，也是人体中含量最多的无机元素，成年人身体中的钙含量约占体重的 1.5% ~ 2.0%，人体总钙含量为 1 200 ~ 1 400 g，其中 99% 存在于骨骼和牙齿中，组成人体支架，成为机体内钙的储存库；另外 1% 存在于软组织、细胞间隙和血液中，统称为混溶钙池，与骨钙保持着动态平衡。

钙对人体起着重要的生理调节作用。钙是人体内 200 多种酶的激活剂，使人体各器官能够正常运行，由于钙元素参与人体的新陈代谢，因此每天必须补充钙，钙在人体内含量不足或是过剩都会影响人体生长发育和健康。

葡萄糖酸钙用于预防和治疗钙缺乏症，包括葡萄糖酸钙片、葡萄糖酸钙口服溶液等常用剂型。

问：用什么方法检测葡萄糖酸钙原料药及其制剂中所含钙量是否达到其标示的含量呢？

二、配位滴定法的条件

大多数无机配位剂与金属离子逐级生成 ML_n 型的简单配位化合物，其稳定常数小，相邻各级配位化合物的稳定性也没有显著差别。因此，除了少数例外，大多数无机配位剂不能用于滴定。用于配位滴定的配位反应必须具备下列条件：

1. 生成的配合物必须很稳定，即 $K_稳$ 值至少大于 10^8，配合物越稳定，反应越完全。
2. 反应必须按化学计量关系定量进行。
3. 反应速度要足够快。
4. 要有适当的方法确定滴定终点。
5. 滴定过程中生成的配合物是可溶的。

用于配位反应的配位剂可分为无机配位剂和有机配位剂两大类。氨羧配位剂由于具有几乎能与所有金属离子配位、配合物稳定等特点，广泛用于配位滴定法中，其中最常用的是乙二胺四乙酸（EDTA），故配位滴定法主要是指 EDTA 滴定法，即滴定反应为金属离子和 EDTA 反应生成螯合物的反应。

练一练

关于配位滴定法说法不正确的是（　　　）。

A. 所有的配位反应都适用于配位滴定法

B. 生成的配合物必须稳定且可溶

C. 反应速度足够快

D. 要有适当的方法确定滴定终点

【知识链接】

配位化合物

由一个正离子或原子和一定数目的中性分子或负离子以配位键结合形成的，能稳定存在的复杂离子或分子叫配离子。含有配离子的化合物叫配合物或配位化合物，这种有配离子或配分子生成的反应叫配位反应。

配合物的组成以 $[Cu(NH_3)_4]SO_4$ 为例说明如下：

（1）配合物的形成体，常见的是过渡元素的阳离子，如 Fe^{3+}、Fe^{2+}、Cu^{2+}、Ag^+、Pt^{2+} 等。

（2）配位体是配位化合物（或称配合物）中与中心元素相结合的阴离子或中性分子。分子有 NH_3、H_2O 等，阴离子有 CN^-、SCN^-、F^-、Cl^- 等，甚至有阳离子，如 NO^+。

（3）配位数是直接同中心离子（或原子）配合的配位体的数目，最常见的配位数是 6 和 4。

配离子是由中心离子同配位体以配位键结合而成的，是具有一定稳定性的复杂离子。在形成配位键时，中心离子提供空轨道，配位体提供孤对电子。

配离子所带电荷是中心离子的电荷数和配位体的电荷数的代数和。

配合物中的配离子和外界离子之间是以离子键结合的，在内界的中心离子和配位体之间以配位键结合。组成配合物的外界离子、中心离子和配位体离子电荷的代数和必定等于零，配合物呈电中性。

配离子一般比较稳定，但在水溶液中也存在着电离平衡，例如：

$$[Cu(NH_3)_4]^{2+} \rightleftharpoons Cu^{2+} + 4NH_3$$

因此在 $[Cu(NH_3)_4]SO_4$ 溶液中，通入 H_2S 时，将会生成 CuS（极难溶）；若加入强酸如 H_2SO_4 至 pH1～2，同样也会使溶液变回天蓝色（即 $[Cu(H_2O)_4]^{2+}$ 的颜色）。

§8-2 EDTA 及其配合物

 学习目标

掌握 EDTA 的结构及其性质、解离平衡、配合物的特点。

一、EDTA 的结构及其性质

1. 乙二胺四乙酸的结构

乙二胺四乙酸（ethylenediamine tetraacetic acid）简称为 EDTA，常用 H_4Y 表示，其分子结构为：

$$\begin{array}{c} HOOCH_2C \\ HOOCH_2C \end{array} \!\!\!\! N-CH_2-CH_2-N \!\!\!\! \begin{array}{c} CH_2COOH \\ CH_2COOH \end{array}$$

乙二胺四乙酸中的氮原子电负性强，因此羧基上的两个氢可以转移到氮原子上形成双偶极离子，当 H_4Y 溶于酸度很高的溶液中时，它还可以再结合两个 H^+ 而形成 H_6Y^{2+}。

2. 乙二胺四乙酸的性质

乙二胺四乙酸为白色粉末状结晶，在水中的溶解度很小，室温时，100 g 水中仅溶解 0.02 g，难溶于酸和一般有机溶剂，易溶于氨水及 NaOH 溶液，生成相应的盐。因此，通常把它制成二钠盐，用 $Na_2H_2Y \cdot 2H_2O$ 表示，也简称 EDTA 或 EDTA 二钠盐，相对分子质量为 372.26。在室温下，每 100 mL 水能溶解 11.1 g，其饱和水溶液的浓度为 0.3 mol/L，水溶液显弱酸性，pH 值约为 4.7。在配位滴定法中，EDTA 滴定液通常是用二钠盐配制的。

3. EDTA 的解离平衡

在水溶液中，EDTA 可看作六元酸，有六级解离平衡：

$$H_6Y^{2+} \rightleftharpoons H^+ + H_5Y^+ \qquad K_{a1} = \frac{[H_5Y^+][H^+]}{[H_6Y^{2+}]} = 1.26 \times 10^{-1}$$

$$H_5Y^+ \rightleftharpoons H^+ + H_4Y \qquad K_{a2} = \frac{[H_4Y][H^+]}{[H_5Y^+]} = 2.51 \times 10^{-2}$$

$$H_4Y \rightleftharpoons H^+ + H_3Y^- \qquad K_{a3} = \frac{[H_3Y^-][H^+]}{[H_4Y]} = 1.00 \times 10^{-2}$$

$$H_3Y^- \rightleftharpoons H^+ + H_2Y^{2-} \qquad K_{a4} = \frac{[H_2Y^{2-}][H^+]}{[H_3Y^-]} = 2.16 \times 10^{-3}$$

$$H_2Y^{2-} \rightleftharpoons H^+ + HY^{3-} \qquad K_{a5} = \frac{[HY^{3-}][H^+]}{[H_2Y^{2-}]} = 6.92 \times 10^{-7}$$

$$HY^{3-} \rightleftharpoons H^+ + Y^{4-} \qquad K_{a6} = \frac{[Y^{4-}][H^+]}{[HY^{3-}]} = 5.50 \times 10^{-11}$$

由于分步解离，EDTA 在任何水溶液中总是以 H_6Y^{2+}、H_5Y^+、H_4Y、H_3Y^-、H_2Y^{2-}、HY^{3-}、Y^{4-}（为书写简便，有时略去电荷）这七种形式同时存在。在不同的酸度下，各种存在形式的浓度不同，由以上平衡可见，酸度升高，平衡向左移动，$[Y^{4-}]$ 越小；酸度降低，平衡向右移动，$[Y^{4-}]$ 越大。在不同 pH 值时 EDTA 的主要存在形式见表 8 – 1。

表 8 – 1　　　　　　　　　不同 pH 值时 EDTA 的主要存在形式

溶液 pH 值	<1	1～1.6	1.6～2.0	2.0～2.67	2.67～6.16	6.16～10.26	>10.26
主要存在形式	H_6Y^{2+}	H_5Y^+	H_4Y	H_3Y^-	H_2Y^{2-}	HY^{3-}	Y^{4-}

在这七种存在形式中，只有 Y^{4-} 能与金属离子生成稳定的配合物。从表中可以看出，只有当溶液 pH >10 时，EDTA 才主要以 Y^{4-} 的形式存在，因此 EDTA 在碱性溶液中配合能力最强。Y^{4-} 可用 Y 表示，$[Y]$ 称为有效浓度。

练一练

1. EDTA 在水溶液中有_____、_____、_____、_____、_____、_____和_____七种形式。

2. EDTA 能与金属离子生成稳定化合物的形式是_____。

二、EDTA 与金属离子配位反应的特点

1. EDTA 与金属离子形成的配合物非常稳定

EDTA 结构中具有六个可供配位的键合原子（两个胺基氮和四个羧基氧），与金属离子（碱金属除外）配合时，能形成多个五元螯合环，使配合物的稳定性增加。

2. EDTA 与金属离子形成配合物的摩尔比为 1∶1

由于多数金属离子配位数是 6 以下，而 EDTA 结构中两个胺基氮、四个羧基氧可与金属离子形成配位键，它完全能满足一个金属离子所需的配位数，所以不论金属离子是几价，它们都是按 1∶1 关系配位，可用以下通式表示：

$$M + Y \rightleftharpoons MY$$

3. EDTA 与金属离子形成的配合物多数可溶于水

由于 EDTA 与金属离子形成的配合物大多数带电荷，故一般水溶性较好。

4. 形成的配合物的颜色主要取决于金属离子的颜色

EDTA 与无色金属离子形成无色的配合物，这有利于用指示剂确定滴定终点；与有色金属离子形成的配合物颜色加深。如 NiY^{2-}（蓝绿色）、CuY^{2-}（深蓝色）、CoY^{2-}（紫红色）、MnY^{2-}（紫红色）、CrY^{2-}（深紫色）、FeY^-（黄色）。

在滴定这些离子时，如果浓度过大、颜色太深，会妨碍滴定终点的判断。

练一练

1. EDTA 与 Al^{3+} 的反应比例是_____。

2. （判断题）EDTA 滴定液只能用来测定无色金属离子。（   ）

三、配合物的稳定常数

EDTA 与金属离子形成配合物的稳定性，常用稳定常数 $K_{稳}$ 表示，即配合物的平衡常数，又称配合物的形成常数，而配合物的解离常数就是它的不稳定常数 $K_{不稳}$。在分析化学中一般采用稳定常数 $K_{稳}$（或 $\lg K_{稳}$）。为讨论方便，略去式中电荷，简写成：

$$M + Y \rightleftharpoons MY$$

反应达到平衡时，反应稳定常数为：

$$K_{稳} = \frac{[MY]}{[M][Y]} \tag{8-1}$$

反应稳定常数 $K_{稳}$ 值越大，表明配位反应进行越完全，同时也表明生成的配合物越稳定。

在 EDTA 滴定法中，稳定常数值越大，表明金属离子与 EDTA 的反应能力越强，反应进行越完全。常见金属离子的 EDTA 配合物的稳定常数值见表 8-2。

表 8 – 2　　　　　　常见金属离子的 EDTA 配合物的稳定常数（20 ℃）

金属离子	$\lg K_稳$	金属离子	$\lg K_稳$	金属离子	$\lg K_稳$
Na^+	1.66	Fe^{2+}	14.32	Cu^{2+}	18.80
Li^+	2.79	Al^{3+}	16.30	Hg^{2+}	21.8
Ag^+	7.32	Co^{2+}	16.31	Sn^{2+}	22.1
Ba^+	7.86	Cd^{2+}	16.46	Bi^{3+}	27.94
Mg^{2+}	8.69	Zn^{2+}	16.50	Cr^{3+}	23.40
Ca^{2+}	10.69	Pb^{2+}	18.04	Fe^{3+}	25.10
Mn^{2+}	13.87	Ni^{2+}	18.60	Co^{3+}	36.0

从表 8 – 2 可以看出，各种金属离子和 EDTA 生成的配合物的稳定性各不相同。碱金属离子和 EDTA 形成的配合物最不稳定，其 $\lg K_稳 < 3$；碱土金属离子的配合物比较稳定，其 $\lg K_稳$ 为 8～11；二价的过渡元素离子以及 Al^{3+} 等的配合物更稳定，其 $\lg K_稳$ 为 15～19；三价金属离子及 Hg^{2+}、Sn^{2+} 等的配合物最稳定，其 $\lg K_稳 > 20$。只有 $\lg K_稳$ 接近或大于 8 时，生成的金属—EDTA 配合物比较稳定，才能用于配位滴定。

练一练

1. 以下金属离子中，哪种不能用 EDTA 滴定（　　　　）？
A. Na^+　　　　　B. Ca^{2+}　　　　　C. Cu^{2+}　　　　　D. Co^{2+}

2. 配合物的稳定常数越大，表明生成的配合物越_____（稳定或不稳定）。

四、酸碱度对配位反应的影响

在 EDTA 滴定中，被滴定的金属离子 M 同 EDTA 阴离子 Y 反应，生成配合物 MY。反应物 M 和 Y 或反应配位产物 MY 都可能同溶液中存在的其他组分发生反应，使滴定反应受到影响。酸效应是由于溶液中 H^+ 与 Y 发生副反应，使 Y 与被测金属离子反应能力降低的现象。在溶液中 H^+ 与 M 都要夺取配位剂 Y，如果 H^+ 浓度增加，Y 与 H^+ 结合生成一系列弱酸 HY^{3-}、H_2Y^{2-}、H_3Y^-、H_4Y、H_5Y^+、H_6Y^{2+}，导致滴定反应平衡向左移动，引起 MY 的解离，反应不完全；反之 H^+ 浓度降低，Y 的浓度增加，有利于 MY 的生成，配位反应完全。但 H^+ 浓度太低，即 pH 值过大时，许多金属离子将水解而生成氢氧化物沉淀，使 M 浓度降低，反而促使 MY 的解离，也会使配位反应不完全，因而选择适当的酸度是进行配位滴定的重要条件。

由于不同的配合物稳定性不同，所以滴定反应要控制不同的 pH 值。稳定性较低的配合物，在弱酸性条件下即可解离；稳定性强的配合物只有在酸性较强时才会解离。例如：MgY^{2-} 的稳定性较弱（$\lg K_稳 = 8.69$），在 pH 值为 5～6 时，几乎完全离解。因此用 EDTA 滴定 Mg^{2+} 时，需在 pH = 10 左右的弱碱性溶液中进行。ZnY^{2-} 属于中等稳定性的配合物（$\lg K_稳 = 16.5$），在 pH 值为 5～6 的弱酸性溶液中可进行滴定。FeY^- 的稳定性较高（$\lg K_稳 = 25.10$），在 pH 值为 1～2 的溶液中仍可进行滴定。所以，用 EDTA 滴定不同的金属离子时必须控制不同的 pH 值，这种一定的 pH 值称为 EDTA 滴定金属离子的最低 pH 值（也称为最高酸度）。此外，滴定反应也要控制在最高 pH 值之内。pH 值过大，许多金属离子将水解而生成氢氧化物沉淀，使 M 浓度降低，反应同样不完全。表 8 – 3 为用 EDTA 滴定部分金属离子时的最低 pH 值。

表 8 – 3　　　　　　　　EDTA 滴定部分金属离子的最低 pH 值

金属离子	lg$K_稳$	pH 值	金属离子	lg$K_稳$	pH 值
Mg^{2+}	8.69	9.7	Zn^{2+}	16.50	3.9
Ca^{2+}	10.69	7.5	Pb^{2+}	18.04	3.2
Mn^{2+}	13.87	5.2	Ni^{2+}	18.60	3.0
Fe^{2+}	14.32	5.0	Cu^{2+}	18.80	2.9
Al^{3+}	16.30	4.2	Hg^{2+}	21.8	1.9
Co^{2+}	16.31	4.0	Sn^{2+}	22.1	1.7
Cd^{2+}	16.46	3.9	Fe^{3+}	25.10	1.0

从表 8 – 3 可以看出，不同配合物在不同酸度下保持稳定。因此可利用调节 pH 值的方法，将溶液中某种金属离子从多种金属离子混合物中分别滴定出来。例如，Fe^{3+} 和 Mg^{2+} 共存时，可先调节溶液呈酸性，如 pH 值约为 5，用 EDTA 滴定，Fe^{3+} 与 EDTA 能形成稳定的配合物，此时 Mg^{2+} 不干扰。因为 Mg^{2+} 在酸性条件下，与 EDTA 生成的配合物不稳定。当 Fe^{3+} 被滴定完全后，再调节溶液呈碱性，如 pH = 10，继续用 EDTA 滴定 Mg^{2+}。另外，配位滴定所用的指示剂也要求在一定的酸度时才能使用。

必须注意，EDTA 和金属离子在进行配位反应的过程中不断有 H^+ 产生，使溶液的酸度提高。例如：

$$Mg^{2+} + H_2Y^{2-} \rightleftharpoons MgY^{2-} + 2H^+$$

反应中释放出的 H^+，使溶液的 pH 值不断降低，若降低到最低 pH 值以下，则反应就不能正常进行。为了消除 H^+ 的影响，在滴定中要加入一定量的缓冲溶液来维持 pH 值在允许的范围内。

练一练

1. EDTA 与金属离子在发生配位反应过程中，溶液的 pH 值 _____ （不变、升高或降低）。

2. （判断题）配位滴定中，溶液 pH 值越大越好。（　　　）

五、其他配位剂的影响

在配位滴定中，为维持溶液的 pH 值在一定范围内，常向溶液中加入一定量的缓冲溶液，如氨—氯化铵缓冲溶液等；另一方面，为了避免其他离子干扰，常加入掩蔽剂，如三乙醇胺等。这些缓冲溶液和掩蔽剂都是配位剂，它们有些也能与金属离子形成配合物，从而降低了金属离子的浓度，使 MY 配合物的稳定性降低，影响滴定结果。

配位效应的大小，取决于其他配位剂配合物的稳定常数和其他配位剂的浓度。其他配位剂配合物的稳定常数越大、其他配位剂的浓度越大，被测金属离子与其他配位剂反应的程度越大，被测金属离子与 EDTA 的反应程度降低。

六、配合物的条件稳定常数

在没有上述副反应发生时，金属离子 M 与配位剂 EDTA 的反应进行程度可用稳定常数 K_{MY} 表示。但是在实际滴定条件下，由于受到副反应的影响，K_{MY} 值已不能反映主反应进行的程度。未参与主反应的金属离子不仅有 M，还有 ML、$ML_2\cdots ML_n$ 等，应当用这些型体的浓度总和 ［M′］ 表示金属离子浓度。同样，未参与主反应的滴定剂浓度也应当用 ［Y′］ 表示，所形成的配合物应该用总浓度 ［MY′］ 表示。平衡常数变为 $K'_{MY} = \dfrac{［MY′］}{［M′］［Y′］}$，所以 K'_{MY} 为条件稳定常数。

【知识链接】

EDTA 酸效应曲线

酸效应曲线给出的是用 EDTA 作标准溶液滴定金属离子时的最小 pH 值。该曲线可以说明以下几个问题：

1. 在曲线上可以找出用 EDTA 滴定某种金属离子的最低 pH 值，小于该 pH 值就不能滴定该金属离子。

2. 从曲线上可以看出，在一定 pH 值范围之内，哪些金属离子可以被滴定，哪些金属离子会干扰滴定。

3. 从曲线上还可以看出，当有多种金属离子同时存在时，可通过控制 pH 值进行选择滴定和连续滴定。

§8-3　金属指示剂

 学习目标

1. 掌握金属指示剂的概念、作用原理。

2. 掌握金属指示剂应具备的条件以及常用的金属指示剂。

判断配位滴定终点的方法最常用的是指示剂法。在配位滴定中，通常利用一种本身具有颜色且能与被测金属离子生成另一种颜色配合物的有机配位剂来反映滴定过程中金属离子浓度的变化，从而指示滴定终点的到达，称为金属离子指示剂，简称金属指示剂。

一、金属指示剂的作用原理及应具备的条件

1. 金属指示剂的作用原理

以 In 表示金属指示剂，在溶液中呈现色 A，它与金属离子 M 生成的配合物 MIn 在溶液中呈现色 B，K_{MIn} 比 K_{MY} 低。用 EDTA 滴定金属离子 M 时，金属指示剂 In 的作用原理可用方程式表示如下：

终点前，在供试品溶液中加入指示剂，指示剂与被测金属离子生成配合物，溶液呈现金属指示剂配合物的颜色（色 B）。

$$M（被测离子）+ In（金属指示剂）（色 A）\Longleftrightarrow MIn（金属指示剂配合物）（色 B）$$

终点时，EDTA 与 MIn 反应生成 MY 和 In，溶液由金属指示剂配合物的颜色（色 B）转变为金属指示剂自身的颜色（色 A）。

$$Y（滴定液）+ MIn（金属指示剂配合物）（色 B）\Longleftrightarrow MY + In（金属指示剂）（色 A）$$

如在 pH = 10 的条件下，铬黑 T（用 HIn^{2-} 表示）为指示剂，EDTA 滴定 $MgSO_4$ 为例。

滴定前，$MgSO_4$ 在溶液中全部解离为金属离子 Mg^{2+} 和 SO_4^{2-}，调节溶液 pH = 10，加入的铬黑 T，部分 Mg^{2+} 与铬黑 T 配合，生成红色的配合物 $MgIn^-$，溶液中存在大量无色的被测金属离子 Mg^{2+} 和少量红色的配合物 $MgIn^-$，呈现红色。

$$MgSO_4 \Longleftrightarrow Mg^{2+}（无色）+ SO_4^{2-}$$

$$Mg^{2+} + HIn^{2-} \Longleftrightarrow MgIn^-（红色）+ H^+$$

滴定开始至计量点前，随着 EDTA 的加入，EDTA 与溶液中的 Mg^{2+} 反应生成无色的配合物 MgY^{2-}，溶液仍呈现红色。

$$Mg^{2+} + H_2Y^{2-} \Longleftrightarrow MgY^{2-}（无色）+ 2H^+$$

在计量点时，溶液中的 Mg^{2+} 全部与 EDTA 反应，由于 K_{MY} 大于 K_{MIn}，滴加的 EDTA 将 MIn^- 中的铬黑 T 置换出来，生成 MgY^{2-} 和 HIn^{2-}，溶液由红色转变为蓝色，指示滴定终点的到达。

$$MgIn^-（红色）+ H_2Y^{2-} \Longleftrightarrow MgY^{2-} + HIn^{2-}（蓝色）+ H^+$$

2. 金属指示剂应具备的条件

（1）指示剂本身颜色与其配合物颜色应有明显差别。金属指示剂大多是弱酸，颜色随 pH 值变化，因此必须控制适当的 pH 值范围。如金属指示剂铬黑 T（EBT），在溶液中存在以下平衡：

$$H_2In^-（紫红色）\Longleftrightarrow HIn^{2-}（蓝色）\Longleftrightarrow In^{3-}（橙色）$$

当 pH < 6.3 时呈紫红色，pH > 11.6 时呈橙色，均与其金属离子配合物的红色相接近，为使终点颜色变化明显，使用铬黑 T 时的酸度应在 pH 6.3 ~ 11.6 范围之内。

（2）金属指示剂与金属配合物（MIn）的稳定性应比金属—EDTA 配合物（MY）的稳定性低，一般要求 $K'_{MY}/K'_{MIn} > 10^2$；K'_{MIn} 不能太低，一般要求 $K'_{MIn} > 10^4$。

适当的稳定性，可使滴定进行至接近化学计量点时，即溶液中金属离子浓度很低时，MIn 仍可稳定地存在，溶液仍呈现 MIn 的颜色。到终点时，稍过量一点的 EDTA，就可立即夺取 MIn 中的金属离子 M，生成 MY，而使指示剂 In 游离，呈现出游离指示剂的颜色。如果 MIn 稳定性太低，会使解离提前，终点颜色提前出现，使测定结果偏低。如果 MY 与 MIn 的稳定性之差较小，到化学计量点时，不能立即使 MIn 转变为 MY，待到颜色转变时，则滴定已经过量，造成终点延迟，结果偏高。

（3）金属指示剂与金属离子的反应要灵敏、迅速，具有较好的可逆性。

（4）金属指示剂配合物应易溶于水，还应比较稳定，便于储藏和使用。

（5）金属指示剂应有一定的选择性，这样测定干扰少，便于分别滴定。

练一练

1. 金属指示剂与金属配合物（MIn）的稳定性应比金属—EDTA 配合物（MY）的稳定性_____（高、低或相近）。

2. 金属指示剂的颜色与 pH 值无关。（ ）

二、金属指示剂的封闭现象和掩蔽作用

1. 指示剂的封闭现象

某些金属离子与指示剂生成极稳定的配合物，例如，铬黑 T 与 Fe^{3+}、Al^{3+}、Cu^{2+}、Co^{2+}、Ni^{2+} 生成的配合物非常稳定，用 EDTA 滴定这些离子时，即使过量较多的 EDTA 也不能把铬黑 T 从 M—铬黑 T 的配合物中置换出来，因此，在滴定这些离子时不能使用铬黑 T 指示剂，即使在滴定 Mg^{2+} 时，如有少量 Fe^{3+} 杂质存在，在化学计量点时也不能变色，或变色不敏锐，使终点推迟。这种现象称为金属指示剂的封闭现象。

其原因是被测金属离子 M 与金属指示剂 In 生成的配合物 MIn 的稳定性大于被测金属离子与 EDTA 生成的配合物的稳定性，即 $K_{MIn} > K_{MY}$。此种情况可采用返滴定方式加以避免，如测定 Al^{3+} 的含量。

其他金属离子 N 与金属指示剂 In 生成的配合物 NIn 的稳定性大于其他金属离子与 EDTA 生成的配合物 NY 的稳定性，即 $K_{NIn} > K_{NY}$。此种情况需加入掩蔽剂或采用预分离的方法加以克服。

2. 掩蔽作用

在 EDTA 滴定中，将引起金属指示剂封闭现象的其他金属离子称为封闭离子。为了消除封闭离子的影响，常加入某种试剂，使之与封闭离子生成比 NIn 更加稳定的配合物，而不再与指示剂配位，这种方法称为掩蔽，加入的试剂称为掩蔽剂。根据掩蔽反应的类型，掩蔽的方法可分为配位掩蔽法、沉淀掩蔽法和氧化还原掩蔽法等，应用最广泛的是配位掩蔽法。如用 EDTA 滴定水中的 Ca^{2+}、Mg^{2+} 时，Fe^{3+}、Al^{3+} 为封闭离子，可加入掩蔽剂三乙醇胺消除干扰。常用的配位掩蔽剂及使用条件见表 8－4。

表 8-4   常用的配位掩蔽剂及使用条件

名称	pH 值范围	被掩蔽的离子	使用条件
KCN	>8	Co^{2+}、Ni^{2+}、Cu^{2+}、Zn^{2+}、Hg^{2+}、Ti^{3+} 及铂族元素	剧毒! 须在碱性溶液中使用
NH₄F	4~6	Al^{3+}、Ti^{4+}、Sn^{4+}、Zr^{4+}、W^{6+} 等	用 NH₄F 比用 NaF 好,因 NH₄F 加入,pH 值变化不大
	10	Al^{3+}、Mg^{3+}、Ca^{2+}、Sr^{2+}、Ba^{2+} 及稀土元素	
三乙醇胺(TEA)	10	Al^{3+}、Ti^{4+}、Sn^{4+}、Fe^{3+}	与 KCN 合用可提高掩蔽效果
	11~12	Al^{3+}、Fe^{3+} 及少量 Mn^{2+}	
酒石酸	1.2	Sb^{3+}、Sn^{4+}、Fe^{3+} 及 5 mg 以下的 Cu^{2+}	在维生素 C 存在下使用
	2	Fe^{3+}、Sn^{4+}、Mn^{2+}	
	5.5	Al^{3+}、Sn^{4+}、Fe^{3+}、Ca^{2+}	
	6~7.5	Mg^{2+}、Cu^{2+}、Fe^{3+}、Al^{3+}、Mo^{4+}、Sb^{3+}、W^{6+}	
	10	Al^{3+}、Sn^{4+}	

三、常用的金属指示剂

金属指示剂有一定的专属性。一种指示剂往往只适用于某些金属离子的滴定,在选用时,除考虑颜色、酸度、稳定性等因素外,还必须通过实验来选择。下面介绍几种常用的金属指示剂,见表 8-5。

表 8-5   常用的金属指示剂

名称	简写符号	pH 值范围	缓冲体系	颜色变化 MIn	颜色变化 In	直接滴定离子	封闭离子	掩蔽剂
铬黑 T	EBT	7.0~11.0	NH₃—NH₄Cl	红色	蓝色	Mg^{2+}、Zn^{2+}、Pb^{2+}、Hg^{2+}	Al^{3+}、Fe^{3+}、Cu^{2+}、Ni^{2+}	三乙醇胺、KCN
二甲酚橙	XO	<6.3	HAc—NaAc	红色	亮黄色	Bi^{3+}、Pb^{2+}、Zn^{2+}、Cd^{2+}、Hg^{2+}	Al^{3+}、Fe^{3+}、Cu^{2+}、Co^{2+}、Ni^{2+}	三乙醇胺、氟化胺
钙指示剂	NN	12.0~13.0	NaOH	红色	蓝色	Ca^{2+}	Al^{3+}、Fe^{3+}、Cu^{2+}、Co^{2+}、Ni^{2+}	三乙醇胺、酒石酸

练一练

以铬黑 T 作为指示剂测定 Al^{3+} 含量时,可采用_____滴定法避免指示剂封闭作用的出现。

【知识链接】 ··

滴定终点误差

与酸碱滴定相同,配位滴定中由于滴定终点和化学计量点不一致引起的误差称为终点误差。

终点误差与 $c_{M(sp)}$ 和 K'_{MY} 有关,$c_{M(sp)}$ 和 K'_{MY} 越大,终点误差越小。另外,终点误差还与 $\Delta pM'$(终点 ep 与化学计量点 sp 的 pM' 值之差)有关,$\Delta pM'$ 越大,即终点离化学计量点越远,终点误差也越大。

在配位滴定中,通常采用指示剂指示滴定终点,化学计量点与指示剂的变色点不可能完全一致。即使相近，由于人眼判断颜色的局限性，仍然可能使 $\Delta pM'$ 在 $\pm 0.2 \sim 0.5$ 的误差范围，假设 $\Delta pM' = \pm 0.2$，用等浓度的 EDTA 滴定初始浓度为 c 的金属离子 M。计算 $\lg c \cdot K'_{MY}$ 为 8、6、4 时的终点误差分别为 0.01%、0.1% 和 1%。

可见当 $\lg c \cdot K'_{MY} \geqslant 6$ 或 $c \cdot K'_{MY} \geqslant 10^6$ 时，终点误差 TE 在 0.1% 左右，在滴定分析中可以允许这种误差。因此，通常将 $\lg c \cdot K'_{MY} \geqslant 6$ 作为能准确滴定的条件。当 c_M 在 10^{-2} mol/L 左右时，条件稳定常数 K'_{MY} 必须大于 10^8，才能用配位滴定分析金属离子。

§8 – 4 EDTA 滴定法的滴定液

 学习目标

1. 掌握 EDTA 滴定液的配制方法。
2. 了解锌滴定液的配制方法。

EDTA 滴定法中常用的滴定液有乙二胺四乙酸二钠滴定液和锌滴定液两种。EDTA 滴定法直接滴定金属离子的滴定液是乙二胺四乙酸二钠滴定液，常用的浓度为 0.01 ~ 0.05 mol/L。

一、EDTA 滴定液的配制与标定

1.《中国药典》（2020 年版）中的乙二胺四乙酸二钠滴定液（0.05 mol/L）

【配制】取乙二胺四乙酸二钠 19 g，加适量的水使之溶解达到 1 000 mL，摇匀。

【标定】取经 800 ℃灼烧至恒重的基准氧化锌 0.12 g，精密称定，加稀盐酸 3 mL 使之溶解，加水 25 mL，加 0.025% 甲基红乙醇溶液 1 滴，滴加氨试液至溶液呈现微黄色，加水 25 mL 与氨—氯化铵缓冲液（pH10.0）10 mL，再加铬黑 T 指示剂少量，用本液滴定至溶液由紫红色变为纯蓝色。滴定结果用空白试验进行校正。每 1 mL 乙二胺四乙酸二钠滴定液（0.05 mol/L）相当于 4.069 mg 的氧化锌。根据本液的消耗量与氧化锌的取用量，算出本液的浓度，即得。

2. 配制

若使用乙二胺四乙酸二钠的基准试剂，则可采用直接配制法。若使用乙二胺四乙酸二钠的分析纯试剂，应采用间接法配制滴定液，即先粗略配制成与标示浓度近似的浓度，再通过标定确定其准确浓度。

3. 标定

《中国药典》规定，乙二胺四乙酸二钠滴定液标定用的基准物质为氧化锌，用铬黑 T 作指示剂。根据准确滴定 Zn^{2+} 的最高酸度和铬黑 T 指示剂的适宜 pH 值范围，标定时溶液的酸度应控制在 pH10.0。因此，ZnO 用稀盐酸溶解后，以甲基红作为酸碱指示剂，用氨试液调节至中性左右，再加氨—氯化铵缓冲液。到终点时，溶液由紫红色变为纯蓝色。

标定前　　　$ZnO + 2HCl \rightleftharpoons ZnCl_2 + H_2O$

　　　　　　$Zn^{2+} + HIn^{2-} \rightleftharpoons ZnIn^-$（紫红色）$+ H^+$

标定反应　　$Zn^{2+} + H_2Y^{2-} \rightleftharpoons ZnY^{2-} + 2H^+$

终点时　　　$ZnIn^-$（紫红色）$+ H_2Y^{2-} \rightleftharpoons ZnY^{2-} + HIn^{2-}$（纯蓝色）$+ H^+$

$$\frac{n_{ZnO}}{n_{EDTA}} = \frac{1}{1}$$

根据称取基准氧化锌的质量和终点时消耗滴定液的体积即可计算滴定液的准确浓度：

$$c_{EDTA} = \frac{m_{ZnO}}{M_{ZnO} \times V_{终点}} \qquad (8-2)$$

4. 标定记录填写

滴定液标定记录见表 8-6。

表 8-6　　　　　　　　　　滴定液标定记录

| 滴定液名称：0.05 mol/L EDTA 滴定液 | | 批号： | |
| 配制有效期： | | 浓度有效期： | |

仪器设备

名称	型号	设备编号	有效期

试剂/试液

名称	批号	厂家	有效期

标定基准物质称量、滴定记录

标定日期：	标定人：	滴定管编号：	标定温度：

基准试剂	名称		滴定液	名称	
	质量/g			浓度/（mol/L）	

1. 标定方法：□基准试剂　□滴定液
2. □基准试剂称量　□滴定液吸量

编号		1	2	3
基准试剂质量/g	标定			
	复标			
滴定液吸量/mL	标定			
	复标			

续表

3. 滴定

	编号	1	2	3
标定	初读数 V_0/mL			
	终读数 V_1/mL			
复标	初读数 V_0/mL			
	终读数 V_1/mL			

计算：

编号	1	2	3	平均结果	RSD/%	F
标定结果/（mol/L）						
复标结果/（mol/L）						
滴定液浓度/（mol/L）：						
标定、复标 RSD/%						

判断标准

标定	RSD≤0.1%	标定、复标	RSD≤0.1%
复标	RSD≤0.1%	F 值	0.95～1.05

结果判定：□符合规定　　□不符合规定

标定人/日期：_____　　　复标人/日期：_____

二、锌滴定液的配制和标定

EDTA 滴定法返滴定时、测定配位剂含量时常用锌滴定液。

1. 《中国药典》（2020 年版）中的锌滴定液（0.05 mol/L）

【配制】取硫酸锌 15 g（相当于锌约 3.3 g），加稀盐酸 10 mL 与水适量使之溶解达到 1 000 mL，摇匀。

【标定】精密量取本液 25 mL，加 0.025% 甲基红的乙醇溶液 1 滴，滴加氨试液至溶液显微黄色，加水 25 mL，氨—氯化铵缓冲液（pH10.0）10 mL 与铬黑 T 指示剂少量，用乙二胺四乙酸二钠滴定液（0.05 mol/L）滴定至溶液由紫色变为纯蓝色，并将滴定的结果用空白试验校正，根据乙二胺四乙酸二钠滴定液（0.05 mol/L）的消耗量，算出本液的浓度，即得。

2. 配制

《中国药典》规定，锌滴定液采用间接法配制。

3. 标定

用已知准确浓度的 EDTA 滴定液通过比较法标定。根据精密量取的锌滴定液的体积、终点时消耗 EDTA 滴定液的体积与浓度即可计算锌滴定液的准确浓度，计算公式如下：

$$c_{Zn} = \frac{(cV_{终点})_{EDTA}}{V_{Zn}} \qquad (8-3)$$

4. 标定记录填写

滴定液标定记录见表8-7。

表8-7 **滴定液标定记录**

滴定液名称：0.05 mol/L 锌滴定液　　　　批号：

配制有效期：　　　　　　　　　　　　浓度有效期：

仪器设备

名称	型号	设备编号	有效期

试剂/试液

名称	批号	厂家	有效期

标定基准物质称量、滴定记录

标定日期：　　　标定人：　　　滴定管编号：　　　标定温度：

基准试剂	名称		滴定液	名称	
	质量/g			浓度/（mol/L）	

1. 标定方法：□基准试剂　□滴定液
2. □基准试剂称量　□滴定液吸量

编号		1	2	3
基准试剂质量/g	标定			
	复标			
滴定液吸量/mL	标定			
	复标			

3. 滴定

编号		1	2	3
标定	初读数 V_0/mL			
	终读数 V_1/mL			
复标	初读数 V_0/mL			
	终读数 V_1/mL			

计算：

编号	1	2	3	平均结果	RSD/%	F
标定结果/（mol/L）						
复标结果/（mol/L）						
滴定液浓度/（mol/L）：						
标定、复标 RSD/%						

续表

判断标准

| 标定 | RSD≤0.1% | 标定、复标 | RSD≤0.1% |
| 复标 | RSD≤0.1% | F 值 | 0.95 ~ 1.05 |

结果判定：□符合规定　　□不符合规定

标定人/日期：_____　　　复标人/日期：_____

§8-5 配位滴定法的应用

 学习目标

了解配位滴定法的应用。

配位滴定可采用多种滴定方式，如直接滴定、剩余滴定、置换滴定等。能测定多种金属离子，如水的硬度测定，在药物分析中广泛用于钙盐、镁盐、铝盐等的测定。

一、直接滴定法

用 EDTA 标准溶液直接滴定被测离子是配位滴定中常用的滴定方式。该方法方便、快速、引入误差较小。只要配位反应能符合滴定分析的要求，有合适的指示剂，应尽量采用直接滴定法。

示例 8-1 硫酸镁的含量测定

1. 测定方法

取本品约 0.25 g，精密称定，加水 30 mL 溶解后，加氨—氯化铵缓冲液（pH10.0）10 mL 与铬黑 T 指示剂少许，用乙二胺四乙酸二钠滴定液（0.05 mol/L）滴定至溶液由紫红色转变为纯蓝色。每 1 mL 乙二胺四乙酸二钠滴定液（0.05 mol/L）相当于 6.018 mg 的 $MgSO_4$。

2. 测定原理

本例采用直接滴定法，以 EDTA 标准溶液为滴定液，铬黑 T 作指示剂在 pH10.0 的缓冲溶液中测定 Mg^{2+} 含量。滴定前 Mg^{2+} 与指示剂反应生成紫红色配合物，近终点时，游离的 Mg^{2+} 被 EDTA 反应完全后，EDTA 开始争夺与铬黑 T 指示剂结合的 Mg^{2+}，使指示剂游离出来变色，从而指示滴定终点。

3. 数据记录

称取硫酸镁的质量 $m_1 = $ _____，$m_2 = $ _____；滴定到达终点时读取的消耗 EDTA 滴定液体积 $V_1 = $ _____，$V_2 = $ _____。

4. 结果计算

（1）含量计算公式

$$B\% = \frac{TVF}{m \times 1\,000} \times 100\% \qquad (8-4)$$

式中　T——滴定度，即每 1 mL 浓度为 0.05 mol/L 的 EDTA 滴定液相当于待测硫酸镁的质量，mg/mL；

　　　V——消耗 EDTA 滴定液的体积，mL；

　　　F——EDTA 滴定液的浓度校正因子；

　　　m——称取硫酸镁供试品的质量，g。

（2）含量计算结果

硫酸镁的含量 $B_1\%$ = _____，$B_2\%$ = _____，平均百分含量是_____。

5. 结论判定

本品按炽灼至恒重后计算，含 $MgSO_4$ 不得少于 99.5%，故 _____（符合/不符合）规定。

二、剩余滴定法

在下列情况下可采用剩余滴定法。

1. 待测离子（如 Ba^{2+} 等离子）虽能与 EDTA 形成稳定的配合物，但缺少变色敏锐的指示剂。

2. 待测离子（如 Al^{3+} 等离子）与 EDTA 的配合速度很慢，本身又水解或对指示剂有封闭作用。

剩余滴定法是在待测溶液中先加入过量定量的 EDTA 标准溶液，使待测离子完全配合。然后用其他金属离子标准溶液回滴过量的 EDTA。根据两种标准溶液的浓度和用量，即可求得被测物质的含量。

示例 8-2　氢氧化铝的含量测定

1. 测定方法

取本品约 0.6 g，精密称定，加盐酸与水各 10 mL，煮沸溶解后，放冷，定量转移至 250 mL 量瓶中，用水稀释至刻度，摇匀；精密量取 25 mL，加氨试液至恰析出沉淀，再滴加稀盐酸使沉淀恰溶解为止，加醋酸—醋酸铵缓冲液（pH6.0）10 mL，再精密加乙二胺四乙酸二钠滴定液（0.05 mol/L）25 mL，煮沸 3~5 min，放冷，加二甲酚橙指示液 1 mL，用锌滴定液（0.05 mol/L）滴定至溶液自黄色转变为红色，并将滴定的结果用空白试验校准，每 1 mL 乙二胺四乙酸二钠滴定液（0.05 mol/L）相当于 3.900 mg 的 $Al(OH)_3$。

2. 测定原理

本例采用剩余滴定法测 Al^{3+} 的含量，氢氧化铝用盐酸溶解使之在溶液中以 Al^{3+} 的形式存在，将定量过量的 EDTA 标准溶液加入供试品后加热，使 Al^{3+} 完全反应，再用锌滴定液滴

定与 Al^{3+} 反应剩余的 EDTA，通过两种滴定液的浓度和用量计算得到 $Al(OH)_3$ 的含量。

3. 数据记录

称取氢氧化铝的质量 $m_1 =$ _____，$m_2 =$ _____；滴定到达终点时读取的消耗锌滴定液体积 $V_1 =$ _____，$V_2 =$ _____。

4. 结果计算

（1）含量计算公式

$$B\% = \frac{T\left[(V_0 - V) \times \dfrac{c_{Zn}}{c_{EDTA}}\right]F_{EDTA}}{m \times \dfrac{25}{250}} \times 100\% \qquad (8-5)$$

（2）含量计算结果

氢氧化铝的含量 $B_1\% =$ _____，$B_2\% =$ _____，平均百分含量为_____。

5. 结论判定

本品为以氢氧化铝为主要成分的混合物，可含有一定量的碳酸盐，含氢氧化铝 $[Al(OH)_3]$ 不得少于 76.5%，故_____（符合/不符合）规定。

三、间接滴定法

有些金属离子和非金属离子不与 EDTA 发生配合反应或生成的配合物不稳定，这时可采用间接滴定法。通常是加入过量的能与 EDTA 形成稳定配合物的金属离子作沉淀剂，以沉淀待测离子，过量沉淀剂用 EDTA 滴定。或将沉淀分离、溶解后，再用 EDTA 滴定其中的金属离子。

四、置换滴定法

利用置换反应，置换出相等物质的量的另一金属离子，或置换出 EDTA，然后滴定，叫做置换滴定法。

1. 置换出金属离子

如果被测离子 M 与 EDTA 反应不完全或形成的配合物不稳定，可让 M 置换出另一配合物（NL）中相等物质的量的 N，用 EDTA 滴定 N，然后求出 M 的含量。

2. 置换出 EDTA

将被测 M 与干扰离子全部用 EDTA 配合，加入选择性高的配合剂 L 以夺取 M，并释放出 EDTA：

$$MY + L \Longrightarrow ML + Y$$

反应后，释放出与 M 等物质的量的 EDTA，用金属盐类标准溶液滴定释放出来的 EDTA，即可测得 M 的含量。

实训七　水的总硬度测定

一、实训目的

1. 会合理选用实验器材。

2. 会正确规范使用滴定管和移液管。

3. 学会用配位滴定法测定水中钙镁含量。

4. 学会硬度测定的结果计算和记录填写。

二、器材准备

仪器：聚四氟乙烯滴定管（白色，50 mL）、分析天平、量筒（10 mL、5 mL）、锥形瓶（250 mL）、药匙、移液管。

试剂：铬黑 T、三乙醇胺、EDTA 滴定液（0.05 mol/L）、氨水、氯化铵、氯化钠、基准氧化锌、稀盐酸、氨试液。

三、实训内容与步骤

用移液管吸取水样 100 mL 置于 250 mL 锥形瓶中，加入 5 mL 三乙醇胺溶液（3→10），10 mL 氨—氯化铵缓冲溶液（pH≈10）和铬黑 T 固体指示剂少许，用 EDTA 滴定液（0.01 mol/L）滴定至溶液由酒红色变成纯蓝色为终点。记录结果，重复滴定三次，计算平均值和相对平均偏差。

1. 实验准备

（1）0.01 mol/L EDTA 滴定液的配制。可先配制浓度为 0.05 mol/L 的 EDTA 滴定液，以氧化锌为基准物质标定其浓度，临用前将 0.05 mol/L EDTA 滴定液准确稀释，得到所需 0.01 mol/L 的滴定液。

（2）三乙醇胺溶液（3→10）的配制。量取 3 mL 三乙醇胺，加水稀释至 10 mL，根据实验需要的量计算三乙醇胺的取用量。

（3）铬黑 T 固体指示剂的配制。取铬黑 T 0.1 g，加氯化钠 10 g，研磨均匀，即得。

（4）pH10 氨—氯化铵缓冲溶液的配制

取氯化铵 5.4 g，加水 20 mL 溶解后，加浓氨溶液 35 mL，再加水稀释至 100 mL，即得。

2. 滴定

（1）供试品溶液的制备。用移液管吸取水样 100 mL 置于 250 mL 锥形瓶中，加入 5 mL 三乙醇胺溶液（3→10），10 mL 氨—氯化铵缓冲溶液（pH≈10）和铬黑 T 固体指示剂少许。

（2）滴定。将标定好的乙二胺四乙酸二钠滴定液装入滴定管中，调节液面至零刻度，滴加至锥形瓶中，至溶液由酒红色变成纯蓝色为终点，记录结果。

3. 结果计算

$$总硬度(CaCO_3, mg/L) = (CV)_{EDTA} M_{CaCO_3} \times 10 \qquad (8-6)$$

$$总硬度(度) = (CV)_{EDTA} M_{CaO} \qquad (8-7)$$

4. 数据记录及处理

水的总硬度测定见表8-8。

表8-8　　　　　　　　　　　　　　　　水的总硬度测定

编号	1	2	3
所取水样体积/mL			
c（EDTA）／（mol/L）			
滴定管初读数/mL			
滴定管终读数/mL			
消耗 EDTA/mL			
总硬度			
平均总硬度			
偏差			
平均偏差			
相对平均偏差			

四、实训测评

按表8-9所列评分标准进行测评，并做好记录。

表8-9　　　　　　　　　　　　　　　　实训评分标准

序号	考核内容	考核标准	配分	得分
1	玻璃仪器的洗涤	内壁不挂水珠	6	
2	滴定液的稀释	器材选择合理	6	
3		稀释操作规范	6	
4	供试品溶液的制备	移液管的使用	18	
5		正确加入各试剂	9	
6	滴定	正确调零和排气泡	6	
7		滴定操作规范	9	
8		终点判断正确	9	
9	记录及时正确	记录中不按规范改正每处扣1分，原始记录不及时，每次扣2分	8	

序号	考核内容	考核标准	配分	得分
10	结果计算	计算无误	8	
11	整理实验台面	实验后试剂、仪器放回原处	8	
12	清理物品	废液、纸屑不乱扔乱倒	7	
	合计		100	

【注意事项】

1. 根据不同待测金属离子的适应条件调节溶液到一定的 pH 值。

2. 溶液加入酸碱缓冲溶液以控制过程中溶液 pH 值的变化。

3. 三乙醇胺必须在 pH <4 时加入，然后调节 pH 值至滴定酸度。

【知识链接】

水的硬度是指溶解于水中的钙、镁离子的总量，其含量越高，表示水的硬度越大。测定水的硬度，实际上就是测定水中钙、镁离子的总量，再把钙离子、镁离子的量均折算成 $CaCO_3$ 或 CaO 的质量以计算硬度。水的硬度常用以下两种方式表示：

（1） $CaCO_3$（mg/L）。以每升水中所含钙、镁离子的总量相当于 $CaCO_3$ 的毫克数表示。一般蒸汽锅炉的用水要求水的硬度在 $CaCO_3$ 5 mg/L。

（2）度。每升水中所含钙、镁离子的总量相当于 10 mg CaO 为 1 度。

制药用水的原水通常为生活饮用水，国家《生活饮用水卫生标准》（GB 5749—2006）中规定，生活饮用水的总硬度以 $CaCO_3$ 计，应不超过 450 mg/L。

水的总硬度测定的具体内容见表 8 – 8。为使测定结果符合准确度要求，应注意以下几个方面：

（1） EDTA 滴定 Mg^{2+} 和 Ca^{2+} 的最低 pH 值分别为 9.7 和 7.5，所以在 pH >9.7 的溶液中两种离子与 EDTA 的配位反应才能完全，CaY 和 MgY 稳定存在。

（2） MgIn 呈酒红色，而游离的铬黑 T 指示剂在 pH7 ~ 11 之间，呈蓝色，色差明显，终点容易观察。综合两种情况，该滴定反应适宜的 pH 值为 10 左右。需要注意，pH 值不宜太高，否则金属离子容易发生水解。所以加缓冲溶液的作用是调节 pH 值为 10，并控制整个滴定过程 pH 值不发生改变。

（3） 实验的取样量适用于以 $CaCO_3$ 计算不大于 450 mg/L 的水样，若硬度大于 450 mg/L（以 $CaCO_3$ 计），应适当减少取样量。

（4） 暂时硬度较大的水样，在加缓冲溶液后常析出 $CaCO_3$、$MgCO_3$ 沉淀，使终点不稳定，常出现"返回"现象，难以确定终点。遇此情况，可在加缓冲溶液前，在溶液中加入一小块刚果红试纸，滴加稀酸至试纸变蓝色，振摇 2 min，然后依法操作。

目标检测

一、选择题

1. EDTA 与大多数金属离子的配位关系是（　　　）。

A. 1:1 　　　　B. 1:2 　　　　C. 2:2 　　　　D. 2:1

2. 关于 EDTA，下列说法不正确的是（　　　）。

A. EDTA 是乙二胺四乙酸的简称

B. 分析工作中一般用乙二胺四乙酸二钠盐

C. EDTA 与钙离子以 2:1 的关系反应

D. EDTA 与金属离子形成配位化合物

3. 直接与金属离子配位的 EDTA 型体为（　　　）。

A. H_6Y^{2+} 　　　B. H_4Y 　　　C. H_2Y^{2-} 　　　D. Y^{4-}

4. 实验表明 EBT 应用于配位滴定中的最适宜的酸度是（　　　）。

A. pH < 6.3 　　B. pH = 9 ~ 10.5 　　C. pH > 11 　　D. pH = 7 ~ 11

5. 配位滴定所用的金属指示剂同时也是一种（　　　）。

A. 掩蔽剂 　　B. 显色剂 　　C. 配位剂 　　D. 弱酸弱碱

6. 配位滴定中使用的指示剂是（　　　）。

A. 吸附指示剂 　B. 氧化还原指示剂 　C. 金属指示剂 　D. 酸碱指示剂

7. 《中国药典》（2020 年版）规定的标定 EDTA 溶液的基准试剂是（　　　）。

A. MgO 　　　B. ZnO 　　　C. Zn 粒 　　　D. Cu 粉

8. EDTA 和金属离子配合物为 MY，金属离子和指示剂的配合物为 MIn，当 $K'_{MIn} > K'_{MY}$ 时，称为指示剂（　　　）。

A. 僵化 　　B. 失效 　　C. 封闭 　　D. 掩蔽

9. EDTA 滴定 Zn^{2+} 时，加入 $NH_3—NH_4Cl$ 可（　　　）。

A. 防止干扰 　　　　　　B. 控制溶液的酸度

C. 使金属离子指示剂变色更敏锐 　　D. 加快反应速度

10. 与配位滴定所需控制的酸度无关的因素为（　　　）。

A. 金属离子有颜色 　B. 酸效应 　C. 羟基化反应 　D. 指示剂的变色

二、判断题

1. EDTA 滴定法，目前之所以能够广泛被应用的主要原因是由于它能与绝大多数金属离子形成 1:1 的配合物。（　　　）

2. 溶液的 pH 值越小，金属离子与 EDTA 配位反应能力越低。（　　）

3. 标定 EDTA 滴定液须以二甲酚橙为指示剂。（　　）

4. 只要金属离子能与 EDTA 形成配合物，都能用 EDTA 直接滴定。（　　）

5. EDTA 在水溶液中有七种形式。（　　）

三、问答题

1. 什么是配位滴定法？配位滴定法的条件是什么？

2. 为什么配位滴定中要维持一定的酸度？

3. 简述金属指示剂的变色原理。

4. 何谓封闭现象？

5. EDTA 与金属离子配位有何特点？

四、计算题

1. 称取 1.032 0 g 氧化铝试样，溶液定容至 250 mL，移取 25.00 mL，加入 $T_{Al_2O_3/EDTA}=$ 1.505 mg/mL 的 EDTA 溶液 10.00 mL，以二甲酚橙为指示剂，用 $ZnSO_4$ 标准滴定溶液 12.20 mL 滴定至终点，已知 20.00 mL $ZnSO_4$ 溶液相当于 13.62 mL EDTA 溶液，则试样中 Al_2O_3 的含量是多少？

2. 以配位滴定法测定铝。30.00 mL 浓度 0.020 00 mol/L 的 EDTA 滴定液相当于 Al_2O_3（其摩尔质量为 101.96 g/mol）的质量是多少毫克？

3. 称取氯化锌试样 0.360 0 g，溶于水后控制溶液的酸度 pH=6，以二甲酚橙为指示剂，用 0.102 4 mol/L 的 EDTA 滴定液滴定至终点，消耗滴定液 23.31 mL，则氯化锌的含量是多少（$M_{ZnCl_2}=136.29$ g/mol）？

4. 称取胶体果胶铋 0.500 5 g，加硝酸溶液（1→2）5 mL，加热使之溶解，再加水 150 mL 与二甲酚橙指示液 2 滴，用乙二胺四乙酸二钠滴定液（0.050 13 mol/L）滴定至溶液显黄色，消耗滴定液 7.07 mL。每 1 mL 乙二胺四乙酸二钠滴定液（0.05 mol/L）相当于 10.45 mg 的铋（Bi）。求该样品中果胶铋中铋（Bi）的含量。

第九章

氧化还原滴定法

学习引导

维生素 C 又被称为"抗坏血酸"，如今这个名字正在渐渐被人们所淡忘，其实这个古老的药名记述了维生素 C 的发现和发展史。18 世纪大航海时代，远洋航行水手的航海生活非常艰苦，在航海期间很容易得一种怪病，患者先是感到浑身无力，走不动路，接着牙龈出血，甚至全身出血，然后慢慢地死去。船员们给这个"海上凶神"般的怪病取了个名字——坏血病。后来经过实验研究，坏血病是由于船员在远航时无法获得充足的维生素 C 导致。

维生素 C 是一种水溶性维生素，分子式为 $C_6H_8O_6$，广泛存在于新鲜蔬菜水果中，具有较强的还原性，在人体代谢反应中起调节作用，缺乏时会引起坏血病。目前，维生素 C 在医药中和生活中被广泛使用，它能够促进骨胶原合成，有利于组织创伤口的愈合；能促进氨基酸中酪氨酸和色氨酸的代谢，延长寿命；能改善身体对铁、钙和叶酸的利用；能改善脂肪和类脂（特别是胆固醇）的代谢，预防心血管病；能促进牙齿和骨骼的生长，防止牙龈出血；提升免疫力……

《中国药典》（2020 年版，二部）中规定维生素 C 的含量测定方法是什么？维生素 C 含量测定的反应原理是什么？它与以前学习的滴定法原理相同吗？

本章主要介绍氧化还原滴定法及其应用。

§9-1 氧化还原滴定法概述

 学习目标

1. 掌握氧化还原滴定法的概念。
2. 熟悉氧化还原滴定法的特点、分类。
3. 了解提高反应速率的方法、氧化还原滴定的指示剂。

氧化还原滴定法是以氧化还原反应为基础的滴定分析方法。它不仅可以直接测定具有氧化性或还原性的物质，同时还可以间接测定一些本身无氧化性或还原性但能与氧化剂或还原剂定量反应的物质。例如，常见药物维生素 C、盐酸普鲁卡因、硝苯地平、硫酸亚铁、乙酰氨基酚等的含量检测，还可测定食品中水、过氧乙酸、双氧水、还原糖等成分。因此，氧化还原滴定法在药品食品检测中被广泛应用。

一、氧化还原滴定法的特点及分类

氧化还原滴定法是基于电子转移的氧化还原反应。这种电子的转移往往是分步进行的，反应机理较复杂，主要特点是：反应速度较慢；除主反应外，常伴有副反应发生。在实际应用中，能够发生氧化还原的反应很多，要进行氧化还原反应滴定，必须符合以下条件：

1. 反应要按化学反应式中的系数关系定量完成。
2. 反应速度必须足够快。
3. 控制酸度、浓度，防止副反应发生。
4. 必须有适当的方法确定化学计量点。

因此，在进行氧化还原滴定时要综合考虑反应平衡、反应机理和反应速度，选择适宜的反应条件，控制滴定速度与反应速度相适应，减少副反应的发生，以保证滴定反应按既定方向定量完成。

在氧化还原滴定法中，根据所用滴定剂种类的不同进行分类和命名，可分为碘量法、高锰酸钾法、亚硝酸钠法、重铬酸钾法、铈量法、溴酸钾法等。本章主要介绍碘量法、高锰酸钾法、亚硝酸钠法。

二、提高氧化还原反应速度的方法

在实际生产应用中，许多氧化还原反应由于反应速度太慢不能用于滴定分析。影响氧化还原反应速度的因素，除了参加反应的氧化剂和还原剂本身的性质外，还受到浓度、温度、催化剂等条件的影响。为了使氧化还原反应达到滴定分析的要求，通常采用以下方法来提高反应速度。

1. 增加反应物浓度或减小生成物浓度

根据化学平衡移动的原理，增加反应物的浓度不仅能加快反应速度，而且能促使反应进行完全。例如，在酸性溶液中，一定量的 $K_2Cr_2O_7$ 与 KI 的反应如下：

$$K_2Cr_2O_7 + 6KI + 14HCl \Longrightarrow 2CrCl_3 + 8KCl + 3I_2 + 7H_2O$$

该反应速度较慢，通过增加 KI 浓度或 HCl 浓度，可以加快反应速度。

2. 升高溶液温度

对于大多数反应来说，升高反应的温度可以加快反应速度，通常情况下温度每升高 10 ℃，反应速度约增大 2~4 倍，这是由于溶液温度升高，增加了反应物之间的碰撞概率，同时也增加了活化分子或活化离子的数量，从而提高了反应速度。例如，在酸性溶液中 $KMnO_4$ 与 $Na_2C_2O_4$ 的反应为：

$$2MnO_4^- + 5C_2O_4^{2-} + 16H^+ \Longrightarrow 2Mn^{2+} + 10CO_2 \uparrow + 8H_2O$$

上述反应在室温下速度较慢，将溶液加热，反应速度显著加快。但溶液温度过高或长时间加热会导致草酸分解，故在实际滴定中温度通常控制在 75~85 ℃。

但需要注意的是，不是任何情况下都可以用升高溶液温度的方法来加快反应速度的。如试样中有易挥发的物质 I_2，升温时会引起碘挥发损失。如含有易氧化的物质 Fe^{2+}、Sn^{2+} 等，温度过高会使这些物质被空气中的 O_2 所氧化造成误差。所以采用此法来提高反应速度时，必须充分考虑物质性质，根据具体情况确定反应的适宜温度。

3. 加入催化剂

在滴定分析中，使用催化剂来改变反应速度是一种有效的手段。例如 Ce^{4+} 与 As_2O_3 的反应速度较慢，加入少量 I^- 作催化剂，反应速度显著提高。又如在用 $Na_2C_2O_4$ 标定 $KMnO_4$ 溶液的反应中，可用 Mn^{2+} 作为催化剂加快反应速率。但在实际操作中一般不另加 Mn^{2+}，反应中生成的 Mn^{2+} 会催化自身反应。当 $KMnO_4$ 滴定 $Na_2C_2O_4$ 时，开始滴定时反应速度很慢，高锰酸钾难褪色，随着反应的进行，生成的 Mn^{2+} 逐渐增多，反应速度迅速加快。这种利用反应产物催化自身反应的现象称为自动催化。此类反应的特点是开始时反应速度较慢，随着时间推移，反应速度会逐渐加快；当反应速度达到最大值后，因反应物浓度的降低又会引起反应速度逐渐减慢。因此对具有自动催化作用的滴定反应，为了使反应物反应完全，开始时滴定速度一定要慢。

总之，在氧化还原滴定中，为了使反应按照既定的方向快速、完全、定量进行，选择和控制反应条件非常重要。

三、氧化还原滴定的指示剂

在氧化还原滴定法中，滴定终点除可用电位滴定法（第十章）确定外，通常利用滴定液本身或某些指示剂在化学计量点附近的颜色变化来确定，常用的指示剂有以下几种类型。

1. 自身指示剂

在氧化还原滴定中，有些滴定液或被滴定物质自身有颜色，若在发生氧化还原反应后变成无色或浅色，则滴定时不必另加指示剂，可用自身颜色变化来指示滴定终点，此类溶液称为自身指示剂。例如 $KMnO_4$ 本身显紫红色，反应产物 Mn^{2+} 几乎无色，所以，在用 $KMnO_4$ 滴定无色或浅色物质溶液时，在化学计量点时，稍微过量的 $KMnO_4$ 使溶液显粉红色。实验证明，MnO_4^- 浓度为 2×10^{-6} mol/L 就能观察到溶液呈粉红色，利用 $KMnO_4$ 自身即可指示滴定终点，方法准确，灵敏度高。

2. 专属指示剂

有些物质本身不具有氧化还原性质，但能与氧化剂或还原剂作用产生特殊颜色的物质，从而指示滴定终点，这类指示剂称为专属指示剂。例如淀粉指示剂，可溶性淀粉能与碘生成蓝色的包合物，即使碘的浓度只有 10^{-5} mol/L 时也能看到明显的蓝色，当 I_2 被还原为 I^- 时，则深蓝色消失，所以碘量法常用淀粉溶液作指示剂，通过蓝色的出现或消失来指示终点。这类指示剂灵敏度高，专属性强。

3. 氧化还原指示剂

氧化还原指示剂本身具有氧化还原性，其氧化态和还原态具有不同的颜色，在化学计量点附近时因被氧化或还原，其结构发生改变，从而引起颜色的变化以指示滴定终点。例如，用 $K_2Cr_2O_7$ 滴定液滴定 Fe^{2+} 时，常用二苯胺磺酸钠为指示剂，它的还原态颜色为无色、氧化态颜色为紫红色，当滴定至化学计量点时，稍过量的 $K_2Cr_2O_7$ 会将二苯胺磺酸钠还原态氧化为氧化态，使溶液颜色由无色变为紫红色，从而指示滴定终点。

需要注意的是，氧化还原指示剂本身具有氧化还原性，因此反应过程中需要消耗一定量的标准溶液或被测物质。当标准溶液或被测物质的浓度较大时，对分析结果的影响可忽略不计，但在较精确的测定或用浓度小于 0.01 mol/L 的标准溶液进行测定时，需要做空白试验以校正指示剂误差。

4. 外指示剂

指示剂不直接加入到被滴定的溶液中，而是在化学计量点附近用玻璃棒蘸取少许溶液在滴定体系外与指示剂作用并观察颜色是否变化来指示终点，这类指示剂称为外指示剂。外指示剂常制成试纸或糊状使用，例如，亚硝酸钠法常用的外指示剂是淀粉—碘化钾试纸，当滴定达到化学计量点时，用玻璃棒蘸取少许反应液于试纸上，稍过量的亚硝酸钠在酸性条件下将试纸上的碘化钾氧化为单质碘，单质碘遇淀粉显蓝色。

【知识链接】

铈量法

铈量法即采用四价铈盐溶液作滴定剂的容量分析方法。在酸性溶液中，四价铈与还原剂作用，被还原为三价铈。常用硫酸铈的硫酸溶液作滴定剂，它非常稳定，并且易纯制。《中国药典》（2020 年版）中硫酸铈滴定液（0.1 mol/L）采用的是间接配制法，标定硫酸铈滴定液使用的是基准草酸钠。

1. 铈量法的优点

（1）硫酸铈的标准溶液由 $Ce(SO_4)_2(NH_4)_2SO_4 \cdot H_2O$ 配制且稳定性好，可长期放置。久置、曝光，甚至加热煮沸均不引起浓度变化。

（2）选择性高，可在盐酸溶液里直接滴定一些还原剂，氯离子不会被干扰，大多数有机物不与四价铈作用，不干扰滴定。

（3）反应机制简单，副反应少，四价铈被还原为三价铈，只有一个电子转移，无中间价态的产物形成。

2. 铈量法的应用

铈量法由于不受制剂中淀粉、糖类的干扰，因此特别适合片剂、糖浆剂等制剂的测定。《中国药典》（2020 年版）采用铈量法测定的药物主要有：硫酸亚铁片及硫酸亚铁缓释片、富马酸亚铁及其制剂、葡萄糖酸亚铁及其制剂等。另外，此方法可以直接测定一些金属的低价化合物、过氧化氢及某些有机还原性物质，如铁、锑、砷等金属含量。

练一练

1. 在酸性介质中，用 $KMnO_4$ 溶液滴定草酸盐，正确的滴定做法是（　　）。

A. 快速滴定　　　　　　　　　　B. 开始时缓慢进行，以后逐渐加快

C. 始终缓慢地进行　　　　　　　D. 开始时快，然后缓慢

2. 在氧化还原反应中，氧化剂_____电子，是_____反应；还原剂_____电子，是_____反应。

§9-2　碘量法

 学习目标

1. 掌握碘量法的概念、基本原理。
2. 掌握碘量法的测定条件。
3. 熟悉碘量法滴定液的配制与标定。

碘量法是利用 I_2 的氧化性或 I^- 的还原性进行氧化还原滴定的分析方法。I_2 是一较弱的氧化剂，只能与较强的还原剂作用；而 I^- 是中等强度的还原剂，可与多种氧化剂作用。因此，用碘量法测定被测物质含量时，根据被测组分的氧化性或还原性的强弱，可采用直接碘量法或间接碘量法。

一、直接碘量法

1. 基本概念与原理

利用 I_2 的氧化性，用 I_2 滴定液（实际上是 KI_3 滴定液）直接滴定还原性较强的物质的分析方法，称为直接碘量法。滴定反应如下：

$$I_2 + 还原性试样 \longrightarrow 2I^- + 产物$$

利用直接碘量法可以测定维生素 C、SO_3^{2-}、As_2O_3、$S_2O_3^{2-}$、Sn^{2+} 等还原性较强的物质。

2. 测定条件

直接碘量法应在弱酸性、中性或弱碱性溶液中进行。在强酸性介质中，会发生如下反应：

$$4I^- + O_2 + 4H^+ \ratio 2I_2 + 2H_2O$$

在强碱性溶液中，会发生如下歧化反应：

$$3I_2 + 6OH^- \rlatio IO_3^- + 5I^- + 3H_2O$$

3. 指示剂

碘量法常用的是淀粉指示剂，碘与淀粉作用能生成一种蓝色可溶性的吸附化合物，灵敏度高，专属性强。直接碘量法在滴定前加入淀粉指示剂，可根据蓝色的出现确定滴定终点。

需要注意的是，淀粉指示剂应使用直链淀粉配制。配制时，加热时间不宜过长而且要迅速冷却，以免灵敏度降低。淀粉溶液易腐坏，淀粉指示剂一般在使用前临时配制，因为淀粉溶液能缓慢水解，长时间放置的淀粉溶液不能与 I_2 生成蓝色的吸附化合物。

【知识链接】

"变色大王"——碘

1818 年的一天，法国化学家库尔图瓦正在从海藻灰溶液中提取硝酸钾等盐类。为了除掉其中的硫化物，他往溶液中加入了浓硫酸。在进行蒸发时，他发现母液中竟冒出一股股美丽的紫色气体。当紫色气体像彩云一样冉冉上升时，遇到冷的物体马上冷凝成了片状的带金属光泽的紫黑色晶体。这其实是碘蒸气发生了凝华，而库尔图瓦得到的像金属一样耀眼的紫黑色晶体，就是单质碘。

碘属于卤族元素，卤族的成员原子最外层都有 7 个电子，是典型的非金属元素，因此化学性质非常活泼，能与大多数金属和非金属发生化学反应。碘常温下是紫黑色晶体，但是具有升华的特异功能，常常"玩失踪"。不过，要当心，碘蒸气也是有一定毒性的。碘还有一个本领——变色，有"变色大王"之称。碘的晶体虽然是紫黑色的，但是溶于水后就变成了黄棕色，溶于乙酸乙酯或苯中又变成了紫红色；如果碘溶液与淀粉相遇，在不同的条件下，还会变出蓝色、紫色、红色、黑色、黄色等各种颜色。这是因为碘能与这些物质反应生成各种化合物。由于碘的"个头"较大，电荷"重心"不稳，所以生成的化合物"重心"不同，呈现出不同的颜色。

碘在医药行业中也有应用，如碘酊、碘甘油。碘酊用于皮肤感染和消毒，碘甘油用于口腔黏膜溃疡、牙龈炎及冠周炎。

二、间接碘量法

1. 基本概念与原理

利用 I^- 的还原性间接测定氧化性物质的含量的分析方法称为间接碘量法，分为置换碘量法和回滴碘量法。先将氧化性物质与过量的 KI 反应定量析出 I_2，再用 $Na_2S_2O_3$ 滴定液滴定置换出来的碘，从而间接测定氧化性物质的含量的方法，称为置换碘量法。此方法可测定的氧化性物质有重铬酸钾、溴酸盐、过氧化氢、铜盐、漂白粉、二氧化锰、葡萄糖酸锑钠等。有些还原性物质与过量的碘滴定液反应完全后，再用 $Na_2S_2O_3$ 滴定液返滴定剩余的 I_2，从而间接测定还原性物质的含量，称为回滴碘量法，此方法可测定的还原性物质有亚硫酸氢钠、焦亚硫酸钠、无水亚硫酸钠等。间接碘量法的滴定反应如下：

$$I_2 + 2S_2O_3^{2-} =\!=\!= 2I^- + S_4O_6^{2-}$$

2. 测定条件

（1）酸度的影响。间接碘量法应在中性或弱酸性溶液中进行。因为 I_2 与 $Na_2S_2O_3$ 在碱性、酸性溶液中发生歧化反应，在碱性溶液中发生如下反应：

$$S_2O_3^{2-} + 4I_2 + 10OH^- =\!=\!= 2SO_4^{2-} + 8I^- + 5H_2O$$

$$3I_2 + 6OH^- =\!=\!= IO_3^- + 5I^- + 3H_2O$$

在酸性溶液中 $S_2O_3^{2-}$ 易分解，I^- 易被空气中的氧气氧化，发生如下反应：

$$S_2O_3^{2-} + 2H^+ =\!=\!= SO_2 + S\downarrow + H_2O$$

$$4I^- + O_2(空气中) + 4H^+ =\!=\!= 2I_2 + 2H_2O$$

（2）防止 I_2 挥发。加入过量 KI（一般为理论值的 $2\sim3$ 倍），使之与 I_2 形成 I_3^-，增大 I_2 的水溶性，减少 I_2 挥发。滴定应在室温下进行，温度升高会加速 I_2 挥发。将过量 KI 与被测物放入碘量瓶中，密封一段时间，待其充分反应后，再用硫代硫酸钠滴定，滴定过程中不要剧烈震荡溶液，要快滴慢摇，减少 I_2 的挥发。

3. 指示剂

间接碘量法采用的是淀粉指示剂，蓝色消失即为滴定终点。但应注意应用间接碘量法测定氧化性物质时，淀粉指示剂应在近终点时加入，以防大量的碘与淀粉吸附太牢，使蓝色消失变得迟钝而产生误差。

【实例分析】

碘是合成甲状腺素的重要原料，人体缺碘会引起"大脖子病"，即地方性甲状腺肿大。当碘摄入量太多或精神压力增大时，容易造成甲状腺素分泌过度，引起甲亢。因此，人体摄入碘的量必须合理。卫生部发布了《食品安全国家标准 食用盐碘含量》（GB 26878—2011）。该标准规定食用盐中碘含量的平均水平（以碘元素计）为 $20\sim30$ mg/kg，提出了食用盐中碘含量的允许范围为碘含量平均水平 ±30%。

食盐中碘的含量测定采用的是氧化还原滴定法，其方法是：称取 10 g（精确至 0.01 g）试样，置于 250 mL 碘量瓶中，加 50 mL 水溶解，加 2 mL 草酸—磷酸混合液、1.0 mL 次氯酸钠溶液，用水洗净瓶壁，放入玻璃珠 $4\sim5$ 粒，在电炉上加热至溶液刚沸腾时立即取下，水浴冷却至 30 ℃以下。加 5 mL 碘化钾溶液，摇匀，立即用硫代硫酸钠标准溶液滴定至浅黄色，加入 1 mL 淀粉指示剂，继续滴加至蓝色刚消失即为终点。同时做空白试验。

需要掌握：食盐中碘的含量测定原理是什么？能够列出食盐中碘的含量计算公式。

三、碘量法的滴定液

直接碘量法的标准溶液是碘溶液，间接碘量法的标准溶液是硫代硫酸钠溶液。

1. 碘滴定液的配制与标定

（1）配制方法。通常情况下，配制碘滴定液是用市售的碘，采用间接配制法。配制碘滴定液（0.05 mol/L）是取碘 13.0 g，加碘化钾 36 g 与水 50 mL 溶解后，加盐酸 3 滴与水适量使之达到 1 000 mL，摇匀，用垂熔玻璃滤器过滤。

配制碘滴定液时应注意：①加入适量的 KI，使 I_2 生成 I_3^-，这样既可增加 I_2 的溶解度，还能降低其挥发性。②加入少许盐酸，以除去碘中微量碘酸盐杂质，并可在滴定时中和配制 $Na_2S_2O_3$ 滴定液时加入的少量稳定剂 Na_2CO_3。③为防止少量未溶解的碘影响浓度的准确性，需用垂熔玻璃滤器过滤后再标定。④储存于棕色瓶中，密封，在阴凉处保存，以避免 KI 的氧化。

（2）标定方法。标定碘滴定液常用的基准物质是三氧化二砷（As_2O_3）。As_2O_3 虽然难溶于水，但可加 NaOH 溶液使其生成亚砷酸盐而溶解。为了使碘与亚砷酸盐反应定量进行，滴定前加入 $NaHCO_3$ 使溶液呈弱碱性（pH8 ~ 9）。标定反应如下：

$$As_2O_3 + 6NaOH \Longrightarrow 2Na_3AsO_3 + 3H_2O$$

$$Na_3AsO_3 + I_2 + 2NaHCO_3 \Longrightarrow Na_3AsO_4 + 2NaI + 2CO_2 \uparrow + H_2O$$

碘滴定液的浓度也可与已知准确浓度的 $Na_2S_2O_3$ 溶液用比较法求得，《中国药典》（2020 年版，四部）中规定用此法标定。

（3）操作步骤。精密量取本液 25 mL，置于碘瓶中，加水 100 mL 与盐酸溶液（9→100）1 mL，轻摇混匀，用硫代硫酸钠滴定液（0.1 mol/L）滴定至近终点时，加淀粉指示液 2 mL，继续滴定至蓝色消失。根据硫代硫酸钠滴定液（0.1 mol/L）的消耗量，算出本液的浓度，即得。

2. 硫代硫酸钠滴定液的配制与标定

（1）配制方法。硫代硫酸钠滴定液（0.1 mol/L）是取硫代硫酸钠 26 g 与无水碳酸钠 0.20 g，加新沸过的冷水适量使之溶解并稀释至 1 000 mL，摇匀，放置 1 个月后过滤。

配制硫代硫酸钠溶液时，应注意以下问题：$Na_2S_2O_3$ 固体易风化潮解，应先配制成近似浓度的溶液；$Na_2S_2O_3$ 溶液在放置过程中，溶解在水中的 CO_2 会使 $Na_2S_2O_3$ 分解；溶剂中如有嗜硫菌等微生物存在，能分解 $Na_2S_2O_3$，降低溶液的浓度；空气中的 O_2 能与 $Na_2S_2O_3$ 发生反应。因此，配制 $Na_2S_2O_3$ 溶液时，需要用新煮沸并冷却的纯化水，同时加入少量的 Na_2CO_3，使溶液呈弱碱性，以抑制细菌生长，又可防止 $Na_2S_2O_3$ 的分解。日光能促进 $Na_2S_2O_3$ 分解，故应将 $Na_2S_2O_3$ 溶液储存于棕色瓶中，放置暗处一段时间，待溶液稳定后再进行标定。

（2）标定方法。标定 $Na_2S_2O_3$ 溶液的基准物质很多，如重铬酸钾、碘酸钾、溴酸钾等，其中以重铬酸钾最常用。先准确称取一定量的 $K_2Cr_2O_7$，再加入过量的 KI，置换出来的 I_2 用 $Na_2S_2O_3$ 滴定液来滴定，标定反应如下：

$$Cr_2O_7^{2-} + 6I^- + 14H^+ \Longrightarrow 2Cr^{3+} + 3I_2 + 7H_2O$$

$$I_2 + 2S_2O_3^{2-} \Longrightarrow 2I^- + S_4O_6^{2-}$$

（3）操作步骤。取在 120 ℃ 干燥至恒重的基准重铬酸钾 0.15 g，精密称定，置于碘瓶中，加水 50 mL 使之溶解，加碘化钾 2.0 g，轻轻振摇使之溶解，加稀硫酸 40 mL，摇匀，密塞；在暗处放置 10 min 后，加水 250 mL 稀释，用本液滴定至近终点时，加淀粉指示液 3 mL，继续滴定至蓝色消失而显亮绿色，并将滴定的结果用空白试验校准。每 1 mL 硫代硫酸钠滴定液（0.1 mol/L）相当于 4.903 mg 的重铬酸钾。根据本液的消耗量与重铬酸钾的取用量，算出本液的浓度，即得。

标定时应注意：

1）控制溶液的酸度，提高溶液的酸度可使 $Cr_2O_7^{2-}$ 与 I^- 的反应速度加快，但是酸度过高又会加速 O_2 氧化 I^-。因此，$K_2Cr_2O_7$ 与 KI 反应时，酸度一般控制在 0.8 ~ 1 mol/L 为宜。

2）加入计算量 2 ~ 3 倍的 KI 可提高 $Cr_2O_7^{2-}$ 与 I^- 的反应速度，并将其置于碘量瓶中，水封，暗处放置 10 min，使置换反应完全。

3）滴定前需将溶液稀释，这样既可降低溶液酸度，减慢 I^- 被 O_2 氧化的速度，减少硫代硫酸钠的分解，还可降低 Cr^{3+} 的浓度，使其亮绿色变浅，以减小对终点颜色的干扰。

4）近终点时加入淀粉指示剂，滴定至溶液呈浅黄绿色时才能加入淀粉指示剂，不能过早加入，防止 I_2 被吸附太牢，使终点推迟。

5）加入淀粉指示剂后，继续用 $Na_2S_2O_3$ 滴定至溶液由蓝色消失而呈亮绿色，即为终点。若溶液迅速回蓝，表明 $Cr_2O_7^{2-}$ 与 I^- 的反应不完全，应重新标定。约 5 min 后溶液慢慢回蓝是空气中的 O_2 氧化 I^- 所引起的，不影响标定结果。

【实例分析】 ┄┄

轻粉是一种中药，主要成分为氯化亚汞（Hg_2Cl_2），白色有光泽的鳞片状或雪花状结晶，或结晶性粉末，遇光颜色缓缓变暗。外用具有杀虫、攻毒、敛疮之功效；内服具有祛痰消积、逐水通便之功效。外治用于疥疮、顽癣、疮疡、湿疹；内服用于痰涎积滞、水肿臌胀、二便不利。需要注意的是本品有毒，不可过量；内服慎用；孕妇禁服。《中国药典》（2020年版，一部）中规定轻粉（Hg_2Cl_2）含量测定的方法是取本品约 0.5 g，精密称定，置于碘瓶中，加水 10 mL，摇匀，再精密加碘滴定液（0.05 mol/L）50 mL，密塞，强力振摇至供试品大部分溶解后，再加入碘化钾溶液（5→10）8 mL，密塞，强力振摇至完全溶解，用硫代硫酸钠滴定液（0.1 mol/L）滴定，至近终点时，加淀粉指示液，继续滴定至蓝色消失。每 1 mL 碘滴定液（0.05 mol/L）相当于 23.61 mg 的氯化亚汞（Hg_2Cl_2）。

通过分析可知，间接碘量法测定轻粉（Hg_2Cl_2）的含量采取返滴定的方式，先向待测的轻粉溶液中加入定量过量的 I_2 标准溶液，充分反应后，再用 $Na_2S_2O_3$ 标准溶液返滴定剩余的 I_2，利用 I_2 的总量以及消耗的 $Na_2S_2O_3$ 量计算轻粉的含量。反应式如下：

$$Hg_2Cl_2 + I_2（过量）\Longrightarrow Cl_2 + Hg_2I_2$$

$$I_2（剩余）+ 2Na_2S_2O_3 \Longrightarrow 2NaI + Na_2S_4O_6$$

本部分需了解测定轻粉含量时，淀粉指示剂为什么在近终点时加入？

练一练

间接碘量法中加入淀粉指示剂的适宜时间是（　　　）。

A. 滴定开始时   B. 滴定至近终点时

C. 滴定至溶液呈无色时   D. 在滴定液滴定了 50% 后

E. 加过量碘化钾时

§9-3　高锰酸钾法

学习目标

1. 掌握高锰酸钾法的概念、基本原理。
2. 掌握高锰酸钾法的测定条件。
3. 掌握高锰酸钾滴定液的配制与标定。

一、基本原理与滴定条件

1. 基本原理

高锰酸钾法是在强酸性溶液中，以 $KMnO_4$ 为滴定液，直接或间接测定还原性或氧化性物质含量的分析方法。$KMnO_4$ 的氧化能力与溶液的酸度有关，在弱酸性、中性或弱碱性溶液中，$KMnO_4$ 氧化性并不强，且产物 MnO_2 为褐色，沉淀颜色较深，不利于观察滴定终点，应用有局限性。因此，高锰酸钾法通常在强酸性溶液中滴定。

$KMnO_4$ 自身呈现紫红色，在强酸性条件下被还原为 Mn^{2+} 后红色褪去，由于 Mn^{2+} 为近无色，故高锰酸钾自身可作为指示剂。像这种利用标准溶液或试样溶液本身颜色的变化来指示终点的方法称为自身指示剂法。

2. 滴定条件

（1）酸度。滴定时溶液酸度不足，滴定过程中会产生 MnO_2 沉淀，酸度过高，会导致高锰酸钾分解。溶液酸度一般控制在 $0.5 \sim 1 \, mol/L$ 左右。盐酸具有还原性，Cl^- 易被 $KMnO_4$ 氧化，而硝酸具有氧化性，易发生副反应。所以，高锰酸钾法调节酸度宜用稀硫酸，不用盐酸或硝酸。

（2）温度。有些物质与 $KMnO_4$ 在常温下反应速度慢。为了加快反应速度，可将溶液加热趁热滴定。但对于在空气中易氧化或加热易分解的物质，如亚铁盐、过氧化氢则不能加热。

（3）Mn^{2+} 催化作用。在实验时，可另加 $MnSO_4$ 催化剂加快反应速度。若不另加 $MnSO_4$

催化剂，利用 $KMnO_4$ 被还原生成的 Mn^{2+} 起自身催化作用，要注意刚开始滴定时反应慢，随着 Mn^{2+} 的不断生成，滴定速度可适当加快。

（4）滴定终点判断。$KMnO_4$ 可作为自身指示剂，测定无色或浅色还原剂，到达化学计量点时，稍微过量的高锰酸钾即可使溶液呈现粉红色，但浓度低至 0.002 mol/L 时，颜色较浅，难于判断终点，可用二苯胺磺酸钠等氧化还原指示剂指示滴定终点。

3. 滴定方式

高锰酸钾法应用范围很广，根据被测物的性质不同，常采取不同的滴定方式。

（1）直接滴定法。许多还原性较强的物质可用 $KMnO_4$ 标准溶液直接滴定测其含量，如 Fe^{2+}、$Na_2C_2O_4$、H_2O_2、As^{3+}、NO_2^- 等。

（2）返滴定法。一些氧化性物质不能用 $KMnO_4$ 标准溶液直接滴定，可采用返滴定法。如测定 MnO_2 含量时，先加入定量过量的 $Na_2C_2O_4$ 滴定液，待 MnO_2 与 $Na_2C_2O_4$ 反应完全后，再用 $KMnO_4$ 标准溶液滴定剩余的 $Na_2C_2O_4$ 滴定液，从而求出 MnO_2 的含量。

（3）间接滴定法。有些不具有氧化性或还原性的物质，不能采用以上两种滴定方式进行滴定，但这些物质能与另一种氧化剂或还原剂定量反应，可采用间接滴定法测定。如测定 Ca^{2+} 含量时，可先用 $Na_2C_2O_4$ 溶液将 Ca^{2+} 转变为 CaC_2O_4 沉淀，再用稀 H_2SO_4 将沉淀溶解，然后用 $KMnO_4$ 标准溶液滴定溶液中的 $C_2O_4^{2-}$，间接求得 Ca^{2+} 含量。

【知识链接】

高锰酸钾

高锰酸钾是紫红色、细长的棱形结晶或颗粒，带有金属光泽，无臭。与有机物、还原剂、易燃物如硫、磷等接触或混合时有引起燃烧爆炸的危险，遇甘油能引起自燃。

1. 健康危害

高锰酸钾有毒，且有一定的腐蚀性。吸入后可引起呼吸道损害。溅入眼睛内，会刺激结膜，重者可导致灼伤。刺激皮肤后呈棕黑色，浓溶液对皮肤有腐蚀性，对组织有刺激性。口服后，会严重腐蚀口腔和消化道。口服剂量大者，口腔黏膜呈棕黑色、肿胀糜烂，会造成胃出血、肝肾损害、腹痛呕吐、血便、休克，高锰酸钾纯品致死量约为 10 g。

2. 急救措施

皮肤接触，立即脱去被污染的衣物，用大量流动清水冲洗至少 15 min，就医。眼睛接触，立即提起眼睑，用大量流动清水或生理盐水彻底冲洗至少 15 min，就医。吸入，迅速脱离现场至空气新鲜处，保持呼吸道通畅，如呼吸困难，给吸氧，就医。食入，用水漱口，给饮牛奶或蛋清，就医。

3. 应用广泛

在化学品生产中，广泛用作氧化剂，如用作制糖精、维生素C、异烟肼及安息香酸的氧化剂；医药中用作防腐剂、消毒剂、除臭剂及解毒剂；在水质净化及废水处理中，作水处理剂，以氧化硫化氢、酚、铁、锰和有机、无机等多种污染物，控制臭味和脱色。还用作漂白剂、吸附剂、着色剂及消毒剂等。

4. 医药中的应用

高锰酸钾是医药中常用的氧化剂，水溶液为紫红色，临床上常用 0.02% ~ 0.1% KMnO₄ 水溶液洗涤创口、黏膜、膀胱、痔疮等，其有防感染、止痒、止痛等功效。也可用于吗啡、巴比妥类药物中毒时的洗胃剂，可通过氧化胃中残留的药物或毒物使其失效。生活中常用 0.3% 的 KMnO₄ 溶液对浴具、痰盂等进行消毒，用 0.01% 的 KMnO₄ 溶液浸洗水果、蔬菜 5 min 即可达到杀菌的目的。

二、高锰酸钾滴定液的配制与标定

1. 高锰酸钾滴定液的配制

市售 KMnO₄ 含少量的 MnO₂ 等杂质，同时纯化水中常含有微量的还原性物质，它们都能够还原高锰酸钾。另外，光、热都能促使 KMnO₄ 分解。因此，KMnO₄ 滴定液不能用直接配制法配制，应先配制近似浓度的溶液，再用基准物质进行标定。

《中国药典》（2020 年版，四部）中规定，0.02 mol/L 高锰酸钾滴定液的配制方法是取高锰酸钾 3.2 g，加水 1 000 mL，煮沸 15 min，密塞，静置 2 日以上，用垂熔玻璃滤器过滤，摇匀。需要注意应置于玻璃塞的棕色玻璃瓶中，密闭保存。

2. 高锰酸钾滴定液的标定

标定高锰酸钾溶液的基准物质是草酸钠，草酸钠不含结晶水，性质稳定，易提纯。标定方法是取在 105 ℃ 干燥至恒重的基准草酸钠约 0.2 g，精密称定，加新沸过的冷水 250 mL 与硫酸 10 mL，搅拌使之溶解，自滴定管中迅速加入本液约 25 mL（边加边振摇，以避免产生沉淀），待褪色后，加热至 65 ℃，继续滴定至溶液显微红色并保持 30 s 不褪色；当滴定终了时，溶液温度应不低于 55 ℃。每 1 mL 高锰酸钾滴定液（0.02 mol/L）相当于 6.70 mg 的草酸钠。根据本液的消耗量与草酸钠的取用量，算出本液的浓度，即得。其标定反应如下：

$$5C_2O_4^{2-} + 2MnO_4^- + 16H^+ \rightleftharpoons 2Mn^{2+} + 10CO_2\uparrow + 8H_2O$$

为了使标定反应快速定量进行，应注意以下事项：

（1）酸度。反应在硫酸溶液中进行，酸度过低会生成 MnO₂，过高会引起草酸根分解。

（2）温度。反应在室温下较慢，故须将溶液加热到 65 ℃，趁热滴定。注意温度不要高于 90 ℃，否则会引起草酸根分解，低于 55 ℃ 反应较慢。

（3）滴定速度。在室温下该反应速度很慢，加入第一滴 KMnO₄ 标准液后即使充分振摇，溶液颜色也不易消失，故采用刚开始滴定时，快速加入大部分 KMnO₄ 标准溶液，然后加热，再趁热继续滴定至终点。

（4）终点判断。高锰酸钾可作为自身指示剂，滴定至终点时以粉红色保持 30 s 不褪色为滴定终点。

【实例分析】

过氧化氢溶液为无色澄清液体；无臭或有类似臭氧的气味；遇氧化物或还原物即迅速分解并产生泡沫，遇光易变质。过氧化氢溶液是一种重要的无机化工产品，在化学工业、医药工业、印染工业和食品行业等领域有广泛的应用，可作为氧化剂、消毒剂、漂白剂等使用。过氧化氢溶液（医用）适用于化脓性外耳道炎和中耳炎、文森口腔炎、齿龈脓漏、扁桃体炎及清洁伤口。《中国药典》（2020 年版，二部）中规定过氧化氢溶液含量测定的方法是：精密量取本品 5 mL，置于 50 mL 量瓶中，用水稀释至刻度，摇匀，精密量取 10 mL，置于锥形瓶中，加稀硫酸 20 mL，用高锰酸钾滴定液（0.02 mol/L）滴定。每 1 mL 高锰酸钾滴定液（0.02 mol/L）相当于 1.701 mg 的 H_2O_2。

问题：过氧化氢与高锰酸钾发生什么反应？加入稀硫酸的目的是什么？

练一练

高锰酸钾标准溶液应采用_____法配制。标定高锰酸钾标准溶液常用的基准物质是_____，滴定时用_____调节强酸性，终点的颜色是_____。

§9-4　亚硝酸钠法

学习目标

1. 掌握亚硝酸钠法的概念、原理和测定条件。
2. 掌握亚硝酸钠滴定液配制与标定。
3. 熟悉亚硝酸钠法终点指示方法。

一、基本原理和测定条件

1. 基本原理

以亚硝酸钠为滴定液的氧化还原滴定法称为亚硝酸钠法。

在酸性介质中，以亚硝酸钠与芳香伯胺类化合物发生重氮化反应，生成芳香伯胺的重氮盐。用亚硝酸钠滴定液滴定芳香伯胺类化合物的方法称为重氮化滴定法。

在酸性介质中，以亚硝酸钠与芳香仲胺类化合物发生亚硝基化反应。用亚硝酸钠滴定液滴定芳香仲胺类化合物的方法称为亚硝基化滴定法。

芳香伯胺类化合物、芳香仲胺类化合物与亚硝酸钠反应的化学计量关系均为 1:1。在亚硝酸钠法中，以重氮化滴定法最为常用。

2. 测定条件

重氮化滴定法在亚硝酸钠法中最为常用，在进行重氮化滴定时要注意以下各项滴定条件的选择与控制。

（1）酸的种类和酸度。重氮化滴定法的滴定速度与酸的种类有关。在氢溴酸中反应最快，在盐酸中次之，在硫酸和硝酸中反应较慢。但因氢溴酸价格较贵，芳香伯胺盐酸盐在盐酸中比较稳定，便于观察终点，故常用盐酸，浓度一般控制在 1 mol/L 左右，酸度过高会阻碍芳香伯胺的游离；若酸度不足，不但生成的重氮盐容易分解，而且容易与未反应的芳香伯胺发生偶联反应，使测定结果偏低。

（2）反应温度和滴定速度。重氮化滴定法的反应速度随温度的升高而加快，但温度升高会使亚硝酸和滴定产物重氮盐迅速分解，故一般规定在 15～25 ℃以下进行滴定。《中国药典》（2020 年版）规定，滴定时将滴定管尖插入液面下约 2/3 处，用亚硝酸钠滴定液迅速滴定，随滴随搅拌，至近终点时，将滴定管的尖端提出液面，用少量水淋洗尖端，洗液并入溶液中，继续缓缓滴定至终点。这样，开始在液面下生成的 HNO_2 迅速扩散并立即与芳香伯胺作用，使之来不及分解与逸失即可作用完全。

（3）苯环上取代基团的影响。芳香伯胺对位有其他取代基团存在时，会影响重氮化反应的速度。一般来说，吸电子基团，如—X、—NO_2、—SO_3H、—COOH 等，可使反应加快。斥电子基团（如—OH、—R、—OR 等）会减慢反应速度。对于反应较慢的重氮化反应，常在滴定时加入适量的 KBr 作催化剂，以提高反应速度。

【知识链接】

亚硝酸钠

亚硝酸钠是亚硝酸根离子与钠离子化合生成的无机盐。其产品易潮解，易溶于水和液氨，其水溶液呈碱性，无气味，略有咸味。外观为白色或微带淡黄色的晶体，形状很像食盐，具有氧化性兼具还原性。在空气中会缓慢氧化成硝酸钠，在低温下易与氨基形成重氮化合物。

亚硝酸钠可用作织物染色的媒染剂，丝绸、亚麻的漂白剂，金属热处理剂，电镀缓蚀剂，化学分析试剂以及制造亚硝酸钾、硝基化合物、偶氮染料等的原料。肉类制品加工中用作发色剂，可用于肉类罐头、肉类制品。在肉制品中对抑制微生物的增殖有一定作用（对肉毒梭状芽孢杆菌有特殊抑制作用），能提高腌肉的风味。在医药工业中用于制造乙胺嘧啶、氨基吡啶等。在农药工业中用于制造杀虫剂。

亚硝酸盐对人体有害，可使血液中的低铁血红蛋白氧化成高铁血红蛋白，失去运输氧的能力而引起组织缺氧性损害。亚硝酸盐不仅是致癌物质，而且摄入 0.2～0.5 g 即可引起食物中毒，3 g 可致死。而亚硝酸盐是食品添加剂的一种，起着色、防腐作用，广泛用于熟肉类、灌肠类和罐头等动物性食品。鉴于亚硝酸盐对肉类腌制具有多种有益的功能，现在世界各国仍允许用它来腌制肉类，但严加限制其用量，在规定限量内对人体无影响。亚硝酸钠在医药上也有应用，对于氰化物中毒，用亚硝酸钠注射液可解毒。

二、终点指示方法

1. 外指示剂

亚硝酸钠法常用的外指示剂为 KI—淀粉指示剂或 KI—淀粉试纸。使用时不能直接加到被测物质的溶液中，因为亚硝酸钠与芳香伯胺反应前，会将碘化钾氧化成碘，导致终点无法观察。因此只能在接近化学计量点时，用玻璃棒蘸取少许溶液在外面与 KI—淀粉指示剂迅速接触，若立即出现蓝色，则可确定终点到达。外指示剂法操作麻烦，终点不易掌握，若滴定液蘸取次数过多，容易造成损失，影响测定结果的准确性。

2. 内指示剂

亚硝酸钠法也可使用内指示剂来确定终点。内指示剂以橙黄Ⅳ、中性红、二苯胺和亮甲酚蓝应用最多。使用内指示剂操作简便，但变色不够敏锐，尤其重氮盐有色时更难观察。鉴于内、外指示剂法均有相应的缺点，《中国药典》（2020 年版）采用永停滴定法判断亚硝酸钠法滴定终点，可得到准确的分析结果，永停滴定法见第十章第四节。

三、亚硝酸钠滴定液的配制与标定

1. 亚硝酸钠滴定液的配制

亚硝酸钠固体易潮解，易被空气中的氧气氧化，通常采取间接法配制其滴定液。亚硝酸钠水溶液不稳定，放置后浓度显著下降，配制滴定液时，应加入少量碳酸钠作为稳定剂，使溶液呈弱碱性（pH≈10），以维持其浓度在三个月内基本不变。亚硝酸钠水溶液见光易分解，应置于带玻璃塞的棕色玻璃瓶中保存，滴定时应用棕色滴定管盛装。

0.1 mol/L 亚硝酸钠滴定液的配制方法是：取亚硝酸钠 7.2 g，加无水碳酸钠（Na_2CO_3）0.10 g，加水适量使之溶解达到 1 000 mL，摇匀。

2. 亚硝酸钠滴定液的标定

标定亚硝酸钠滴定液常用对氨基苯磺酸作基准物质。对氨基苯磺酸为分子内盐，在水中溶解缓慢，须先用氨水溶解，再加盐酸，使其成为对氨基苯磺酸盐。0.1 mol/L 亚硝酸钠滴定液的标定方法：取在 120 ℃ 干燥至恒重的基准对氨基苯磺酸约 0.5 g，精密称定，加水 30 mL 与浓氨试液 3 mL，溶解后，加盐酸（1→2）20 mL，搅拌，在 30 ℃ 以下用本液迅速滴定，滴定时将滴定管尖端插入液面下约 2/3 处，随滴随搅拌；至近终点时，将滴定管尖端提出液面，用少量水洗涤尖端，洗液并入溶液中，继续缓缓滴定，用永停滴定法指示终点。每 1 mL 亚硝酸钠滴定液（0.1 mol/L）相当于 17.32 mg 的对氨基苯磺酸。根据本液的消耗量与对氨基苯磺酸的取用量，算出本液浓度，即得。

【实例分析】

盐酸普鲁卡因是常用的局部麻醉药，片剂用于缓解神经衰弱、神经衰弱综合征及植物神经功能紊乱的症状。盐酸普鲁卡因注射液适用于浸润麻醉、阻滞麻醉、腰椎麻醉、硬膜外麻醉及封闭疗法等。《中国药典》（2020 年版、二部）中盐酸普鲁卡因的含量测定方法是取本品约 0.6 g，精密称定，按照永停滴定法，在 15～25 ℃，用亚硝酸钠滴定液（0.1 mol/L）滴定。每 1 mL 亚硝酸钠滴定液（0.1 mol/L）相当于 27.28 mg 的 $C_{13}H_{20}N_2O_2 \cdot HCl$。

问题：盐酸普鲁卡因的含量测定方法是哪种？为什么控制温度在 15～25 ℃？

练一练

（多选）可用作判断亚硝酸钠法滴定终点的有（　　　）。

A. KI－淀粉试纸　　　B. 淀粉　　　C. 橙黄Ⅳ　　　D. 中性红　　　E. 二苯胺

实训八　维生素 C 含量测定

一、实训目的

1. 掌握直接碘量法的基本原理及指示剂的选择。

2. 掌握直接碘量法测定维生素 C 含量的方法及操作技能。

3. 会直接碘量法滴定终点的判断，能熟练利用淀粉指示剂确定滴定终点。

4. 会计算维生素 C 的含量。

二、实训原理

维生素 C 又称抗坏血酸，分子式 $C_6H_8O_6$，摩尔质量 176.13 g/mol。维生素 C 具有还原性，可被碘定量氧化，因而可用碘标准溶液直接滴定。由于维生素 C 的还原性很强，较易被溶液和空气中的氧氧化，在碱性介质中这种氧化作用更强，因此滴定宜在酸性介质中进行，以减少副反应的发生。考虑到 I^- 在强酸性溶液中也易被氧化，故一般选在弱酸性溶液中进行滴定。

三、器材准备

仪器：电子天平（0.1 mg）、称量瓶、棕色滴定管（50 mL）、锥形瓶（250 mL）、碘量瓶（250 mL）、垂熔玻璃滤器、移液管（25 mL）、棕色试剂瓶（250 mL）、铁架台、蝴蝶夹、研钵等。

试剂：I_2（AR）、KI（AR）、维生素 C（药用）、0.05 mol/L I_2 溶液（待标定）、基准物 As_2O_3、1 mol/L NaOH 溶液、0.5 mol/L H_2SO_4 溶液、$NaHCO_3$（s）、2 mol/L HAc 溶液、0.1 mol/L $Na_2S_2O_3$ 滴定液（已标定）、淀粉指示液、甲基橙指示剂等。

四、实训内容与步骤

1. 碘滴定液的配制与标定

（1）碘滴定液（0.05 mol/L）的配制。取碘 13.0 g，加碘化钾 36 g 与水 50 mL 溶解后，加盐酸 3 滴与水适量，使之达到 1 000 mL，摇匀，用垂熔玻璃滤器过滤。滤液置于棕色试剂瓶中，在阴暗处保存。

（2）碘滴定液（0.05 mol/L）的标定。取在 105 ℃ 干燥至恒重的基准物 As_2O_3（剧毒！），精密称定 0.15 g 于碘量瓶中，加 10 mL 1 mol/L NaOH 溶液，微热使之溶解，加 20 mL 水、1 滴甲基橙指示剂，滴加 0.5 mol/L H_2SO_4 溶液中和剩余的 NaOH，使溶液由黄色转变为粉红色，再加 2 g $NaHCO_3$、50 mL 水、2 mL 淀粉指示液，用待标定 I_2 溶液滴定至溶液显浅蓝色，即为终点。

《中国药典》（2020 年版，四部）中规定，碘滴定液（0.05 mol/L）的标定方法是用已知准确浓度的 0.1 mol/L 硫代硫酸钠滴定液比较法标定，方法如下：精密量取 25.00 mL 碘溶液置于 250 mL 碘瓶中，加 100 mL 水与盐酸溶液（9→100）1 mL，轻摇混匀，用已标定的硫代硫酸钠滴定液滴定至浅黄色（近终点），加入 2 mL 淀粉指示液，继续滴定至蓝色刚好消失，即为终点。做空白试验校准。根据硫代硫酸钠滴定液（0.1 mol/L）的消耗量，算出本液的浓度，即得。

2. 维生素 C 含量测定

《中国药典》（2020 年版，二部）中维生素 C 含量测定的方法：精密称定适量试样（约相当于维生素 C 0.2 g）于 250 mL 碘量瓶中，加入新煮沸并冷却至室温的水 100 mL 与稀醋酸 10 mL，使之溶解，加 1 mL 淀粉指示液，立即用碘滴定液（0.05 mol/L）滴定至溶液显蓝色，30 s 内不褪色，即为终点。每 1 mL 碘滴定液（0.05 mol/L）相当于 8.806 mg 的维生素 C（$C_6H_8O_6$）。

3. 数据记录及处理

维生素 C 含量测定数据记录见表 9-1。

表 9-1　　　　　　　　　　　　维生素 C 含量测定数据记录

检品编号：

检品名称				检验日期	
批　　号		规　　格		完成日期	
生产单位或产地		包　　装		检 验 者	
供样单位		有 效 期		核 对 者	
检验项目		检品数量		检品余量	
检验依据					

分析天平型号编号：　　　　　　温度：　　　　湿度：

硫代硫酸钠滴定液浓度：　　　　批号：

稀醋酸批号：　　　　　　　　　淀粉指示液批号：

碘滴定液批号：

	1	2	3
碘滴定液实际浓度 $c_{实际浓度}$/（mol/L）			
维生素 C 滴定分析用量/g			
碘标准溶液初读数/mL			
碘标准溶液终读数/m			
V/mL			
维生素 C 的百分含量			
维生素 C 的百分含量平均值			

续表

结果绝对偏差
结果平均偏差
相对平均偏差

标准规定：
结论：

五、实训测评

按表 9 - 2 所列评分标准进行测评，并做好记录。

表 9 - 2 实训评分标准

序号	考核内容	考核标准	配分	得分
1	称量操作	天平操作规范，动作正确	8	
2	称量范围	在规定范围内称量	6	
3	称量结束工作	复原清扫天平、登记	6	
4	配制淀粉指示液	临用新制，配制正确	8	
5	配制稀醋酸	操作规范，配制正确	8	
6	移液管的使用	移液管的洗涤、润洗、吸取溶液、调刻度、放溶液正确	10	
7	滴定管的使用	滴定管的洗涤、试漏、润洗、装液、排气、调零正确	10	
8	量筒的使用	量筒量取溶液动作规范	4	
9	滴定操作	滴定速度控制适当，与摇瓶配合紧密	8	
10	滴定终点	终点判断正确	4	
11	空白实验	空白实验测定规范	6	
12	滴定管读数	停留30 s读数，读数正确	4	
13	原始数据记录	原始数据记录及时、正确、规范、整齐	4	
14	数据记录及处理	计算正确，有效数字保留正确，修改规范	4	
15	报告单填写正确	报告单填写规范，缺项扣2分	6	
16	整理实验台面	实验后试剂、仪器放回原处	2	
17	清理物品	废液、纸屑不乱扔乱倒	2	
	合计		100	

【注意事项】

1. 一定要待碘完全溶解后再转移，配制和装液时应戴上手套。实验完毕，剩余的碘滴定液应倒入回收瓶中。

2. 碘易受有机物的影响，不可使用软木塞、橡胶塞，并应储存于棕色瓶内避光保存。碘滴定液不能装在碱式滴定管中。为防止碘的挥发，量取碘滴定液后应立即盖好瓶塞。

3. 掌握碘滴定液滴定时体积的正确读数方法。

4. 平行实验容易产生主观误差，读取滴定管体积时应实事求是，不要受前次读数的影响。

5. 维生素 C 的滴定反应多在酸性溶液中进行，因在酸性介质中维生素 C 受空气中氧气的氧化速度稍慢，较为稳定。但试样溶于稀酸后，仍需立即进行滴定。

6. 维生素 C 在有水或潮湿的情况下易分解。

7. 滴定至近终点时应充分振摇，并减慢滴定速度。

实训九　高锰酸钾滴定液的配制与标定

一、实训目的

1. 掌握高锰酸钾标准溶液的配制方法和保存条件。
2. 掌握采用 $Na_2C_2O_4$ 作基准物标定高锰酸钾标准溶液的方法。
3. 掌握 $KMnO_4$ 自身指示剂指示终点的方法。
4. 了解自动催化反应的特点。

二、实训原理

市售的 $KMnO_4$ 试剂常含有少量 MnO_2 和其他杂质，如硫酸盐、氯化物及硝酸盐等；蒸馏水中常含有少量的有机物质，能使 $KMnO_4$ 还原，且还原产物能促进 $KMnO_4$ 自身分解，见光分解更快。因此，$KMnO_4$ 的浓度容易改变，不能用直接法配制准确浓度的高锰酸钾标准溶液。

标定 $KMnO_4$ 的基准物质较多，其中以 $Na_2C_2O_4$ 最常用，$Na_2C_2O_4$ 不含结晶水，不易吸湿，性质稳定。在酸性溶液中，用 $Na_2C_2O_4$ 标定 $KMnO_4$ 的反应为：

$$2MnO_4^- + 5C_2O_4^{2-} + 16H^+ =\!=\!= 2Mn^{2+} + 10CO_2\uparrow + 8H_2O$$

此反应在室温下进行很慢，须加热至 75～85 ℃，加快反应的进行。但温度也不宜过高，否则容易引起草酸部分分解。

在滴定过程中，必须保持溶液一定的酸度，否则容易产生 MnO_2 沉淀，引起误差。调节酸度须用硫酸。由于 $KMnO_4$ 溶液本身具有特殊的紫红色，滴定时 $KMnO_4$ 溶液稍过量，即可看到溶液呈淡粉色表示终点已到，故称 $KMnO_4$ 为自身指示剂。

三、器材准备

仪器：分析天平、棕色滴定管（50 mL）、锥形瓶（500 mL）、垂熔玻璃滤器、棕色试剂瓶（250 mL）、量筒、称量瓶、电炉、铁架台、蝴蝶夹、玻璃棒、洗瓶等。

试剂：$KMnO_4$ 固体、H_2SO_4 溶液，基准 $Na_2C_2O_4$（在 105～110 ℃烘干至恒重备用）。

四、实训内容与步骤

1. 高锰酸钾滴定液（0.02 mol/L）的配制

取高锰酸钾 3.2 g，加水 1 000 mL，煮沸 15 min，密塞，静置 2 日以上，用垂熔玻璃滤器过滤，摇匀。滤液储存于带玻璃塞的棕色玻璃瓶中，密闭保存。

2. 高锰酸钾滴定液（0.02 mol/L）的标定

《中国药典》（2020 年版，四部）中规定，取在 105 ℃干燥至恒重的基准草酸钠约 0.2 g，精密称定，加新沸过的冷水 250 mL 与硫酸 10 mL，搅拌使之溶解，自滴定管中迅速加入本液约 25 mL（边加边振摇，以避免产生沉淀），待褪色后，加热至 65 ℃，继续滴定至溶液显微红色并保持 30 s 不褪；当滴定终了时，溶液温度应不低于 55 ℃，每 1 mL 高锰酸钾滴定液（0.02 mol/L）相当于 6.70 mg 的草酸钠。根据本液的消耗量与草酸钠的取用量，算出本液的浓度，即得。

3. 数据记录及处理

高锰酸钾滴定液的标定数据记录见表 9 – 3。

表 9 – 3 高锰酸钾滴定液的标定数据记录

检品编号：

滴定液名称				检验日期	
批　　号		浓　　度		完成日期	
配 制 人		包　　装		检 验 者	
配制单位		有 效 期		核 对 者	
检验项目		检品数量		检品余量	
检验依据					

温度：　　　　　　　　　　　　　　　湿度：

分析天平型号编号：　　　　　　　　　高锰酸钾滴定液批号：

硫酸批号：　　　　　　　　　　　　　基准草酸钠批号：

　　　　　　　　　　　　　1　　　　　　2　　　　　　3

基准草酸钠质量/g

滴定管初读数/mL

滴定管终读数/mL

V/mL

高锰酸钾滴定液的浓度/（mol/L）

高锰酸钾滴定液的平均浓度/（mol/L）

结果绝对偏差

结果平均偏差

相对平均偏差

标准规定：

结论：

五、实训测评

按表 9 – 4 所列评分标准进行测评，并做好记录。

表 9 - 4　　　　　　　　　　　　　　实训评分标准

序号	考核内容	考核标准	配分	得分
1	称量操作	天平操作规范，动作正确	8	
2	高锰酸钾称量范围	在规定范围内称量	8	
3	称量结束工作	复原清扫天平、登记	6	
4	滴定液的配制与保存	配制正确，按照要求保存	8	
5	基准草酸钠称量范围	在规定范围内称量	8	
6	量筒的使用	量筒量取溶液动作规范	4	
7	加热操作	正确使用加热设备	8	
8	滴定管的使用	滴定管的洗涤、试漏、润洗、装液、排气、调零正确	10	
9	滴定操作	滴定速度控制适当，与摇瓶配合紧密	8	
10	滴定终点	终点判断正确	4	
11	空白实验	空白实验测定规范	6	
12	滴定管读数	停留 30 s 读数，读数正确	4	
13	原始数据记录	原始数据记录及时、正确、规范、整齐	4	
14	数据记录及处理	计算正确，有效数字保留正确，修改规范	4	
15	报告单填写正确	报告单填写规范，缺项扣 2 分	6	
16	整理实验台面	实验后试剂、仪器放回原处	2	
17	清理物品	废液、纸屑不乱扔乱倒	2	
	合计		100	

【注意事项】

1. 在酸性加热情况下 $KMnO_4$ 溶液容易分解、滴定速度不得过快。

2. 滴定至近化学计量点时，溶液温度应不低于 55 ℃，否则会因反应速度慢而影响终点的观察和准确度。

3. 滴定速度要和反应速度相一致，开始滴定时，反应很慢，在第一滴 $KMnO_4$ 还没有完全褪色以前，不可加入第二滴。当反应生成能使反应速度加快的 Mn^{2+} 后，可以适当加快滴定速度，近终点时滴定速度逐渐放慢。

4. 加热时，锥形瓶外壁要擦干，以防炸裂。

5. 在室温条件下，高锰酸钾与草酸钠之间的反应速度缓慢，故应加热提高反应速度。但温度又不能太高，如温度超过 85 ℃则有部分草酸分解。

6. 高锰酸钾滴定液滴定时的终点较不稳定，当溶液出现微红色，在 30 s 内不褪色时，滴定就可认为已经完成。

目标检测

一、选择题

1. 使用高锰酸钾法测定 H_2O_2 含量，调节酸度时应选用（　　）。

A. 醋酸　　　　　　　　B. 盐酸　　　　　　　　C. 硝酸　　　　　　　　D. 硫酸

2. 间接碘量法加入淀粉指示剂的适宜时间是（　　）。

A. 滴定开始前　　　　　　　　　　　B. 滴定开始后

C. 滴定至近终点时　　　　　　　　　D. 加入过量碘化钾时

3. 间接碘量法若酸度过高，将会发生（　　）的现象。

A. 反应不定量　　　　　　　　　　　B. I_2 易挥发

C. 终点不明显　　　　　　　　　　　D. I_2 被氧化，$Na_2S_2O_3$ 被分解

4. 下列滴定法中，不用另外加指示剂的是（　　）。

A. 重铬酸钾法　　　　B. 亚硝酸钠法　　　　C. 碘量法　　　　D. 高锰酸钾法

5. 对高锰酸钾滴定法，下列说法错误的是（　　）。

A. 可在盐酸介质中进行滴定　　　　　B. 直接法可测定还原性物质

C. 标准滴定溶液用间接法制备　　　　D. 在硫酸介质中进行滴定

6. 在间接碘量法测定中，下列操作正确的是（　　）。

A. 边滴定边快速摇动

B. 加入过量 KI，并在室温和避免阳光直射的条件下滴定

C. 在 70 ~ 80 ℃恒温条件下滴定

D. 滴定一开始就加入淀粉指示剂

7. 直接碘量法应控制的条件是（　　）。

A. 强酸性　　　　　　B. 强碱性　　　　　　C. 中性或弱碱性　　　　D. 中性

8. 直接碘量法应控制的酸度条件错误的是（　　）。

A. 弱碱性　　　　　　B. 强碱性　　　　　　C. 中性　　　　　　　　D. 弱酸性

9. 在间接碘量法中，加入 KI 的作用是（　　）。

A. 作氧化剂　　　　　B. 作还原剂　　　　　C. 作掩蔽剂　　　　　　D. 作沉淀剂

10. 在碘量法中，为了减少碘的挥发，采用的措施错误的是（　　）。

A. 使用碘量瓶　　　　　　　　　　　B. 加入过量 KI

C. 滴定时不要剧烈摇动　　　　　　　D. 滴定时加热

11. 高锰酸钾法确定终点是依靠（　　）。

A. 酸碱指示剂　　　B. 吸附指示剂　　　C. 金属指示剂　　　D. 自身指示剂

12. 高锰酸钾法测定 Ca^{2+} 时，所用的滴定方式是（　　　）。

A. 置换滴定法　　　　B. 间接法　　　　C. 返滴定法　　　　D. 剩余滴定法

13. 用基准草酸钠标定高锰酸钾标准溶液选用的指示剂是（　　　）。

A. 铬酸钾指示剂　　　　　　　　　B. 淀粉指示剂

C. 高锰酸钾自身指示剂　　　　　　D. 酚酞指示剂

14. 氧化还原滴定法的分类依据是（　　　）。

A. 滴定方式不同　　　　　　　　　B. 所用指示剂不同

C. 配制标准溶液所用的氧化剂不同　　D. 测定对象不同

15. 在碘量法中，判断滴定终点错误的是（　　　）。

A. 直接碘量法以溶液出现蓝色为终点

B. 间接碘量法以溶液蓝色消失为终点

C. 用碘标准溶液滴定硫代硫酸钠溶液时以溶液出现蓝色为终点

D. 自身指示剂判断终点

二、判断题

1. 高锰酸钾标准溶液可用直接法配制。（　　　）

2. 在碘量法中加入过量 KI 的作用之一是与 I_2 形成 I_3^-，以增大 I_2 溶解度，降低 I_2 的挥发性。（　　　）

3. 在盐酸介质中用 $KMnO_4$ 滴定 Fe^{2+} 时，将产生正误差。（　　　）

4. 直接碘量法用 I_2 标准溶液滴定还原性物质，间接碘量法用 KI 标准溶液滴定氧化性物质。（　　　）

5. 升高温度能提高氧化还原反应的速度，故在酸性溶液中用 $KMnO_4$ 滴定 $C_2O_4^{2-}$ 时，必须加热至沸腾才能保证正常滴定。（　　　）

三、问答题

1. 碘量法的主要误差来源是什么？为什么碘量法不适宜在高酸度或高碱度介质中进行？

2. 氧化还原反应用于滴定反应，需要具备什么条件？

3. 高锰酸钾法有哪些滴定方式？适用于测定什么物质？

4. 配制碘标准溶液时，为什么要加入过量的碘化钾？

5. 用高锰酸钾法测定还原性物质含量时，能否用硝酸或者盐酸调节溶液的酸度？

四、计算题

1. 标定 0.1 mol/L $Na_2S_2O_3$ 溶液时，依法操作，称取基准 $K_2Cr_2O_7$ 0.153 6 g，终点时消耗 $Na_2S_2O_3$ 溶液 30.12 mL，空白试验用去 0.04 mL，计算 $Na_2S_2O_3$ 溶液的浓度。

2. 精密称取于 105 ℃ 干燥至恒重的基准草酸钠 0.202 0 g，加入新沸过的冷水 25 mL 和 3 mol/L H_2SO_4 溶液 10 mL，使其溶解，然后从滴定管中迅速加入待标定的高锰酸钾标准溶液约 25 mL（边加边振摇，以避免产生沉淀），待褪色后，加热至 65 ℃，继续滴定至溶液显微红色并保持 30 s 不褪色；当滴定终了时，溶液温度为 56 ℃，消耗高锰酸钾滴定液 30.12 mL，计算高锰酸钾标准溶液的浓度。

3. 精密称取 0.113 6 g 基准物质 $K_2Cr_2O_7$，溶于水，酸化后加入足量 KI，用硫代硫酸钠标准液滴定，消耗体积 24.65 mL，求硫代硫酸钠标准液的浓度。

4. 用刻度吸管吸取 1.00 mL H_2O_2 样品液，置于盛有约 20 mL 纯化水的锥形瓶中，加 3 mol/L H_2SO_4 溶液 10 mL，用 0.020 00 mol/L 高锰酸钾标准溶液滴定至微红色（30 s 不褪色），消耗高锰酸钾标准溶液的体积是 20.40 mL，计算 H_2O_2 的含量。

第十章

电位分析法和永停滴定法

学习引导

维生素 B$_{12}$ 注射液，主要用于巨幼细胞性贫血，也可用于神经炎的辅助治疗。本品为抗贫血药。维生素 B$_{12}$ 参与体内甲基转换及叶酸代谢，促进 5—甲基四氢叶酸转变为四氢叶酸。缺乏维生素 B$_{12}$ 时，会导致 DNA 合成障碍，影响红细胞的成熟。本品还可促使甲基丙二酸转变为琥珀酸，参与三羧酸循环。此作用关系到神经髓鞘脂类的合成及维持有髓神经纤维功能完整，维生素 B$_{12}$ 缺乏症的神经损害可能与此有关。药物溶液的 pH 值会影响药物的稳定性和溶解性，《中国药典》规定，维生素 B$_{12}$ 注射液的 pH 值测定应为 4.0 ~6.0（通则 0631）。

那么我们之前学过的药物溶液 pH 值的测定方法都有哪些？这些方法都有什么特点？当这些方法都不适用时，如何准确测定药物溶液 pH 值呢？

本章主要介绍直接电位法、电位滴定法及永停滴定法。

§10−1 概述

 学习目标

1. 掌握指示电极和参比电极的概念、作用、要求和分类。
2. 熟悉原电池和电解池的概念、组成和作用原理。

电化学分析法是应用电化学原理和物质的电化学性质进行分析的方法，即以试样溶液和适当的电极构成化学电池，根据电池电化学参数（如电位、电流、电导、电量等）的强度或变化情况对被测组分进行分析的方法。

电化学分析法的基本装置是化学电池，化学电池是一种电化学反应器，由两个电极插入适当的电解质溶液中，在电极上发生电化学反应。根据电极反应是否自发进行，将化学电池分为原电池和电解池两类。

一、化学电池

1. 原电池

将化学能转变为电能的装置称为原电池，原电池的电极反应是自发进行的。现以铜—锌原电池为例说明原电池的原理。将锌片、铜片分别插入 $ZnSO_4$、$CuSO_4$ 溶液中，两溶液间用饱和盐桥连接，两极用导线连接，并在导线之间接一个电流计，如图 10 - 1 所示。

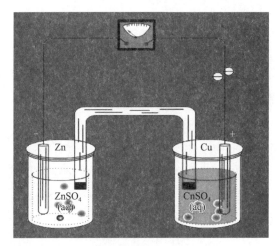

图 10 - 1　铜—锌原电池示意图

两个电极的电极反应（半电池反应）为：

锌电极（负极）反应：$Zn - 2e = Zn^{2+}$，铜电极（正极）反应：$Cu^{2+} + 2e = Cu$，

电池反应：$Zn + Cu^{2+} = Zn^{2+} + Cu$，

上述原电池可用简式表示为：$(-) Zn | Zn^{2+} (C_{Zn^{2+}}) || Cu^{2+} (C_{Cu^{2+}}) | Cu (+)$。

根据规定，用"-"表示负极，写在左边，负极上发生氧化反应；用"+"表示正极，写在右边，正极上发生还原反应；电极的两相界面和不相混溶的两溶液之间的界面，用"｜"或"，"表示；连接两溶液、消除液电位的盐桥用"‖"表示；电池中的溶液应注明浓（活）度，如有气体应注明温度和压力，如不注明，是指 25 ℃ 及 101.33 kPa；固体、单质或纯液体的浓（活）度规定为 1；气体或均相的电极反应，不能单独组成电极，须同时使用惰性导体（如铂、金或碳等）以传导电流。

2. 电解池

将电能转变为化学能的装置称为电解池，电解池的电极反应不能自发进行，只有在两个电极上外加一定电压后才能发生。现以双铂电极电解含有电对 I_2/I^- 的溶液为例说明电解池的原理。在含有 I_2 和 KI 的混合溶液中插入两个铂电极，将电池的正负极通过导线分别与两个电极相连，如图 10 -2 所示。

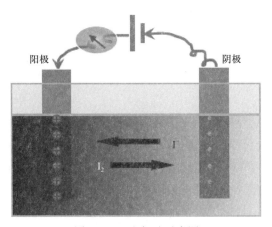

图 10 - 2 电解池示意图

与电池正极相连的电极称为阳极，与电池负极相连的电极称为阴极。电流由阳极通过溶液流向阴极，电子则由阴极通过导线流向阳极。两极上发生的反应如下：

阳极发生氧化反应：$2I^- - 2e = I_2$

阴极发生还原反应：$I_2 + 2e = 2I^-$

【知识链接】

电化学的发展历程

1791 年，伽伐尼发表了金属能使蛙腿肌肉抽缩的"动物电"现象，一般认为这是电化学的起源。1799 年，伏打在伽伐尼结论的基础上发明了用不同的金属片夹湿纸组成的"电堆"，即现在所谓的"伏打堆"。这是化学电源的雏形。在直流电动机发明以前，各种化学电源是唯一能提供恒稳电流的电源。1834 年，法拉第电解定律的发现为电化学奠定了定量基础。19 世纪下半叶，赫尔姆霍兹和吉布斯赋予电池的"起电力"（现称"电动势"）以明确的热力学含义；1889 年，能斯特用热力学导出了参与电极反应的物质浓度与电极电势的关系，即著名的能斯特方程；1923 年，德拜和休克尔提出了人们普遍接受的强电解质稀溶液静电理论，大大促进了电化学在理论探讨和实验方法方面的发展。20 世纪 40 年代以后，电化学暂态技术的应用和发展、电化学方法与光学和表面技术的联用，使人们可以研究快速和复杂的电极反应，可提供电极界面上分子的信息。电化学一直是物理化学中比较活跃的分支学科，它的发展与固体物理、催化、生命科学等学科的发展相互促进、相互渗透。

二、参比电极

电位分析法中，必须使用两支电极和被测组分溶液组成原电池，将被测组分的浓度转变为电动势。为了使电动势和被测组分浓度之间的关系符合能斯特方程，一支电极的电位应随被测组分浓度变化，而另一支电极的电位应与被测组分浓度无关且保持不变。根据电极的作用不同，电位分析法中使用的电极可分为参比电极和指示电极。

在恒温恒压条件下，电极电位不随溶液中被测离子浓（活）度的变化而变化，具有恒定电位数值的电极称为参比电极。参比电极提供标准电极电位，在分析过程中与指示电极组成原电池，通过测量其电动势可计算出指示电极的电极电位，因此参比电极可以作为指示电极电位的测量基准。

1. 标准氢电极

目前，电极的电极电位绝对值尚无法准确测量，只能选一个电极电位相对稳定的电极即标准电极与其组成原电池，用补偿法测量其电动势（电池电压），从电池电动势和标准电极的电极电位计算出被测电极的电极电位。国际统一规定：任何温度下标准氢电极的电极电位为零。以标准氢电极为负极，被测电极为正极组成原电池，所测电池的电动势为被测电极的电极电位，因此，标准氢电极是测量其他电极电位的基准。但标准氢电极制作麻烦，操作条件难以控制，使用不方便，在实际电位测量时很少采用。

2. 甘汞电极

甘汞电极是由金属汞、甘汞（Hg_2Cl_2）和已知浓度的 KCl 溶液组成的，如图 10 – 3 所示。甘汞电极由内、外两个玻璃管构成，内管盛装 Hg 和 $Hg—Hg_2Cl_2$ 的糊状混合物，下端用石棉或纸浆类多孔物堵住，组成内部电极，上端封入一段铂丝与导线连接。外部套管内盛装 KCl 溶液，电极下部与待测试液接触部分是用素烧瓷等微孔物质作隔层，其作用是能阻止电极内外溶液的相互混合，又为内外溶液提供离子的通道，兼作测量电位时的盐桥，如图 10 – 4 所示。

图 10 – 3　甘汞电极

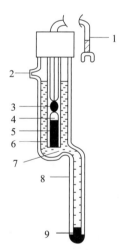

图 10 – 4　甘汞电极的构造

1—导线　2—侧管　3—汞　4—甘汞糊　5—石棉或纸浆
6—玻璃管　7—KCl 饱和溶液　8—电极玻璃壳　9—素烧瓷

甘汞电极表示式：$Hg \mid Hg_2Cl_2$（s）$\mid$ KCl 溶液

电极反应：$Hg_2Cl_2 + 2e \rightleftharpoons 2Hg + 2Cl^-$

电极电位（25 ℃）：$E_{Hg_2Cl_2/Hg,Cl^-} = E^{\theta}_{Hg_2Cl_2/Hg,Cl^-} + 0.059\lg [Cl^-]$

从电极电位表达式中不难发现，当 $[Cl^-]$ 一定时，甘汞电极的电位就恒定了，见表 10 – 1。

甘汞电极的电位取决于 Cl^- 的浓度，它随着 $[Cl^-]$ 的增大而减小。其中，饱和甘汞电极（SCE）由于结构简单、电极电位稳定、制造容易、使用方便，在电位法测定中最为常用。

表 10 –1	不同浓度 KCl 溶液的甘汞电极的电位（25 ℃）		
KCl 溶液的浓度/（mol/L）	0.1	1	饱和
电极电位 E/V	0.333 7	0.280 7	0.241 5

3. 银—氯化银电极

银—氯化银电极由银丝镀上一层氯化银，浸入一定浓度的氯化钾溶液中组成。电极内充溶液用素烧瓷或其他合适的微孔材料作隔层与待测溶液隔开，作用是阻止电极内外溶液互相混合，如图 10 –5 所示。银—氯化银电极构造简单、体积小，常作为玻璃电极和其他离子选择性电极的内参比电极。参比电极电位稳定，可逆性好，重现性好，制作简单，使用方便，使用寿命长。

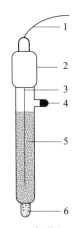

图 10 – 5　银—氯化银电极的构造

1—导线　2—绝缘体　3—Ag/AgCl　4—橡皮帽　5—氯化钾溶液　6—多孔陶瓷

电极表示式：Ag，AgCl | KCl 溶液

电极反应：$AgCl + e \rightleftharpoons Ag + Cl^-$

电极电位（25 ℃）：$E_{AgCl/Ag,Cl^-} = E^{\theta}_{AgCl/Ag,Cl^-} + 0.059 \lg [Cl^-]$

同样，银—氯化银电极的电位取决于溶液中的 $[Cl^-]$，当 $[Cl^-]$ 一定时，银—氯化银电极的电位为一定值，在 25 ℃时，不同浓度 KCl 溶液的银—氯化银电极的电位见表 10 –2。

表 10 –2	不同浓度 KCl 溶液的银—氯化银电极的电位（25 ℃）		
KCl 溶液的浓度/（mol/L）	0.1	1	饱和
电极电位 E/V	0.288 0	0.222 3	0.200 0

练一练

1. 下列可作为基准参比电极的是（　　　）。

A. 标准氢电极　　　　B. 饱和甘汞电极　　　C. 玻璃电极　　　　D. 电极

2. 甘汞电极的电极电位与（　　）有关。

A. ［H^+］　　　　　　B. ［Cl^-］　　　　　C. ［K^+］　　　　　D. 溶液的 pH 值

三、指示电极

在电化学电池中电极电位能根据被测离子浓（活）度的变化而改变，并产生相应响应信号的电极称为指示电极。它具有三个特点：①电极电位与被测离子的浓（活）度之间的关系符合能斯特方程。②响应快，重现性好。③简单耐用，使用方便。

电位法所用的指示电极有很多种，常见的指示电极有金属基电极和离子选择性电极。

1. 金属基电极

金属基电极以金属为基体，基于电子转移反应，是电位法中最早使用的电极。其又可以分为三类。

（1）金属—金属离子电极（第一类电极）。金属—金属离子电极是指能够发生可逆氧化还原反应的金属插入该金属离子溶液中组成的电极。此类电极有一个相界面，故称第一类电极。其电极电位与溶液中金属离子浓度（活度）的对数值呈线性关系，可用于测定金属离子的浓度。如银电极，记为 $Ag \mid Ag^+$。

电极反应：$Ag^+ + e \Longleftrightarrow Ag^+$

电极电位：$E_{Ag^+/Ag} = E_{Ag^+/Ag}^{\theta} + 0.059 \lg [Ag^+]$　　　（25 ℃）

（2）金属—金属难溶盐电极（第二类电极）。金属—金属难溶盐电极是指由表面涂上金属难溶性盐的金属插入该难溶盐的阴离子溶液中组成的电极。此类电极有两个相界面，故称第二类电极。其电极电位与溶液中难溶盐的阴离子浓度（活度）的对数值呈线性关系。可用于测定难溶性盐相关阴离子的浓度。该类电极的难溶盐阴离子浓度一定时，其电极电位值一般恒定，所以又常用作参比电极。如 Ag—AgCl 电极，记为 $Ag \mid AgCl \mid Cl^-$。

电极反应：$AgCl + e \Longleftrightarrow Ag + Cl^-$

电极电位：$E_{AgCl/Ag} = E_{AgCl/Ag}^{\theta} + 0.059 \lg [Cl^-]$　　　（25 ℃）

（3）惰性金属电极（零类电极）。惰性金属电极是指由惰性金属（Au、Pt）插入含有某氧化型和还原型电对的溶液中组成的电极。惰性金属不参与电极反应，在电极反应过程中仅起传递电子的作用。其电极电位取决于溶液中氧化型和还原型电对的浓度比值。可用来测定有关电对的氧化型或还原型浓度及它们的比值。也称为零类电极或氧化还原电极。如将铂丝插入含有 Ce^{4+} 和 Ce^{2+} 溶液中组成 Ce^{4+}/Ce^{2+} 电对的铂电极，记为 $Pt \mid Ce^{4+}, Ce^{2+}$。

电极反应：$Ce^{4+} + 2e \Longleftrightarrow Ce^{2+}$

电极电位：$E_{Ce^{4+}/Ce^{2+}} = E_{Ce^{4+}/Ce^{2+}}^{\theta} + \dfrac{0.059}{2} \lg \dfrac{[Ce^{4+}]}{[Ce^{2+}]}$　　　（25 ℃）

2. 离子选择性电极

离子选择性电极也称为膜电极。它以选择性电极膜（固体膜或液体膜）为传感器，对溶液中的待测离子产生选择性响应，从而指示该离子浓度的电极。对其他离子不响应或响应很弱。其电极电位的建立是基于离子在膜上的扩散和交换反应，形成的膜电位与特定离子的浓（活）度的关系符合能斯特方程。

应该指出，某种电极作参比电极还是指示电极，不是固定不变的。例如银—氯化银电极通常用作参比电极，但它又可以作为测定 Cl^- 的指示电极；pH 玻璃电极通常是测定 H^+ 浓度的指示电极，但它又可以作为测定 Cl^-、I^- 时的参比电极。

为使测量操作更加简便，减少测量用溶液的用量，有时将指示电极和参比电极结合在一起，构成复合电极。如将玻璃电极和参比电极结合在一起的复合 pH 玻璃电极，如图 10 - 6 所示。

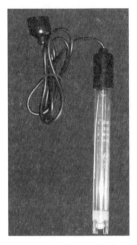

图 10 - 6　复合 pH 玻璃电极

§10 - 2　直接电位法

 学习目标

1. 掌握直接电位法测定溶液 pH 值的原理、测定方法和影响因素。
2. 会按照操作规程使用酸度计。

一、直接电位法及 pH 值测定法

1. 直接电位法的概念

根据待测组分的电化学性质，选择合适的指示电极与参比电极，浸入试样溶液组成原电池，通过测量原电池的电动势，并根据能斯特方程中电极电位与有关离子浓度的关系，直接求得待测组分含量的方法称为直接电位法。在药品检验中，pH 值测定法采用直接电位法。

2. pH 值测定法

pH 值是水溶液中氢离子活度的表示方法。pH 值的定义为水溶液中氢离子活度的负对数，但氢离子活度却难以由实验准确测定。为使用方便，溶液的 pH 值规定由式 10 – 1 测定：

$$pH = pHs - \frac{E - E_s}{k} \tag{10 - 1}$$

式中　　E——含有待测溶液（pH）的原电池电动势，V；

　　　　E_s——含有标准缓冲液（pHs）的原电池电动势，V；

　　　　k——与温度（t，℃）有关的常数。$k = 0.059 + 0.000\ 198\ (t - 25)$。

由于待测物的电离常数、介质的介电常数和液接界电位等诸多因素均可影响 pH 值的准确测量，所以实验测得的数值只是溶液的近似 pH 值，它不能作为溶液氢离子活度的严格表征。尽管如此，只要待测溶液与标准缓冲液的组成足够接近，由式 10 – 1 测得的 pH 值与溶液的真实 pH 值还是颇为接近的。

二、酸度计

酸度计又称 pH 计，是一种专为使用玻璃电极测量溶液 pH 值而设计的一种电子电位计，能在电阻很大的电路中测量微小的电位差，可以测量电动势，也可以将电动势直接转换为 pH 值读数并直接显示。因此用酸度计进行电位测量是测量 pH 值最精密的方法。

目前国产酸度计的测量精度有 ± 0.2pH、± 0.1pH、± 0.02pH、± 0.01pH、± 0.001pH 五个级别，数字越小，精度越高。《中国药典》规定使用不低于 0.01 级的酸度计测定水溶液的 pH 值。常用的有 pHS 25 型、pHS – 2 型、pHS – 3 型等，它们的主要差异是测量精度不同。

酸度计主要包括测量电池和主机（电位计）两个部分。测量电池由 pH 复合电极（玻璃电极与饱和甘汞电极复合而成）和供试品溶液组成。主机部分主要包括功能选择旋钮、量程调节旋钮、定位调节旋钮、斜率调节旋钮、手动温度补偿旋钮、显示装置等。pHS – 3B 型酸度计如图 10 – 7 所示。

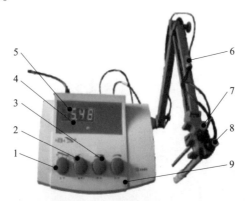

图 10 – 7　pHS – 3B 型酸度计

1—功能选择　2—手动温度补偿旋钮　3—定位调节　4—状态显示　5—显示屏
6—电极支架　7—温度传感　8—复合电极　9—斜率调节

三、pH 玻璃电极

使用直接电位法测定溶液的 pH 值时，常用饱和甘汞电极作参比电极，氢电极、氢醌电极和玻璃电极作指示电极，其中以玻璃电极最常用，如图 10-8 所示。

1. 玻璃电极的构造

玻璃电极（GE）一般由内参比电极、内参比溶液、玻璃膜、导线、电极插头等组成。玻璃球膜是在 SiO_2 基质中加入 Na_2O、CaO 烧结而成的特殊玻璃，厚度约为 $0.05 \sim 0.1$ mm，球内装有 pH 值一定的内参比缓冲液［一般用 $HCl(0.1 \text{ mol/L})$ —$KCl(0.1 \text{ mol/L})$ 组成］，在溶液中插入一支银—氯化银电极作为内参比电极，如图 10-9 所示。电极可表示为：

$$Ag | AgCl, Cl^-(c_{内部}), H^+(c_{内部}) | 玻璃膜 | H^+(c_{外部})$$

图 10-8　玻璃电极

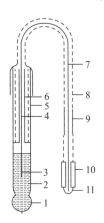

图 10-9　玻璃电极的构造

1—玻璃膜　2—缓冲溶液　3—Ag/AgCl 电极　4、7—电极导线　5—玻璃管
6—静电隔离层　8、10—塑料绝缘线　9—金属隔离层　11—电极插头

2. 玻璃电极的电极电位

玻璃电极属于膜电极。其膜电位的产生是由于溶液中的氢离子与玻璃膜中的钠离子发生离子扩散和交换的结果。

玻璃膜浸入水溶液中后，溶液中的 H^+ 可进入玻璃膜与晶格内的 Na^+ 进行交换，但其他高价阳离子和阴离子都不能进出晶格。当玻璃电极在水中充分浸泡（浸泡 24 h 以上）后，H^+ 可向玻璃膜内渗透，并使交换反应达到平衡，在玻璃膜表面形成 $10^{-5} \sim 10^{-4}$ mm 的水化凝胶层。在水化凝胶层外表面的 H^+ 几乎全被交换，越深入水化凝胶层内部，交换的数量越少，达到干玻璃层则无交换。

由于溶液中和水化凝胶层中的 H^+ 浓度不同，H^+ 将由浓度高的一方向低的一方扩散，剩下过剩的阴离子在溶液中，最后达到动态平衡，在两相界面上形成双电层，产生电位差，即相界电位。

由于球形膜有内、外两个界面，内部参比溶液和内膜水化凝胶层界面上产生的相界电位称为内膜电位，用 $\varphi_{内膜}$ 表示，外部溶液和外膜水化凝胶层界面上产生的相界电位称为外膜电位，用 $\varphi_{外膜}$ 表示，玻璃电极的膜电位为内、外膜电位之差。玻璃电极膜电位的产生如图 10 - 10 所示。

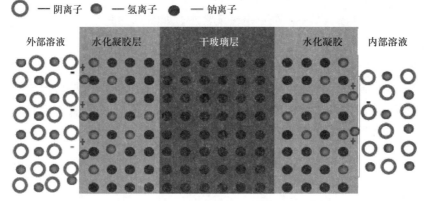

图 10 - 10 玻璃电极膜电位产生示意图

玻璃电极的组成除玻璃膜外，还有内参比电极银—氯化银电极，则玻璃电极的电极电位为：

$$\varphi_{玻} = \varphi_{膜} + \varphi_{内参比} = \varphi_{玻}^0 + 0.059\lg[\mathrm{H}_{外部溶液}^+] = \varphi_{玻}^0 - 0.059\mathrm{pH}\ (25\ ℃) \quad (10-2)$$

即玻璃电极的电位与外部溶液 pH 值为线性关系，符合能斯特方程，因此玻璃电极可作为溶液中氢离子浓度的指示电极，用于测定溶液的 pH 值。

3. 玻璃电极的性能

玻璃电极对 H^+ 很敏感，平衡速度快。可以用于 1 滴溶液的 pH 值测定，也可以用于流动溶液的 pH 值测定，还可以用于混浊、有色溶液的 pH 值测定。玻璃电极的性能主要受以下几个因素的影响。

（1）电极斜率。当溶液的 pH 值变化一个单位时，玻璃电极电位的变化值称为电极斜率，用 S 表示。

$$S = -\frac{\Delta\varphi}{\Delta\mathrm{pH}} \quad (10-3)$$

S 和温度有关，S 的理论值为 $2.303RT/F$，25 ℃时为 0.059 V。玻璃电极长期使用会老化，电极斜率会小于其理论值，导致测定误差。在 25 ℃时，如果斜率低于 0.052 V 时不宜使用。

（2）酸差和碱差。玻璃电极的电位与溶液 pH 值的关系，只有在 pH 值为 1~9 范围内符合能斯特方程，在此范围内可以按直线关系准确地进行测定，在强酸或强碱溶液中，则偏离直线关系，产生误差。当 pH 值大于 9 时，由于 Na^+ 相当于 H^+ 也向水化凝胶层扩散，使测得的 pH 值低于真实值，产生负误差，称为碱差或钠差。当 pH 值小于 1 时，水分子与 H^+ 结合，使测得的 pH 值高于真实值，产生正误差，称为酸差。

（3）不对称电位。从理论上说，当玻璃膜内外溶液的 pH 值相同时，膜电位应该为零，但实际上往往有 1~30 mV 的电位差，这个电位差称为不对称电位。造成不对称电位的原因，可能是由于制造时玻璃膜两侧的表面张力不均，或是玻璃受机械或化学侵蚀，以及表面被吸附物质粘污等原因所造成。每支玻璃电极的不对称电位不完全相同，并随时间变化而缓慢变化。在短时间内，可以视不对称电位为定值。玻璃电极在刚浸入溶液时，不对称电位往往较大，但会随着浸泡时间的延长逐渐减小，并达到恒定。

（4）电极的内阻。玻璃电极的内阻很大（$50 \sim 500$ MΩ），用其组成原电池测定电动势时，只允许有很小的电流通过，否则会引起很大的测量误差，因此测定 pH 值必须使用高输入阻抗的专用电子电位计。

（5）温度。玻璃电极一般使用温度为 $5 \sim 45$ ℃。在较低温度使用时，内阻增大；温度过高，不利于离子交换，还会导致电极使用寿命下降。测定时，标准溶液和被测溶液的温差应不大于 ± 2 ℃。

玻璃电极（221 型）的使用范围为 pH 值等于 $1 \sim 9$，当 pH 值大于 9 时就产生碱误差，如测定 pH 值大于 9 的溶液时，必须使用测定范围为 pH 值等于 $1 \sim 14$ 的 231 型高碱玻璃电极；玻璃电极在使用之前必须在蒸馏水中浸泡 24 h 以上；玻璃电极不能用硫酸或乙醇洗涤；不能用于含有氟化物的酸性溶液，否则会腐蚀玻璃；玻璃膜极薄，容易损坏，使用时要特别小心。

练一练

1. 测定溶液 pH 值时，所用的指示电极是（　　）。

A. 玻璃电极　　　　B. 气敏电极　　　　C. 饱和甘汞电极　　　D. 离子选择性电极

2. 玻璃电极的内参比电极是（　　）。

A. 银电极　　　　　B. 氯化银电极　　　C. 铂电极　　　　　　D. 银—氯化银电极

四、pH 值的测定原理

pH 计（酸度计）应定期进行计量检定，并符合国家有关规定。测定前，应采用标准缓冲液校正仪器（见表 10 - 3），也可用国家标准物质管理部门发放的标示 pH 值准确至 0.01pH 级别的各种标准缓冲液校正仪器。

表 10 - 3　　　　　　　　　　　　酸度计校正用的标准缓冲液

温度/℃	草酸盐标准缓冲液	苯二甲酸盐标准缓冲液	磷酸盐标准缓冲液	硼砂标准缓冲液	氢氧化钙标准缓冲液（25 ℃饱和溶液）
0	1.67	4.01	6.98	9.64	13.43
5	1.67	4.00	6.95	9.40	13.21
10	1.67	4.00	6.92	9.33	13.00
15	1.67	4.00	6.90	9.28	12.81
20	1.68	4.00	6.88	9.23	12.63
25	1.68	4.01	6.86	9.18	12.45
30	1.68	4.02	6.85	9.14	12.49
35	1.69	4.02	6.84	9.10	12.13

续表

温度/℃	草酸盐标准缓冲液	苯二甲酸盐标准缓冲液	磷酸盐标准缓冲液	硼砂标准缓冲液	氢氧化钙标准缓冲液（25 ℃饱和溶液）
40	1.69	4.04	6.84	9.07	11.98
45	1.70	4.05	6.83	9.04	11.84
50	1.71	4.06	6.83	9.01	11.71

1. 理论方法

用直接电位法测定溶液的 pH 值时，选择玻璃电极（GE）为指示电极，饱和甘汞电极（SCE）为参比电极，与待测溶液组成原电池，记为：

（－）玻璃电极｜待测溶液｜饱和甘汞电极（＋）

电池电动势（EMF）与溶液 pH 的关系符合能斯特方程：

$$EMF = E_{SCE} - E_{GE} = K + 0.059\text{pH}（25 ℃）\tag{10-4}$$

在玻璃电极、饱和甘汞电极与待测溶液组成的原电池电动势和溶液 pH 值的关系式中，如果常数 K 确定，玻璃电极的斜率与理论值一致，那么，根据测量得到的电动势即可直接计算溶液的 pH 值，计算公式如下：

$$\text{pH} = \frac{EMF - K}{0.059}\tag{10-5}$$

实际测量时，虽然 K 值对同一支玻璃电极来说是一定值，但对同一种玻璃吹制的多支玻璃电极，由于内充溶液 pH 值、氯离子浓度的差异及吹制时造成的玻璃膜表面状态的差异，K 值会有不同。即使是同一支玻璃电极，随电极使用时间的增加 K 值会发生微小的变动，且变动值不易被准确测定。故实际工作中常采用"两次测量法"或"两次校正法"测定溶液 pH 值。

2. 两次测量法

第一次，将电极插入溶液 pH 值准确已知的标准缓冲溶液中，测量电动势。

$$\text{pH}_x = \text{pH}_S + \frac{EMF_x - EMF_S}{0.059}\tag{10-6}$$

第二次，将电极插入 pH 值未知的待测溶液中，测量电动势。

$$EMF_x = K_S + 0.059\text{pH}_x\tag{10-7}$$

由于是同样的电极系统，故式中的 $K_S = K_x$，EMF_x、EMF_S、pH_S 均为已知值，两式相减后，即可计算出溶液的 pH 值。

$$EMF_S = K_S + 0.059\text{pH}_S\tag{10-8}$$

按"两次测量法"的公式计算待测溶液的 pH 值，只要知道 EMF_x 和 EMF_S 的测量值和标准缓冲溶液的 pH_S，无需知道 $K_{玻}$ 的具体数据，因此可以消除由于 $K_{玻}$ 不确定带来的误差。

3. 两次校正法

（1）温度补偿。溶液的 pH 值随温度变化会有微小的变化，酸度计上装有温度补偿器，测定前，将温度补偿器调至被测溶液温度。

（2）第一次校正（定位）。由于不对称电位对测定有影响，酸度计上还装有定位调节器，第一次校正时，调节"定位"旋钮，使仪器读数恰好与标准缓冲溶液在测定温度下的 pH 值一致，使电动势与溶液 pH 值的关系符合能斯特方程，即可消除不对称电位的影响。

$$EMF_{S1} = K_{S1} + s \cdot pH_{S1} \qquad (10-9)$$

（3）第二次校正。用另一 pH 值准确已知的标准缓冲溶液与玻璃电极和饱和甘汞电极组成原电池，调节"斜率"旋钮，使仪器读数恰好与标准缓冲溶液在测定温度下的 pH 值一致，即可抵消斜率的不一致引起的误差。

$$EMF_{S2} = K_{S2} + 0.059pH_{S2} \qquad (10-10)$$

（4）测定待测溶液 pH 值。用待测溶液与玻璃电极和饱和甘汞电极组成原电池，测定其电动势，即可得到待测溶液的 pH 值。

$$EMF_{x} = K_{S1} + 0.059pH_{x} \qquad (10-11)$$

$$pH_{x} = pH_{S2} + \frac{EMF_{x} - EMF_{S2}}{0.059} \qquad (10-12)$$

两次校正法不仅可以消除由于 K 值不确定带来的误差，而且可以消除电极斜率与理论值不一致而引起的误差，使测定结果的准确度更高。

《中国药典》规定，直接电位法测定溶液的 pH 值采用两次校正法。

五、直接电位法应用与实例

实例：苄星青霉素的酸碱度检查。取本品 50 mg，加水 10 mL 制成混悬液，依法测定（附录ⅦH）pH 值应为 5.0 ~ 7.5。

按照《中国药典》规定，苄星青霉素的酸碱度检查采用的是直接电位法。直接电位法测量溶液 pH 值时，不受溶液颜色、混浊或其他氧化剂、还原剂的影响。

直接电位法测定 pH 值时，应选择两个相差约 3 个 pH 值单位的标准缓冲溶液，并使试样溶液的 pH 值处于两者之间。其中与试样溶液 pH 值接近的一个标准缓冲溶液用于进行第一次校正（定位），另一个标准缓冲溶液用于第二次校正（斜率调节）。

§10 – 3　电位滴定法

 学习目标

1. 掌握电位滴定法的概念、应用。

2. 会使用自动电位滴定仪。

一、电位滴定法

1. 基本原理

电位滴定法是将电极系统（指示电极和参比电极）与待测溶液组成原电池，根据滴定过程中电池电动势的变化来确定滴定终点的一类滴定分析法。在滴定时，待测溶液与滴定液（标准溶液）发生化学反应，使待测离子的浓度（活度）不断降低，指示电极的电位也发生相应变化。将电极连接在电位计上，在不断搅拌下加入滴定液，记录加入滴定液的体积和对应的电池电动势，然后根据电池电动势的变化情况确定滴定终点，对被测组分进行分析。

与滴定分析法相比，电位滴定法设备简单，但操作麻烦，数据处理费时。因此，对于一些尚无合适指示剂确定终点的滴定分析和一些虽有指示剂确定终点，但终点颜色变化复杂、难以描述终点颜色的方法非常适合。电位滴定法终点确定客观，不存在观测误差，结果更准确，可进行有色液、混浊液以及无合适指示剂的试样溶液滴定分析。也可用于弱酸或弱碱的解离常数、配合物稳定常数等的测定。

2. 电池电动势

由于原电池的电动势与试样溶液中被测组分或滴定液的浓度之间的函数关系符合能斯特方式，因此，在滴定过程中，随着滴定液的加入，溶液中被测组分的浓度不断变化，电池电动势也相应发生变化，在计量点附近，被测组分浓度发生突变，电池电动势也发生突变。因此根据滴定过程中电池电动势的变化情况，即可确定终点。

3. 滴定终点的确定方法

电位滴定终点的确定方法主要有图解法和二阶微商内插法。表 10-4 为一典型的电位滴定记录数据和数据处理表，现以此为例进行讨论。

表 10-4 典型的电位滴定记录数据和数据处理表

滴定液体积 V/mL	电位计读数 E/mV	ΔE/mV	ΔV/mL	$\Delta E/\Delta V$/ mV/mL	$\overline{V}$/mL	$\Delta (\Delta E/\Delta V)$/ (mV/mL)	$\Delta\overline{V}$/mL	$\Delta^2 E/\Delta V^2$/ (mV/mL)	$\overline{V}'$/mL
22.00	123								
23.00	138	15	1.00	15	22.50				
24.00	174	36	1.00	36	23.50	21	1.00	21	23.00
24.10	183	9	0.10	90	24.05	54	0.55	98	23.78
24.20	194	11	0.10	110	24.15	20	0.10	200	24.10
24.30	233	39	0.10	390	24.25	280	0.10	2 800	24.20
24.40	316	83	0.10	830	24.35	440	0.10	4 400	24.30
24.50	340	24	0.10	240	24.45	-590	0.10	-5 900	24.40
24.60	351	11	0.10	110	24.55	-130	0.10	-1 300	24.50
25.00	375	24	0.40	60	24.80	-50	0.25	-200	24.68

（1）图解法

1）$E-V$ 曲线法

① $E-V$ 曲线。以滴定液体积 V 为横坐标，电位计读数 E（电极电位或电池电动势）为

纵坐标做图，如图 10 – 11 所示。

② 滴定终点和终点体积。曲线的拐点（转折点）即滴定终点，所对应的体积即为滴定液的终点体积。

③ 拐点的判断。做与横轴成 45°夹角并与曲线相切的两条平行线，两平行线间的等分线与滴定曲线的交点即为拐点。

④ 要求。此法要求滴定化学计量点处的电位突越明显。

2）$\Delta E/\Delta V - \bar{V}$ 曲线法（一级微商法）

① $\Delta E/\Delta V - \bar{V}$ 曲线。以 $\Delta E/\Delta V$（滴定液单位体积变化所引起电动势的变化值）为纵坐标，$\bar{V}$（滴定液体积的平均值）为横坐标作图，如图 10 – 12 所示。

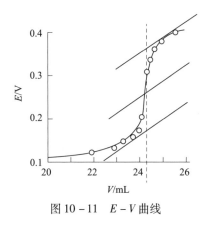

图 10 – 11　$E - V$ 曲线

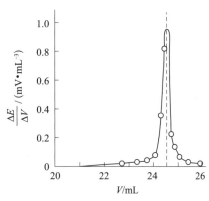

图 10 – 12　$\Delta E/\Delta V - \bar{V}$ 曲线

② 滴定终点和终点体积。曲线的最高点即滴定终点，所对应的体积即为滴定液的终点体积。

3）$\Delta^2 E/\Delta V^2 - \bar{V}'$ 曲线法（二级微商法）

① $\Delta^2 E/\Delta V^2 - \bar{V}'$ 曲线。以 $\Delta^2 E/\Delta V^2$（滴定液单位体积变化所引起 $\Delta E/\Delta V$ 的变化值）为纵坐标，$\bar{V}'$（滴定液体积平均值的平均值）为横坐标作图，如图 10 – 13 所示。

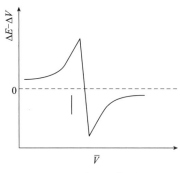

图 10 – 13　$\Delta^2 E/\Delta V^2 - \bar{V}'$ 曲线

② 滴定终点和终点体积。曲线与纵坐标 0 线交点即滴定终点，所对应的体积即为滴定

液的终点体积。

（2）二阶微商内插法。用图解法确定滴定终点较烦琐，在实际工作中常采用二阶微商内插法计算滴定终点所消耗滴定液的体积，且结果更准确。在化学计量点附近，$\Delta^2 E/\Delta V^2$ 值从正值最大到负值最大，$\Delta^2 E/\Delta V^2 - \bar{V}'$ 曲线可近似看作直线，即 $\Delta^2 E/\Delta V^2$ 与 $\bar{V}'$ 为比例关系，滴定终点时 $\Delta^2 E/\Delta V^2 = 0$，所以可通过计算求得滴定终点。计算公式推导如下：

$$E_{终点前}（已知） \qquad E_{终点} = 0 \qquad E_{终点后}（已知）$$

$$V_{终点前}（已知） \qquad V_{终点} \qquad V_{终点后}（已知）$$

因 $\Delta^2 E/\Delta V^2$ 与 $\bar{V}'$ 为直线关系，故 $\dfrac{V_{终点前} - V_{终点后}}{E_{终点前} - E_{终点后}} = \dfrac{V_{终点前} - V_{终点}}{E_{终点前} - 0}$

即

$$V_{终点} = V_{终点前} + \frac{E_{终点前} - 0}{E_{终点前} - E_{终点后}} \times (V_{终点后} - V_{终点前}) \qquad (10-13)$$

例如，由表 10-4 中数据计算可得：

$$V_{终点} = V_{终点前} + \frac{E_{终点前} - 0}{E_{终点前} - E_{终点后}} \times (V_{终点后} - V_{终点前})$$

$$= 24.30 + \frac{4\ 400 - 0}{4\ 400 + 5\ 900} \times (24.40 - 24.30) - 24.34 （mL）$$

练一练

1. 若用二级微商法确定电位滴定的化学计量点，则在化学计量点时电池电动势的变化特征是（ ）。

A. $E = 0$ 　　　　B. $\Delta E/\Delta V = 0$ 　　　　C. $\Delta E = 0$ 　　　　D. $\Delta^2 E/\Delta V^2 = 0$

2. 用一阶导数法确定电位滴定的化学计量点，则化学计量点是（ ）。

A. 曲线横坐标等于零的点　　　　B. 曲线的拐点

C. 曲线的最高点　　　　D. 曲线突跃发生的点

二、自动电位滴定仪

电位滴定的基本装置由测量电池、电位计及其记录计算或控制装置、搅拌器、滴定管及其控制装置四个部分组成，如图 10-14 所示。电位滴定也可用自动电位滴定仪，如图 10-15 所示。

1. 测量电池

由指示电极和参比电极插入样品溶液中组成，用于将样品溶液中被测组分的浓度转换为原电池的电动势。

2. 电位计

与电极连接，用于测定原电池的电动势。用于自动滴定的还可自动记录并绘制滴定曲线或可以自动控制滴定终点。

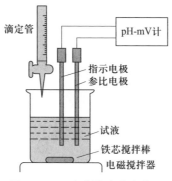

图 10 - 14　电位滴定基本装置

滴定管

pH-mV计

指示电极
参比电极

试液
铁芯搅拌棒
电磁搅拌器

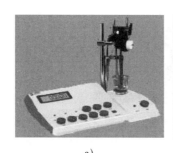
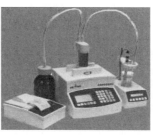

a)　　　　　　　　　　　　b)

图 10 - 15　自动电位滴定仪
a）ZD - 2 型自动电位滴定仪　b）ZD - 3 型自动电位滴定仪

3. 搅拌器

一般采用电磁搅拌器。

4. 滴定管及其控制装置

滴定管用于向样品溶液中滴加滴定液，测定消耗滴定液的体积。自动滴定时可通过控制装置自动控制滴加的速度和体积。

三、电位滴定法应用与实例

实例：异戊巴比妥的含量测定。取本品约 0.2 g，精密称定，加甲醇 40 mL 使之溶解，再加新制的 3% 无水碳酸钠溶液 15 mL，按照电位滴定法，用硝酸银滴定液（0.1 mol/L）相当于 22.63 mg 的 $C_{11}H_{18}N_2O_3$。

《中国药典》规定，异戊巴比妥原料药的含量测定方法使用电位滴定法。电位滴定法在药品检验中主要用于一些尚无合适指示剂确定终点的滴定分析和一些虽有指示剂确定终点，但终点时颜色变化复杂、难以描述终点颜色的滴定分析。

进行电位滴定时，应注意以下问题：第一，边滴定，边记录加入滴定液的体积和电位计的读数。第二，滴定初期，滴定速度可适当快些；滴定终点附近，应放慢速度，每加 0.05 ~ 0.10 mL 记录一次数据；终点过后可再适当加快速度。第三，在不同的滴定阶段，加入的滴定液的体积最好相等，以便于记录和处理数据。

在异戊巴比妥的含量测定中，使用的是硝酸银滴定液，这属于滴定分析法中的银量法。因此，应选择银电极为指示电极，具有硝酸钾盐桥的双液连接饱和甘汞电极作为参比电极。

§10 – 4　永停滴定法

 学习目标

1. 掌握永停滴定法的概念、原理和滴定类型。
2. 会使用永停滴定仪。

一、了解永停滴定法

永停滴定法又称双电流滴定法或双安培滴定法，是根据滴定过程中电流的变化确定滴定终点的滴定法。永停滴定法属于电流滴定法，其装置简单、准确度高、操作方便，常用于氧化还原体系，是主要应用于大多数抗生素及其制剂的水分限量检查和磺胺药物含量测定的方法。

在测量时，将两个相同的指示电极（通常为铂电极）插入试样溶液中，在两个电极间外加一个低电压（约50 mV）组成一个电解池，并在电路中串联一个高灵敏度的检流计。进行滴定时，在不断搅拌下加入滴定液，通过观察滴定过程中检流计的指针变化确定滴定终点，也可通过记录加入滴定液的体积 V 和相应的电流 I，绘制 I—V 曲线，进而确定滴定终点。

1. 可逆电对与不可逆电对

（1）可逆电对。在氧化还原电对的溶液中插入双铂电极组成电池，外加很小电压即能在双铂电极上同时发生电解反应，两电极间有电流通过，这种电对称为可逆电对，例如 I_2/I^-、Fe^{3+}/Fe^{2+}、Ce^{4+}/Ce^{2+} 等。

例如，将两个铂电极插入含 I_2/I^- 电对的溶液中，两电极间外加一个小电压，则连接正极的铂电极发生氧化反应：

$$2I^- - 2e \longrightarrow I_2$$

连接负极的铂电极发生还原反应：

$$I_2 + 2e \longrightarrow 2I^-$$

这样两电极间会有电流通过。当反应电对氧化态和还原态浓度相同时电流最大；当两者浓度不等时，电流大小由浓度小的决定。

（2）不可逆电对。若在氧化还原电对的溶液中插入双铂电极组成电池，外加很小电压不能在双铂电极上同时发生电解反应，两电极间无电流通过，这种电对称为不可逆电对。如

$S_4O_6^{2-}/S_2O_3^{2-}$、MnO_4^-/Mn^{2+}、$Cr_2O_7^{2-}/Cr^{3+}$ 等。

例如，将两个铂电极插入含 $S_4O_6^{2-}/S_2O_3^{2-}$ 电对的溶液中，两电极间外加一小电压，则只能在阳极上发生氧化反应，阳极：$S_2O_3^{2-} - 2e \longrightarrow S_4O_6^{2-}$。不能在阴极发生还原反应，两电极间无电流通过。

2. 滴定电对体系

在滴定过程中，根据滴定剂与被测组分所属电对类型的不同，永停滴定电对体系可分为三种类型，而且电极间电流变化曲线不相同。

（1）可逆电对滴定不可逆电对。以碘滴定硫代硫酸钠为例。滴定反应为：

$$I_2 + 2Na_2S_2O_3 = Na_2S_4O_6 + 2NaI。$$

滴定液为碘滴定液，I_2/I^- 是可逆电对。被测组分是硫代硫酸钠，$S_4O_6^{2-}/S_2O_3^{2-}$ 为不可逆电对。在化学计量点前，溶液中存在 I^- 和不可逆电对 $S_4O_6^{2-}/S_2O_3^{2-}$，因此双铂电极间无电流通过，电流计指针为"0"。在滴定终点时，溶液中没有电对，电流计指针仍为"0"。在化学计量点后，由于稍过量的滴定液 I_2 加入，溶液中存在的电对为 I_2/I^-，是可逆电对，双铂电极间有电流通过，电流计指针突然从零发生偏转并不再返回，从而指示终点到达。且电流强度随着滴定液 I_2 的加入，电流逐渐增大，[I_2] 与 [I^-] 相等时电流最大。滴定时电流变化曲线如图 10 - 16 所示。

（2）不可逆电对滴定可逆电对。以硫代硫酸钠滴定碘溶液为例。滴定反应为：

$$2Na_2S_2O_3 + I_2 = Na_2S_4O_6 + 2NaI。$$

滴定液为硫代硫酸钠，$S_4O_6^{2-}/S_2O_3^{2-}$ 是不可逆电对。被测组分是碘溶液，I_2/I^- 为可逆电对。在化学计量点前，溶液中存在可逆电对 I_2/I^- 和 $S_4O_6^{2-}$，因此双铂电极间有电流通过。在滴定终点时，溶液中没有电对，电流计指针为"0"。在化学计量点后，滴定液过量，溶液中存在电对 $S_4O_6^{2-}/S_2O_3^{2-}$，是不可逆电对，双铂电极间无电流通过，电流计指针将停留在"0"不动。滴定时电流变化曲线如图 10 - 17 所示。

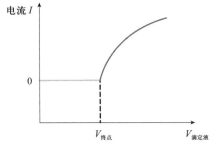

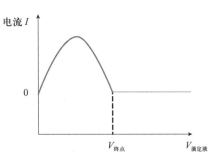

图 10 - 16　可逆电对滴定不可逆电对电流变化曲线　　图 10 - 17　不可逆电对滴定可逆电对电流变化曲线

（3）可逆电对滴定可逆电对。以 Ce^{4+} 滴定 Fe^{2+} 为例。滴定反应为：

$$Ce^{4+} + 2Fe^{2+} = 2Fe^{3+} + Ce^{2+}。$$

滴定液为 Ce^{4+}，Ce^{4+}/Ce^{2+} 是可逆电对。被测组分为 Fe^{2+}，Fe^{3+}/Fe^{2+} 是可逆电对。在化学计量点前，溶液中存在的电对为 Fe^{3+}/Fe^{2+}，是可逆电对，双铂电极间有电流通过，电流由小变大，$[Fe^{3+}]$ 与 $[Fe^{2+}]$ 相等时电流最大，然后由大变小。在滴定终点时，溶液中没有电对，电流计指针为"0"。在化学计量点后，滴定液稍过量，溶液中存在的电对为 Ce^{4+}/Ce^{2+}，是可逆电对，双铂电极间有电流通过，电流由小变大，$[Ce^{4+}]$ 与 $[Ce^{2+}]$ 相等时电流最大。滴定时电流变化曲线如图 10-18 所示。

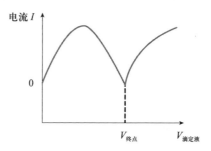

图 10-18　可逆电对滴定可逆电对电流变化曲线

　　如将永停滴定原理和微量水分测定反应（卡尔反应）相结合就是卡尔—费休氏水分测定法。

练一练

1. 在永停滴定法中，当电极间有电流通过时候，下列说法正确的是（　　　）。

A. 电流达到最大时，其氧化型与还原型的浓度相同

B. 这是一个不可逆电对

C. 电流达到最大时，其氧化型的浓度等于零

D. 电流达到最大时，其还原型的浓度等于零

2. 在永停滴定法中，用 $Na_2S_2O_3$ 滴定 I_2，在滴定过程中，随着滴定剂的加入（　　　）。

A. 电解电流受 $[I^-]$ 控制，不断增大

B. 没有电解电流产生

C. 电解电流受 $[I^-]$ 控制，先增大后减小

D. 电解电流恒定不变

二、永停滴定仪

　　永停滴定装置如图 10-19 所示，常见的自动永停滴定仪如图 10-20 所示。

　　滴定过程中用电磁搅拌器搅动溶液，调节电阻 R_1 以得到适当的外加电压（一般为数毫伏至数十毫伏之间），根据电流计本身的灵敏度及有关电对的可逆性，用 R 调节 G 得到适宜的灵敏度，若化学计量点前无电流通过，则灵敏度可调得高一些，反之则调得低一点，待接近化学计量点时，再将灵敏度调高。通常只需在滴定时仔细观察电流计指针的变化，当指针位置发生突变的这一点即为滴定终点，必要时可每加一次滴定液，测量一次电流。以电流为纵坐标，以滴定体积为横坐标作图，从图中找出滴定终点。

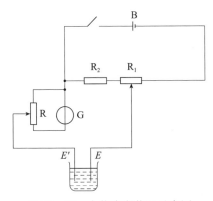

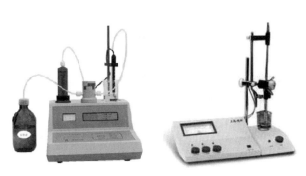

图 10-19　永停滴定装置示意图　　　　图 10-20　自动永停滴定仪

三、永停滴定法应用与实例

永停滴定法在药品检验中有着重要的作用，可用于重氮化滴定法和费休氏法测定水分的终点确定。

实例：磺胺嘧啶的含量测定。《中国药典》规定，取本品约 0.5 g，精密称定，按照永停滴定法，用亚硝酸钠滴定液（0.1 mol/L）滴定。

取本品 0.5 g，精密称定。①用减重法称取供试品约 0.5 g，精密称定 3 份，记录。②分别置于烧杯中，加盐酸溶液（1→2）15 mL 溶解后，再加水 40 mL，置于电磁搅拌器上，加溴化钾 2 g。

按照永停滴定法，用亚硝酸钠滴定液（0.1 mol/L）滴定。

1. 装标准溶液，打开电源开关，调节仪器。

2. 插入铂—铂电极，将滴定管管尖插入液面下约 2/3 处。杯中放入搅拌棒，打开搅拌开关，调节搅拌速度适中。

3. 按"滴定开始"键，仪器就开始自动滴定，先慢滴，后快滴，仪器出现假终点后指针返回限值以下后又开始慢滴后快滴，反复多次，直到终点指针不再返回，约 1 min 20 s 后，终点指示灯亮，同时蜂鸣器响，说明滴定结束，此时数字显示器显示的数字就是实际消耗的标准液毫升数。

4. 平行测定三次。

计算方法：　　　　　$$磺胺嘧啶 \% = \frac{F \times T \times V \times 10^{-3}}{m_s} \times 100\% \qquad (10-14)$$

式中　F——浓度校正因子；

　　　　V——消耗亚硝酸钠滴定液的体积，mL；

　　　　T——理论滴定度，mg/mL；

　　　　m_s——供试品的质量，g。

实训十 生理盐水的 pH 值测定

一、实训目的

1. 学会直接电位法测定溶液 pH 值的方法。

2. 会根据试样选择标准缓冲溶液。

3. 会正确规范使用酸度计。

二、器材准备

仪器：酸度计、pH 复合电极、烧杯（100 mL）、洗瓶、滤纸片。

试剂：苯二甲酸盐标准缓冲液（pH 值等于 4.00）、磷酸盐标准缓冲液（pH 值等于 6.86）、硼砂标准缓冲液（pH 值等于 9.18）。

三、实训内容与步骤

1. 酸度计的准备

（1）将按照规定检定合格的酸度计，根据仪器说明书的要求，接通电源，预热数分钟。

（2）转动功能选择开关，选择 pH 值测定挡。

（3）选择"手动"温度补偿模式，用温度计测量溶液的温度，将温度补偿旋钮调节至溶液的温度，或连接温度传感器，使用"自动"温度补偿模式。

（4）将定位旋钮、斜率旋钮旋至规定的位置。

（5）将按照电极说明书要求，将事先处理好的电极安装在电极支架上，并与酸度计连接。

2. 试液的准备

（1）标准缓冲溶液的选择。《中国药典》规定，应选择两个相差约 3 个 pH 值单位的标准缓冲溶液，并使试样溶液的 pH 值处于两者之间。其中与试样溶液 pH 值接近的一个标准缓冲溶液用于进行第一次校正（定位）。

（2）供试品溶液的准备。液体试样直接取样，置于小烧杯中。固体试样须先称取规定量的样品溶解于定量的水中进行测定或加水振摇过滤后取滤液测定。

（3）将标准缓冲溶液与供试品溶液置于同一实验室中一定时间，使其温度达到平衡，测量其温度。

3. 酸度计的校正

（1）定位。将电极插入装有与试样 pH 值接近的标准缓冲溶液的小烧杯中，轻轻摇动溶液后，调节"定位"旋钮使仪器显示的 pH 值与标准缓冲溶液的 pH 值相等。

（2）校正斜率。将电极插入装有另一标准缓冲溶液的小烧杯中，轻轻摇动溶液后，仪器示值与标准缓冲液的 pH 值相差应不大于 ±0.02pH 单位。否则，调节"斜率"旋钮使仪器显示的 pH 值与标准缓冲溶液的 pH 值相等。

（3）重复上述两步操作，直至仪器示值与标准缓冲液的 pH 值相差不大于 ±0.02pH 单位。

4. 供试品溶液测定

将电极插入装有试样溶液的小烧杯中，轻轻摇动溶液，仪器示值即为试样溶液的 pH 值。读取三次测量值，记录。

5. 数据记录及处理

生理盐水的 pH 值测定数据记录见表 10 - 5。

表 10 - 5　　　　　　　　　　　　生理盐水的 pH 值测定数据记录

检品编号：

试样名称		批号		
规格		生产厂家		
酸度计型号		测定温度/℃		
定位标准缓冲溶液名称		pH 值		
斜率校正标准缓冲溶液名称		pH 值		
序号	1	2		3
试样溶液 pH 测定值				
pH 平均值				
标准规定				
结论	本品按《中国药典》（2020 年版，二部）检验上述项目，结果符合（不符合）规定。			

四、实训测评

按表 10 - 6 所列评分标准进行测评，并做好记录。

表 10 - 6　　　　　　　　　　　　实训评分标准

序号	考核内容	考核标准	配分	得分
1	酸度计的准备	按照规定使用酸度计	10	
2	标准缓冲溶液的选择	正确选择	14	
3	供试品溶液的准备	正确取样	10	
4	酸度计的校正（定位）	仪器显示的 pH 值与标准缓冲溶液的 pH 值相等	10	
5	酸度计的校正（校正斜率）	仪器示值与标准缓冲液的 pH 值相差不大于 ±0.02pH 单位	10	

续表

序号	考核内容	考核标准	配分	得分
6	供试品溶液测定	将电极插入装有试样溶液的小烧杯中，轻轻摇动溶液	15	
7	记录及时正确	记录中不按规范改正每处扣 0.5 分，原始记录不及时，每次扣 1 分	10	
8	报告单填写正确	报告单填写规范，缺项扣 2 分	10	
9	整理实验台面	实验后试剂、仪器放回原处	6	
10	清理物品	废液、纸屑不乱扔乱倒	5	
合计			100	

【注意事项】

1. 用直接电位法测定溶液 pH 值时，应选择两个相差约 3 个 pH 单位的标准缓冲溶液，并使试样溶液的 pH 值处于两者之间。其中与试样溶液 pH 值较接近的一个标准缓冲溶液用于进行第一次校正（定位），另一个标准缓冲溶液用于第二次校正（斜率调节）。

2. 每次更换标准缓冲溶液或试样溶液前，电极必须用蒸馏水充分洗涤电极，然后将水吸尽，也可用所更换的标准缓冲溶液或试样溶液洗涤。

3. 在测定 pH 值较高的供试品或标准缓冲溶液时，要注意碱差的问题，必要时选用适当的玻璃电极进行测定。

4. 对弱缓冲溶液或无缓冲作用溶液的 pH 值测定，应先用邻苯二甲酸氢钾标准缓冲溶液校正仪器后测定供试品溶液的 pH 值，并重取供试品溶液再测，直至 pH 值的读数在 1 min 内改变不超过 ±0.05 为止；然后再用硼砂标准缓冲溶液校正仪器，再如上法测定；2 次 pH 值的读数相差应不超过 0.1，取 2 次读数的平均值为供试液的 pH 值。

5. 配制标准缓冲溶液与溶液供试品的水，应是新沸过并放冷的纯化水，其 pH 值应为 5.5~7.0。

6. 标准缓冲溶液一般可保存 2~3 个月，但发现有混浊、发霉或沉淀等现象时，不能继续使用。

实训十一　盐酸左旋咪唑含量测定

一、实训目的

1. 会规范操作电位滴定仪。

2. 掌握电位滴定法测定盐酸左旋咪唑含量的方法。

3. 会正确组装电位滴定装置及电极的维护。

二、器材准备

仪器：分析天平、量筒、酸度计、pH 复合电极、电磁搅拌器、容量瓶、吸量管、锥形瓶、滴定管、铁架台（含铁圈）、烧杯。

试剂：盐酸左旋咪唑原料药、氢氧化钠、邻苯二甲酸氢钾、酚酞指示剂、pH6.86 和 pH4.00 标准缓冲溶液、去离子水。

三、实训内容与步骤

1. 氢氧化钠溶液的制备

取氢氧化钠适量，加水振摇使之溶解成饱和溶液，冷却后，置于聚乙烯塑料瓶中，静置数日，澄清后备用。氢氧化钠滴定液（0.1 mol/L）取澄清的氢氧化钠饱和溶液 5.6 mL，加新沸过的冷水使之达到 1 000 mL，摇匀。

2. 氢氧化钠溶液的标定

精密称定在 105 ℃ 干燥至恒重的基准邻苯二甲酸氢钾约 0.6 g，加新沸过的冷水 50 mL，振摇，使其尽量溶解；加酚酞指示液 2 滴，用本液滴定；在接近终点时，应使邻苯二甲酸氢钾完全溶解，滴定至溶液显粉红色。每 1 mL 氢氧化钠滴定液（0.1 mol/L）相当于 20.42 mg 的邻苯二甲酸氢钾。

3. 电位滴定装置组装与酸度计校正

（1）电位滴定装置组装。酸度计开机预热 30 min，连接复合电极，安装好滴定管和电磁搅拌器。

（2）酸度计校正。按照相应酸度计校正操作规程，用 pH6.86 和 pH4.00 标准缓冲液校正酸度计。校正前将磁棒放入标准缓冲液中，将复合电极插入溶液，使玻璃球泡完全浸没在溶液中，开动搅拌器，注意观察磁棒不要触碰电极。校正完成后，定位和斜率按钮（旋钮）位置不能再变动。

4. 试样前处理

取盐酸左旋咪唑原料药约 0.2 g，用分析天平精密称定，置于烧杯中加乙醇 30 mL 溶解。将被测溶液置于电位滴定仪电磁搅拌器上。

5. 盐酸左旋咪唑含量的测定

调整仪器电极电位至规定值作为零点，然后自滴定管中分次滴加规定的滴定液，同时记录滴定液读数和电位数值。开始时，每次可加入较多量，搅拌均匀，记录。至将近终点时则应每次加少量，搅拌，记录。至突跃点已过，仍应继续滴加几次滴定液，并记录滴定液读数和电位。

6. 数据记录及处理

盐酸左旋咪唑含量数据记录见表 10 - 7。

表 10 – 7　　　　　　　　　　**盐酸左旋咪唑含量数据记录**

检品编号：

检品名称				检验日期	
批　　号		规　　格		完成日期	
生产单位或产地		包　　装		检 验 者	
供样单位		有 效 期		核 对 者	
检验项目		检品数量		检品余量	
检验依据					

室温：　　　　　　　　　　　滴定管唯一号：

酸度计：　　　　　　　　　　分析天平：

标定方法：

指示液：　　　　　终点颜色：　　　　滴定液：

滴定度：　　　　　空白：

$W_样/g$：＿＿＿＿＿　　　＿＿＿＿＿　　　＿＿＿＿＿

V/mL：＿＿＿＿＿　　＿＿＿＿＿　　＿＿＿＿＿

NaOH 的浓度：＿＿＿＿＿　　＿＿＿＿＿　　＿＿＿＿＿

NaOH 的平均浓度：＿＿＿＿＿

相对偏差：＿＿＿＿＿　　相对平均偏差：＿＿＿＿＿

含量测定

供试品溶液制备方法：

指示液：　　　　　终点颜色：　　　　滴定液：

滴定度：　　　　　空白：

确定终点的方法：V　E　ΔE　$\bar{V}$　$\Delta E/\Delta V$　$\Delta^2 E/\Delta V^2$

$W_样/g$：＿＿＿＿＿　　　＿＿＿＿＿　　　＿＿＿＿＿

V/mL：＿＿＿＿＿　　＿＿＿＿＿　　＿＿＿＿＿

盐酸左旋咪唑的含量：＿＿＿＿＿

盐酸左旋咪唑的平均含量：＿＿＿＿＿

相对偏差：＿＿＿＿＿

计算公式：

标准规定：

结论：

四、实训测评

按表 10 – 8 所列评分标准进行测评，并做好记录。

表 10 – 8　　　　　　　　　　**实训评分标准**

序号	考核内容	考核标准	配分	得分
1	称量操作	取样操作手法正确，无遗洒。称量采用减重法	10	
2	基准物质称量结果	±10% 以内	10	

序号	考核内容	考核标准	配分	得分
3	试样称量结果	±10% 以内	10	
4	滴定管操作	滴定管清洗操作、润洗操作、装液、赶气泡、调零、滴定手法、终点判断、读数	20	
5	数据结果与判断	及时、完整、规范，符合有效数字规则	15	
6	电位滴定装置组装	符合规范	5	
7	酸度计校正	符合规范	10	
8	精密度	≤0.5%	10	
9	准确度	≤0.5%	10	
合计			100	

【注意事项】

重复测定，每次滴定结束后的电极、烧杯和磁棒都要清洗干净。

实训十二　磺胺嘧啶含量测定

一、实训目的

1. 根据《中国药典》规定，按照永停滴定法操作规程测定磺胺嘧啶的含量。

2. 会正确安装永停滴定装置并使用永停滴定仪。

3. 会判断永停滴定的终点。

二、器材准备

仪器：永停滴定仪、分析天平、量筒（50 mL、20 mL）、烧杯（200 mL）、试剂瓶（500 mL）、药匙、称量纸、洗瓶。

试剂：亚硝酸钠滴定液（0.1 mol/L）、纯化水、盐酸溶液（1→2）、溴化钾。

三、实训内容与步骤

1. 《中国药典》标准。【含量测定】取本品约 0.5 g，精密称定，按照永停滴定法（通则 0701），用亚硝酸钠滴定液（0.1 mol/L）滴定。每 1 mL 亚硝酸钠滴定液（0.1 mol/L）相当于 25.03 mg 的 $C_{10}H_{10}N_4O_2S$。

2. 供试品溶液制备。取供试品约 0.5 g，精密称定，置于烧杯中，加水 40 mL 与盐酸溶液（1→2）15 mL，置于电磁搅拌器上，搅拌使之溶解，再加入溴化钾 2 g，即得供试品溶液。

3. 仪器准备。仪器开机预热。滴定管中加入亚硝酸钠滴定液，用亚硝酸钠滴定液润洗电极，然后连接到永停滴定仪上并浸入试样溶液中，在两电极间加上低电压，调节灵敏度。

4. 滴定。将铂—铂电极插入供试品溶液后，将滴定管的管尖插入液面下约 2/3 处，用亚硝酸钠滴定液（0.1 mol/L 或 0.05 mol/L）迅速滴定，随滴随搅拌，接近终点时，将滴定管管尖提出液面，用少置水淋洗滴定管管尖，洗涤液并入溶液中，继续缓缓滴定，至电流计针突然偏转，并不再回复，即为滴定终点，记录读数，并将滴定结果用空白实验校正。平行实验 3 次。

磺胺嘧啶含量数据记录见表 10 – 9。

表 10 – 9　　　　　　　　　　　磺胺嘧啶含量数据记录

检品编号：

检品名称				检验日期	
批　号		规　格		完成日期	
生产单位或产地		包　装		检验者	
供样单位		有效期		核对者	
检验项目		检品数量		检品余量	
检验依据					

永停滴定仪型号：

NaNO₂ 滴定液浓度：　　　　　校正因子 F

序号	1	2	3
磺胺嘧啶质量/g：			
滴定液终点读数/mL：			
空白实验：			
磺胺嘧啶含量：			

含量平均值：

相对标准偏差：

标准规定：

结论：

四、实训测评

按表 10 – 10 所列评分标准进行测评，并做好记录。

表 10 – 10　　　　　　　　　　　实训评分标准

序号	考核内容	考核标准	配分	得分
1	称量操作	取样操作手法正确，无遗洒。称量采用减重法	10	

续表

序号	考核内容	考核标准	配分	得分
2	基准物质称量结果	±10% 以内	10	
3	试样称量结果	±10% 以内	10	
4	滴定管操作	滴定管清洗操作、润洗操作、装液、赶气泡、调零、滴定手法、读数	20	
5	数据结果与判断	及时、完整、规范，符合有效数字规则	15	
6	永停滴定仪的准备	（1）双铂电极清洗干净，用滤纸将水吸净 （2）连接到永停滴定仪上并浸入试样溶液中 （3）在两电极间加上低电压，调节灵敏度	5	
7	滴定终点的判断	采用快速滴定法	10	
8	精密度	≤0.5%	10	
9	准确度	≤0.5%	10	
合计			100	

【注意事项】

1. 加于电极上的电压一般为数毫伏至数十毫伏，这决定于电流计灵敏度与有关电对的可逆性。在重氮化滴定中，因电极反应可逆性差，需外加较高电压。用作重氮化法的终点指示时，调节 R_1 使加于电极上的电压约为 50 mV。

2. 用作水分测定法第一法的终点指示时，可调节 R_1 使电流计的初始电流为 5～10 μA，待滴定到电流突增至 50～150 μA，并持续数分钟不退回，即为滴定终点。记录消耗滴定液的体积。

3. 电极钝化时，可将电极插入 10 mL 浓硝酸和一滴三氯化铁的溶液内，煮沸数分钟，取出后用水冲洗干净。

目标检测

一、选择题

1. 甘汞电极的电极电位与（　　　）有关。

A. ［H^+］　　　　　B. ［Cl^-］　　　　　C. ［K^+］　　　　　D. 溶液的 pH 值

2. 在 25 ℃时饱和甘汞电极 SCE 的电极电位值为（　　　）。

A. 0.288 0 V　　　B. 0.222 V　　　C. 0.280 1 V　　　D. 0.243 8 V

3. 下列电极属于离子选择性电极的是（　　　）。

A. 铅电极　　　　B. 银—氯化银电极　　C. 玻璃电极　　　　D. 氢电极

4. 测定溶液 pH 值时，所用的指示电极是（　　　）。

A. 玻璃电极　　　　　B. 气敏电极　　　　　C. 饱和甘汞电极　　　D. 离子选择性电极

5. 下列可作为基准参比电极的是（　　　）。

A. 标准氢电极　　　B. 饱和甘汞电极　　　C. 玻璃电极　　　　　D. 银—氯化银电极

6. 当酸度计显示的 pH 值与第一个标准缓冲液的 pH 值不相同时，可通过调节（　　　）使之相符。

A. 温度调节旋钮　　　　　　　　　B. 定位调节旋钮

C. 斜率调节旋钮　　　　　　　　　D. pH-mV 选择键

7. 电位滴定法中电极组成为（　　　）。

A. 两支不相同的参比电极　　　　　B. 两支相同的指示电极

C. 两支不相同的指示电极　　　　　D. 一支参比电极，一支指示电极

8. 酸度计在测定溶液的 pH 值时，调节温度为（　　　）。

A. 25 ℃　　　　　B. 30 ℃　　　　　C. 任何温度都可以　　D. 被测溶液的温度

9. 玻璃电极的膜电位的形成是基于（　　　）。

A. 玻璃膜上的 H^+ 得到电子而形成的

B. 玻璃膜上的 H_2 失去电子而形成的

C. 玻璃膜上的 Na^+ 得到电子而形成的

D. 溶液中的 H^+ 与玻璃膜上的 Na^+ 进行交换和膜上的 H^+ 与溶液中的 H^+ 之间的扩散而形成的

10. 玻璃电极在使用前应预先在纯化水中浸泡（　　　）h。

A. 2　　　　　　　B. 12　　　　　　　C. 24　　　　　　　D. 48

11. 电位法测定溶液的 pH 值常选用的电极是（　　　）。

A. 氢电极—甘汞电极　　　　　　　B. 玻璃电极—饱和甘汞电极

C. 银氯化银电极—氢电极　　　　　D. 饱和甘汞电极—银氯化银电极

12. 已知待测水样的 pH 值大约为 8，仪器校正用标准缓冲液最好选（　　　）。

A. pH4.01 和 pH6.86　　　　　　　B. pH1.68 和 pH6.86

C. pH6.86 和 pH9.18　　　　　　　D. pH4.01 和 pH9.18

13. 滴定分析与电位滴定法的主要区别是（　　　）。

A. 滴定的对象不同　　　　　　　　B. 滴定液不同

C. 指示剂不同　　　　　　　　　　D. 指示终点的方法不同

14. 若用二级微商法确定电位滴定的化学计量点，则在化学计量点时电池电动势的变化特征是（　　　）。

A. $E = 0$　　　　B. $\Delta E/\Delta V = 0$　　　　C. $\Delta E = 0$　　　　D. $\Delta^2 E/\Delta V^2 = 0$

15. 在永停滴定法中，当电极间有电流通过的时候，下列说法正确的是（　　　）。

A. 电流达到最大时，其氧化型与还原型的浓度相同

B. 这是一个不可逆电对

C. 电流达到最大时，其氧化型的浓度等于零

D. 电流达到最大时，其还原型的浓度等于零

二、问答题

1. 什么是参比电极？什么是指示电极？甘汞电极属于金属基电极中的哪一类？
2. 为什么玻璃电极在使用前要在蒸馏水中浸泡 24 h？
3. 简述两点法校正 pH 计的操作步骤。

三、计算题

1. 用下面的电池测量溶液 pH 值：

$$玻璃电极 \mid H^+ (x \text{ mol/L}) \parallel SCE$$

在 25 ℃时，测得 pH = 4.00 的标准缓冲液的电池电动势为 0.209 V，测得被测溶液的电池电动势为 0.521 V，计算被测溶液的 pH 值。

2. 在苯巴比妥含量测定时，称取本品 0.213 5 g，用银电极为指示电极，通过硝酸钾盐桥的甘汞电极为参比电极，按照电位滴定法测定，在化学计量点时用去硝酸银滴定液（0.099 54 mol/L）9.35 mL，已知每 1 mL 硝酸银滴定液（0.1 mol/L）相当于 23.22 mg 的 $C_{12}H_{12}N_2O_3$，求苯巴比妥含量。

第十一章

紫外—可见分光光度法

光是一种电磁波，是由不同波长（400～700 nm）的电磁波按一定比例组成的混合光，通过棱镜可分解成红、橙、黄、绿、青、蓝、紫等各种颜色相连续的可见光谱。如把两种光以适当比例混合而产生白光时，则这两种光的颜色互为补色。当白光通过溶液时，如果溶液对各种波长的光都不吸收，溶液就没有颜色。如果溶液吸收了其中一部分波长的光，则溶液就呈现透过溶液后剩余部分光的颜色。例如，我们看到 $KMnO_4$ 溶液在白光下呈紫色，就是因为白光透过溶液时，绿色光大部分被吸收，而紫色光透过溶液。

早在公元初，古希腊人就曾用五倍子溶液测定醋中的铁。1795 年，俄国人也用五倍子的酒精溶液测定矿泉水中的铁。但是，比色法作为一种定量分析的方法，开始于 19 世纪30—40 年代。

紫外—可见分光光度法是在 190～760 nm 波长范围内测定物质的吸光度，用于鉴别、杂质检查和定量测定的方法。当光穿过被测物质溶液时，物质对光的吸收程度随光的波长不同而变化。因此，通过测定物质在不同波长处的吸光度，并绘制其吸光度与波长的关系图即得被测物质的吸收光谱。从吸收光谱中，可以确定最大吸收波长 λ_{max} 和最小吸收波长 λ_{min}。物质的吸收光谱具有与其结构相关的特征性。因此，可以通过特定波长范围内试样的光谱与对照光谱或对照品光谱的比较，或通过确定最大吸收波长，或通过测量两个特定波长处的吸收比值而鉴别物质。用于定量时，在最大吸收波长处测量一定浓度试样溶液的吸光度，并与一定浓度的对照溶液的吸光度进行比较或采用吸收系数法算出试样溶液的浓度。

§11-1　光的性质和光吸收的基本定律

 学习目标

1. 熟悉光的概念、光的波动性和微粒性、电磁波谱和光谱区域的概念。
2. 了解物质分子内的运动形式、运动能级及能级跃迁的规律。

一、光的性质和物质对光的选择性吸收

1. 光的性质

光属于电磁辐射，又称电磁波，是以波的形式在空间高速传播的粒子流。它具有波动性和微粒性，即具有波粒二象性。光的波动性主要表现为光的传播、干涉、衍射等现象，用波长（λ）、传播速度（c）和频率（ν）描述，最常用的参数是波长，紫外—可见光的波长单位是纳米（nm），红外光的波长单位是微米（μm），在真空中三者的关系为：$\nu = c/\lambda$。在真空中，所有电磁辐射的传播速度都相同，并达到最大值，$c = 2.9979 \times 10^{10}$ cm/s。光的微粒性主要表现为光电效应、光的吸收和发射等现象，用每个光子具有的能量（E）描述，单位是电子伏特（ev）。光子的能量与频率、波长的关系为：$E = h\nu = hc/\lambda$，其中 h 为 Plank 常数，其值为 6.6262×10^{-34} J·s。如波长为 200 nm 和 400 nm 的光子的能量分别为 6.20 ev 和 3.10 ev。光子的能量与光的频率成正比，与光的波长成反比。

将光按照波长顺序排列得到的序列称为电磁波谱（也称为光谱），将电磁波谱划分为不同的区域称为光谱区域，见表 11-1。

表 11-1　　　　　　　　　　　　　　电磁波谱及光谱区域

波长	光谱区域	光子能量	波长	光谱区域	光子能量
$10^{-3} \sim 0.1$ nm	γ 射线	$1.24 \times 10^6 \sim 1.24 \times 10^4$ ev	$0.76 \sim 2.5$ μm	近红外光	$1.63 \sim 0.50$ ev
$0.1 \sim 10$ nm	X 射线	$1.24 \times 10^4 \sim 1.24 \times 10^2$ ev	$2.5 \sim 50$ μm	中红外光	$0.50 \sim 2.48 \times 10^{-2}$ ev
$10 \sim 200$ nm	远紫外光	$1.24 \times 10^2 \sim 6.20$ ev	$50 \sim 300$ μm	远红外光	$2.48 \times 10^{-2} \sim 4.14 \times 10^{-4}$ ev
$200 \sim 400$ nm	近紫外光	$6.20 \sim 3.10$ ev	0.3 mm ~ 1 m	微波	$4.14 \times 10^{-4} \sim 1.24 \times 10^{-7}$ ev
$400 \sim 760$ nm	可见光	$3.10 \sim 1.63$ ev	$1 \sim 1000$ m	无线电波	$1.24 \times 10^{-7} \sim 1.24 \times 10^{-10}$ ev

具有单一波长的光称为单色光，包含不同波长的光称为复色光。通常所说的白光，如日光、白炽灯光，并不是单色光，而是由不同波长的光按一定的比例混合而成的。人眼能感觉的红、橙、黄、绿、青、蓝、紫等各种颜色的光为可见光，它们有不同的波长范围，也不是单色光。从复色光中分离出单色光的操作称为色散。

2. 物质分子的运动形式和运动能级

物质分子中有原子与电子，分子、原子和电子都以一定的形式在运动着，具有能量。在一定的环境条件下，整个分子处于一定的运动状态，即分子绕其重心轴的转动、分子内原子（或原子团）在其平衡位置附近的振动和电子运动，运动具有的能量分别称为转动能级（E_r）、振动能级（E_v）和电子能级（E_e），整个分子的能量为：$E = E_r + E_v + E_e$。

不同运动能级具有的能量大小顺序为：$E_r < E_v < E_e$。同一电子能级内，包含能量不同的若干振动能级和转动能级；同一振动能级内，包含能量不同的若干转动能级。

电子能级、振动能级和转动能级均具有基态和激发态。当分子吸收具有一定能量的光子时，就由基态（较低的能级）跃迁到激发态（较高的能级），称为能级跃迁。能级跃迁前后的能量变化值称为能级差，能级差值是量子化的，不连续的。分子的转动能级差、振动能级差和电子能级差分别为 $0.025 \sim 10^{-4}$ eV、$0.025 \sim 1$ eV 和 $1 \sim 20$ eV。紫外—可见光的能量与电子能级差相当。因此，由电子能级跃迁而对光产生的吸收，位于紫外及可见光部分。

物质分子的运动、运动能级和能级差见表 11 – 2。

表 11 – 2　　　　　　　　　物质分子的运动、运动能级和能级差

分子的运动	运动能级	能级跃迁类型	能级跃迁前后的能级差	能量相当的光
分子转动	转动能级 E_r	转动能级跃迁	ΔE_r　$0.005 \sim 0.025\ 0$ eV	远红外光和微波 50 μm ~ 1.25 cm
原子振动	振动能级 E_v	振动能级跃迁	ΔE_v　$0.025 \sim 1$ eV	近红外和中红外光 50 ~ 1.25 μm
电子运动	电子能级 E_e	电子能级跃迁	ΔE_e　$1 \sim 20$ eV	紫外—可见光 60 nm ~ 1.25 μm

3. 物质对光的选择性吸收

当光照射物质时，若光子的能量与物质发生能级跃迁前后的能级差刚好相等时，光可以被物质吸收，能量发生转移，引起物质的能级跃迁，如图 11 – 1 所示。由于单一物质的分子只有有限数量的量子化能级，所以物质对光的吸收具有选择性。

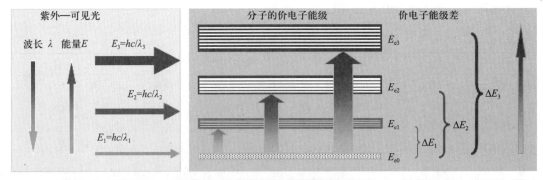

图 11 – 1　物质吸收光的条件示意图

研究表明，只需把两种特定颜色的光按一定的比例混合就可以得到白光，这两种特定颜色的光称为互补色光。当一束白光照射到某一物质上时，物质呈现的颜色是该物质吸收颜色光的互补色光。表 11 – 3 列出了物质的颜色和吸收光之间的关系。

表 11 – 3		物质的颜色和吸收光之间的关系
吸收光	吸收光波长范围 λ/nm	物质颜色（透射光）
紫	400 ~ 500	黄绿
蓝	450 ~ 480	黄
绿蓝	480 ~ 490	橙
蓝绿	490 ~ 500	红
绿	500 ~ 560	紫红
黄绿	560 ~ 580	紫
黄	580 ~ 600	蓝
橙	600 ~ 650	绿蓝
红	650 ~ 750	蓝绿

【知识链接】

纳米粒子在紫外—可见光区可吸收紫外—可见光。紫外—可见光区的吸收一般来源于电子跃迁或者等离子体共振吸收。因此紫外—可见吸收光谱可以给出纳米粒子的电子结构信息。此外，在纳米材料的生物效应测量中，纳米粒子的紫外可见吸收会对生物效应实验带来信号干扰。所以对纳米粒子的紫外—可见光区吸收光谱表征是十分有必要的。

二、朗伯—比尔定律

1. 物质对光的吸收程度的表示形式

假设一束平行单色光通过一个含有吸光物质的物体，光通过后，一些光子被吸收，光的强度从 I_0 降至 I_t，光被吸收的程度可用透光率和吸光度来定量描述。

（1）透光率（transmittance）。透过光强度 I_t 与入射光强度 I_0 的比值，用符号 T 表示，常用百分数。

$$T = \frac{I_t}{I_0} \times 100\% \tag{11 – 1}$$

透光率越大，物质对光的吸收越少；透光率越小，物质对光的吸收越多。

（2）吸光度（absorbance）。物质吸收单色光的程度，用符号 A 表示。

$$A = \lg\frac{1}{T} = -\lg T \tag{11 – 2}$$

吸光度越大，物质对光的吸收越多；吸光度越小，物质对光的吸收越少。

2. 光的吸收定律

光的吸收定律是研究溶液对光吸收的最基本定律，它包含两条定律：一条称为朗伯定律，另一条称为比尔定律，二者结合称为朗伯—比尔定律。

（1）朗伯定律。当一束平行的单色光垂直照射到一定浓度的均匀透明溶液时，物质对入射光的吸光度与光程成正比，如图 11 – 2 所示，即 $A \propto L$。

（2）比尔定律。当用一适当波长的单色光照射一溶液时，若光程一定，则物质对光的吸光度与溶液浓度成正比，如图 11 - 3 所示，即 $A \propto c$。

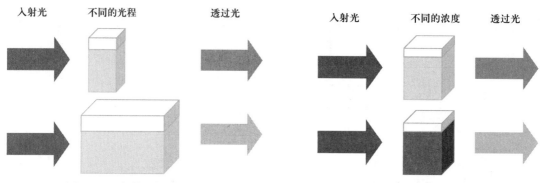

　　　图 11 - 2　朗伯定律示意图　　　　　　　　图 11 - 3　比尔定律示意图

（3）朗伯—比尔定律。物质对光的吸光度与溶液的浓度和液层的厚度的乘积成正比，数学表达式为：

$$A = KcL \qquad (11-3)$$

式中　A——吸光度；

　　　c——溶液的浓度；

　　　L——光通过溶液的厚度；

　　　K——吸收系数。

朗伯—比尔定律只有在入射光为单色光和一定范围内的低浓度条件下才成立。

朗伯—比尔定律适用于紫外光区、可见光区以及红外光区内任一波长的单色光和均匀、无散射现象的气体、液体以及固体。

3. 吸收系数

（1）定义。吸收系数是指吸光物质在单位浓度及单位液层厚度时对某一波长单色光的吸光度，即 $K = A/(cL)$。

（2）表示形式。由于物质溶液浓度的表示形式不同，吸收系数有百分吸收系数和摩尔吸收系数两种表示形式。

1）百分吸收系数。百分吸收系数是指在一定波长时，溶液浓度为 1%（W/V），液层厚度为 1 cm 的吸光度，用 $E_{1\,cm}^{1\%}$ 表示。数学表达式为：

$$E_{1\,cm}^{1\%} = \frac{A}{c(\text{g}/100\ \text{mL}) \times L(\text{cm})} \qquad (11-4)$$

2）摩尔吸收系数。摩尔吸收系数是指在一定波长时，溶液浓度为 1 mol/L，液层厚度为 1 cm 的吸光度，用 ε 表示。数学表达式为：

$$\varepsilon = \frac{A}{c(\text{mol/L}) \times L(\text{cm})} \qquad (11-5)$$

在紫外—可见吸收光谱中，摩尔吸收系数值大于 10^4 的吸收峰称为强带，摩尔吸收系数小于 10^2 的称为弱带。

3）两者关系

$$\varepsilon = \frac{M}{10} \times E_{1\ cm}^{1\%} \tag{11-6}$$

（3）用途

1）定性分析。在一定条件（单色光波长、溶剂、温度等）下，吸收系数是药物的物理常数之一，为药物性状的一个特征值，可作为药物定性鉴别的重要依据。

2）定量分析。在郎伯—比尔定律中，吸收系数定量反映了吸光度随溶液的浓度和液层厚度变化的比例关系，是进行药物含量测定的依据。吸收系数越大，表明物质的吸光能力越强，测定的灵敏度越高。

练一练

1. 在符合朗伯—比尔定律的范围内，溶液的浓度、最大吸收波长、吸光度三者的关系是（　　）。

A. 增加、增加、增加　　　　　　　B. 减小、不变、减小

C. 减小、增加、减小　　　　　　　D. 增加、不变、减小

2. 符合朗伯—比耳定律的有色溶液稀释时，其最大吸收峰的波长位置（　　）。

A. 向短波方向移动　　　　　　　　B. 向长波方向移动

C. 不移动，且吸光度值降低　　　　D. 不移动，且吸光度值升高

§11-2　紫外—可见分光光度计及吸收光谱

学习目标

1. 理解紫外—可见分光光度计的组成。

2. 正确使用紫外—可见分光光度计测定给定波长处的吸光度、测绘吸收曲线、进行光谱扫描。

一、紫外—可见分光光度计

在紫外及可见光区测量物质的透光率和吸光度的分析仪器称为紫外—可见分光光度计。

虽然紫外—可见分光光度计的商品类型很多，质量差别悬殊，但基本结构相似，均由光源、单色器、吸收池、检测器和信号处理与显示器五个部分组成，如图11-4所示。下面对分光光度计的主要部件进行简单介绍。

1. 光源

紫外—可见分光光度计的光源在紫外光区常用氘灯或氢灯，氘灯的发射强度和使用寿命

图 11 - 4　紫外—可见分光光度计的组成方框图

比氢灯大 3 ~ 5 倍，氢灯在 300 nm 以上能量已很低，而氘灯可使用到 400 nm。氘灯使用波长范围为 190 ~ 400 nm。可见光区常用光源为钨灯或卤钨灯，当钨灯灯丝温度达到 4 000 K 时，其发射能量大部分在可见光区，但灯的寿命显著减小，为此，要用卤钨灯代替钨灯，其使用波长范围为 350 ~ 2 000 nm。

2. 单色器

单色器的作用是光源发射的复色光按波长顺序色散，并从中分离出所需波长的单色光。单色器由入射狭缝、准光镜、色散元件（棱镜或光栅）、物镜（聚焦镜或凹面镜）和出射狭缝构成，如图 11 - 5 所示。色散元件的作用是将光源发射的复色光分解为不同波长的单色光。色散元件有棱镜和光栅两种，常用的是光栅。

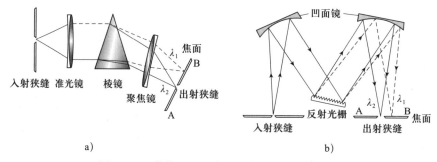

图 11 - 5　紫外—可见分光光度计单色器的构造
a）棱镜型　b）光栅型

3. 吸收池

吸收池是盛放空白溶液和试样溶液的器皿，如图 11 - 6 所示。玻璃吸收池只能用于可见光区，石英吸收池适用于紫外光区，也可用于可见光区。盛放空白溶液的吸收池和盛放试样溶液的吸收池应互相匹配，即有相同的光程长度与相同的透光性，两只吸收池的透光率之差应小于 0.3%，否则应进行校正。使用时要保证透光面光洁、无磨损和粘污。

4. 检测器

检测器是将光信号转变成电信号的光电转换装置，有光电池、光电管、光电倍增管和光二极管阵列检测器四种，常用的是光电管和光电倍增管。

图 11 - 6　吸收池

5. 显示器

光电管输出的电信号很弱，需经放大才能以某种方式将测定结果显示出来，信号处理过程会包括一些数学运算如对数函数、浓度因素等运算乃至微积分等处理。显示器有电表指示、数字显示、荧光屏显示、计算机控制操作和处理信息等，如图 11 - 7 所示。显示的测量数据一般有透光率和吸光度两种，有的还可以转换成浓度、吸光系数等。现代分光光度计一般配有电脑或相关数据接口，可进行操作控制和信息处理等多功能操作。

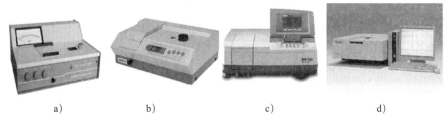

a)　　　　　　　　b)　　　　　　　　c)　　　　　　　　d)

图 11 - 7　不同显示装置的紫外—可见分光光度计

a）电表指示　b）数字显示　c）荧光屏显示　d）计算机控制操作和处理信息

　　根据光路结构和检测器的不同，紫外—可见分光光度计的分类及光路图如图 11 - 8、图 11 - 9 所示。

紫外—可见分光光度计
- 单波长紫外—可见分光光度计
  - 单波长单光束紫外—可见分光光度计
  - 单波长双光束紫外—可见分光光度计
- 双波长紫外—可见分光光度计
- 光二极管阵列检测的紫外—可见分光光度计

图 11 - 8　紫外—可见分光光度计的分类

二、吸收光谱

　　吸收光谱也称为吸收曲线，是测定物质对不同波长单色光的吸收程度，以波长或波数为横坐标，吸光度或透光率为纵坐标所绘制的曲线。它能清楚地描述物质对一定波长范围光的吸收情况。测定用的光的波长范围在紫外—可见光区，称为紫外—可见吸收光谱，如图 11 - 10 所示。吸收曲线上的峰称为吸收峰，最大吸收峰的峰顶所对应的波长为最大吸收波长，用 λ_{max} 表示。吸收曲线上的谷称为吸收谷，最小吸收谷所对应的波长称为最小吸收波长，用 λ_{min} 表示。在吸收曲线的短波长一端呈现较强吸收但不成峰形的部分称为末端吸收。在峰的旁边产生的一个曲折，形状像肩的部分称为肩峰，其对应的波长用 λ_{sh} 表示。

　　对于不同物质，由于它们对不同波长光的吸收具有选择性，因此，它们的 λ_{max} 的位置和吸收曲线形状互不相同，如图 11 - 11 所示。可以据此对物质进行定性分析。

　　对于同一物质，浓度 c 不同时，同一波长下的吸光度 A 不同，但其 λ_{max} 的位置和吸收曲线形状不变。物质的浓度越大，吸收光的程度越大，吸收曲线越高；物质的浓度越低，吸收光的程度越小，吸收曲线越低，如图 11 - 12 所示。而且在 λ_{max} 处吸光度 A 最大，在此波长下 A 随浓度的增大最为明显，可以据此对物质进行定量分析。

　　溶剂、温度、仪器的性能对吸收曲线也会产生一定的影响，如图 11 - 13 所示。

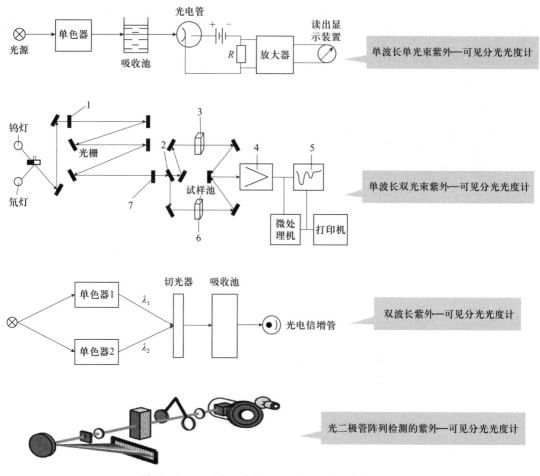

图 11 -9 不同类型紫外—可见分光光度计的光路图

1—λ 射狭缝 2—平面镜 3—参比池 4—充电培增管 5—信号处理器 6—试样池 7—出射狭缝

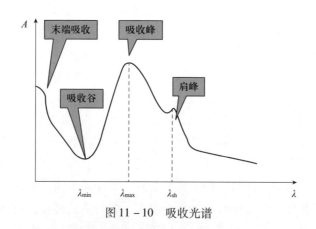

图 11 -10 吸收光谱

吸收曲线中的特征值包括吸收峰的数目、吸收峰的位置、吸收谷的位置、吸收峰的强度、吸收峰的比值、吸收峰与吸收谷的比值以及吸收曲线的形状,这些均可用于对物质的定性鉴别、纯度检查、杂质检查。同时吸收曲线是选择定量分析条件的重要依据。

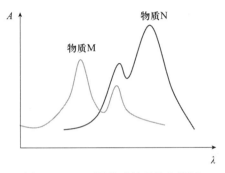

图 11 - 11　不同物质的吸收曲线图

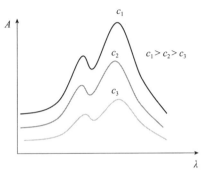

图 11 - 12　同一物质不同浓度的吸收曲线

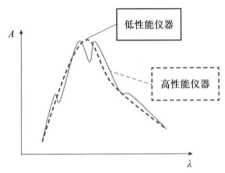

图 11 - 13　不同性能的仪器绘制的 $KMnO_4$ 吸收曲线

 练一练

双波长分光光度计与单波长分光光度计的主要区别在于（　　）。

A. 光源的种类及个数　　　　B. 单色器的个数

C. 吸收池的个数　　　　　　D. 检测器的个数

§11 - 3　紫外—可见分光光度法的定性分析

学习目标

1. 了解紫外—可见分光光度法定性分析法。

2. 会正确使用紫外—可见分光光度计测绘吸收曲线、进行光谱扫描。

3. 会按照操作规程进行相关药品的紫外—可见分光光度法定性分析。

利用紫外—可见吸收光谱的特征进行药物的鉴别、检查的分析方法称为紫外—可见分光光度法定性分析法。紫外—可见分光光度法在药品定性分析中的应用主要有三个方面：第一是性状检查，测定药物的吸收系数并与规定值比较；第二是药物鉴别，通过对照药物的吸收光谱特征鉴别药物的真伪；第三是纯度检查，包括杂质检查和杂质限量检查。

一、定性鉴别

紫外—可见分光光度法对有机药物进行定性鉴别的依据是吸收光谱特征，包括吸收光谱形状、吸收峰数目、各吸收峰波长及吸光度值、各吸收谷波长及吸光度值、肩峰波长、吸光系数、峰—峰或峰—谷吸光度值之比等。具体的定性鉴别方法有以下三种。

1. 对比吸收光谱特征数据

（1）对比吸收峰所在的波长（λ_{max}）。对于只有一个吸收峰的化合物，最常用于鉴别的光谱特征数据是吸收峰所在的波长。

（2）对比吸收峰和谷的数目及所在的波长。若化合物有几个吸收峰，并存在谷和肩峰，可同时用几个峰值（λ_{max}）、肩峰值（λ_{sh}）和谷值（λ_{min}）作为鉴定依据，增加鉴别的特征性。

（3）对比吸收峰所在的波长和吸光度值。具有不同基团的化合物，可能有相同的λ_{max}值，但它们在λ_{max}处的摩尔吸收系数（ε_{max}）值常有明显差异，一定浓度溶液的吸光度值也有较大差异，可进行化合物吸光基团的鉴别。

（4）对比吸光系数（$E_{1\,cm}^{1\%}$）。对于分子中含有相同吸光基团的同系物，它们的λ_{max}值和ε_{max}值常很接近，但因摩尔质量不同，百分吸收（$E_{1\,cm}^{1\%}$）值存在较大差别，可进行化合物的鉴别。如结构相似的甲基睾丸素和丙酸睾丸素在无水乙醇中的最大吸收波长都是 240 nm，但在该波长处的$E_{1\,cm}^{1\%}$分别为 540 和 460。

2. 对比吸光度的比值

有两个以上吸收峰的化合物，可用在不同吸收峰处（或峰与谷）的吸光度的比值进行鉴别。因为用的是同一浓度的溶液和同一厚度的吸收池，吸光度的比值即吸光系数的比值，可消除因浓度和厚度不准确带来的误差。

3. 对比吸收光谱的一致性

用吸收光谱特征进行鉴别，不能发现吸收光谱中其他部分的差异。对于结构非常相似的化合物，可在相同条件下分别测绘吸收光谱，核对其一致性，也可与文献收载的标准图谱进行核对，只有吸收光谱完全一致才有可能是同一化合物；若有差异，则不是同一化合物。如醋酸泼尼松和醋酸可的松最大吸收波长均为 238 nm，吸收系数（$E_{1\,cm}^{1\%}$）分别为 375 ~ 405 和 373 ~ 393，也几乎完全相同，但它们的吸收光谱曲线存在一定的差异，据此可以鉴别，如图 11 – 14 所示。

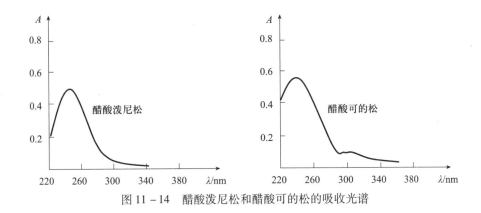

图 11 - 14　醋酸泼尼松和醋酸可的松的吸收光谱

二、纯度检查

化合物的纯度检查包括杂质检查和杂质限量检查。

1. 杂质检查

一般通过检查吸收峰或吸光系数可确定某一化合物是否含有杂质。

（1）化合物无吸收而杂质有吸收。若某一化合物在某一紫外—可见光区没有明显吸收，而杂质有较强的吸收峰，那么含有少量杂质就能被检测出来。

（2）化合物和杂质都有吸收。若化合物在某一波长处有较强的吸收峰，而所含杂质在此波长处无吸收或吸收很弱，杂质的存在将使化合物的吸收系数值降低。若杂质在此波长处有比化合物更强的吸收，则将使化合物的吸收系数增大。有吸收的杂质也将使化合物的吸收光谱变形。这些均可用作检查杂质是否存在的方法。

2. 杂质限量检查

常规定一个允许化合物中的杂质存在的限度。紫外—可见分光光度法进行检查时，杂质限量一般以两种方式表示。

（1）以某个波长处的吸光度值表示。

（2）以峰谷吸光度的比值表示。

三、紫外—可见分光光度法定性分析操作规程

1. 供试品测定用溶液的配制

（1）吸收系数检查取供试品 2 份，鉴别或检查可取供试品 1 份，精密称定。

（2）将供试品、对照品按照规定配制成测定用溶液。

2. 仪器的准备

开机，预热。检定波长准确度、吸光度准确度和杂散光。

3. 测定前的检查

（1）检查溶剂吸收情况是否符合规定，所用溶剂均不得超过其截止波长。

（2）吸收池配对检查，两只吸收池透光率相差应在 0.3% 以下。

4. 测定

（1）设置测定波长、显示方式等测定参数。

（2）将参比溶液、供试品溶液装入吸收池中，测定 A 值或 T 值。

5. 记录与计算

记录供试品、对照品的有关信息；记录测定时的温度、测定波长等测定条件；记录测定数据，计算结果。

6. 数据处理

（1）结果。计算结果按"有效数字和数值的修约及其运算"修约，使其与《中国药典》中规定限度的有效位数相一致。

（2）计算测定结果的精密度，应符合《中国药典》规定。否则，应重新测定，直至符合要求。

7. 结论

将测定结果与《中国药典》规定值进行对照比较，得出结论。

8. 结束

将测定用溶液按规定处理，清洗吸收池；按照仪器操作规程关机，切断电源；填写仪器使用登记。

9. 特别提示

（1）由于溶剂种类、溶液的 pH 值、温度等条件以及单色光的纯度都对吸收光谱的形状与数值产生影响，因此必须按照《中国药典》规定的条件、操作方法以及对仪器的要求进行分析测试。

（2）测定中使用的容量瓶、移液管、分析天平均应经过检定校正。

（3）测定中使用的溶剂，其吸光度应符合规定。

四、紫外—可见分光光度法定性分析法实例解析

1. 肾上腺素中酮体杂质检查

由于在 310 nm 处肾上腺酮的 HCl 溶液（9→2 000）有吸收峰而肾上腺素几乎没有吸收峰（图 11 – 15），故《中国药典》规定用 HCl 溶液（9→2 000）配制成每 mL 含 2.0 mg 的试样溶液，在 310 nm 处的吸光度不得超过 0.05。以肾上腺酮的（$E_{1\ cm}^{1\%}$）435 值计算，相当于含肾上腺酮不超过 0.06%。

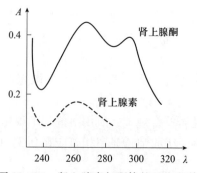

图 11 – 15　肾上腺素与酮体的吸收光谱

2. 碘解磷定注射液中分解产物杂质限量检查

碘解磷定有很多杂质，如顺式异构体、中间体等。在 0.1 mol/LHCl 溶液中碘解磷定的吸收峰在 294 nm 处，杂质无吸收；但在碘解磷定的吸收谷 262 nm 处杂质有吸收，故可将其峰谷吸光度比值作为杂质限量的指标。《中国药典》规定，碘解磷定注射液在 294 nm 与 262 nm 的吸光度比值应不小于 3.1，以控制其分解产物杂质的含量。如系纯品，则 $A_{294}/A_{262} = 3.9$，如有杂质，则在 262 nm 处吸光度增大，在 294 nm 处吸光度变小，使 A_{294}/A_{262} 小于 3.9。

§11-4 紫外—可见分光光度法的定量分析

 学习目标

1. 了解紫外—可见分光光度法定量分析法的依据。
2. 理解紫外—可见分光光度法定量分析法的分类、要求及影响因素。
3. 会按照操作规程进行相关药品的紫外—可见分光光度法定量分析。

一、定量分析法的依据

紫外—可见分光光度法定量分析法是通过测定被测组分在紫外—可见光区的特定波长处的吸光度，依据光的吸收定律进行含量测定的分析方法。根据比尔定律，物质在一定波长处的吸光度与浓度之间呈线性关系，即 $A = Ec$。因此，只要选择适合的波长测定溶液的吸光度，即可求出浓度。

二、定量分析法的分类

紫外—可见分光光度法定量分析法在药品领域中主要用于药品的含量测定和溶出度检查，测定方法一般有对照品比较法、吸收系数法、标准曲线法、计算分光光度法和比色法，常用的测定方法是吸收系数法、标准曲线法和对照品比较法。

1. 吸收系数法

（1）方法概念。吸收系数法是指在 A 与 c 之间的关系符合朗伯—比尔定律的情况下，根据测得的吸光度 A，利用质量标准给定的吸收系数，求出浓度或含量的方法。

（2）方法要求。吸收系数法测定药物的含量时，供试品应称取 2 份；按照各品种项下的要求配制测定用溶液，以使测定的 A 值在 0.3~0.7 之间；在规定的波长处或规定波长 ±2 nm 内的波长处测定吸光度。测定前应先对仪器进行校正。

（3）计算方法

1）按照规定的方法配制供试品溶液，在规定的波长处测定吸光度，然后根据比尔定律，以规定条件下的吸收系数计算含量。计算公式为：

$$c = \frac{A}{E_{1\,cm}^{1\%}}(\,g/100\ mL\,) \tag{11-7}$$

$$供试品的含量\% = \frac{c \times V \times 稀释倍数}{m} \times 100\% \tag{11-8}$$

2）按照规定的方法配制供试品溶液，在规定的波长处测定吸光度，先计算出供试品的 $E_{1\,cm}^{1\%}$ 值，再与规定的吸收系数值比较，即可计算供试品的含量。计算公式为：

$$E_{1\,cm(供试品)}^{1\%} = \frac{A}{c_{供试品}(\,g/100\ mL\,) \times L(\,cm\,)} \tag{11-9}$$

$$供试品的含量\% = \frac{E_{1\,cm(供试品)}^{1\%}}{E_{1\,cm(供试品规定)}^{1\%}} \times 100\% \tag{11-10}$$

2. 标准曲线法

（1）方法概念。标准曲线法是紫外—可见分光光度法中最经典的定量方法，标准曲线是直接用标准溶液制作的曲线，是用来描述被测物质的浓度（或含量）在分析仪器响应信号值之间定量关系的曲线。绘制标准曲线的实际意义就是只要测得其吸光度值即可在标准曲线上查出相应的浓度值。特别适合于大批量试样的定量测定。

（2）方法要求

1）配制标准系列。取若干个相同规格的容量瓶，按照由少到多的顺序依次加入标准溶液，在相同的条件下加适量溶剂稀释，并分别加入等体积的试剂及显色剂，再加溶剂稀释至溶液的弯液面与标线相切，摇匀备用。

2）配制样品溶液。另取相同规格的容量瓶，精密吸取定体积的原样品溶液，按照与标准系列相同的操作程序和实验条件，配制一定浓度的样品溶液。

3）测定标准系列和样品溶液的吸光度。选择合适的参比（空白）溶液，在相同的条件下，以该溶液最大吸收波长（λ_{max}）的光作为入射光，分别测定标准系列各溶液和样品溶液所对应的吸光度。

4）绘制标准曲线。根据测定结果，以标准溶液浓度（c）为横坐标，所对应的吸光度（A）为纵坐标绘制曲线，称为标准曲线，也称为工作曲线或 A—c 曲线。如果标准系列的浓度适当，测定条件合适，理想的标准曲线则是一条通过坐标原点的直线。

配制一系列不同浓度的标准溶液，选择合适的参比溶液，在相同条件下，以待测组分的最大吸收波长 λ_{max} 作为入射光，分别测定各标准溶液对应的吸光度。以浓度 c 为横坐标、吸光度 A 为纵坐标描绘曲线，称为标准曲线，也叫工作曲线，如图 11-16 所示。按照相同的实验条件和操作程序，用待测溶液配制未知试样溶液并测定其吸光度 $A_{样}$。

（3）计算方法。在标准曲线上找到与吸光度 $A_{样}$ 对应的未知试样溶液的浓度 $c_{样}$，如图 11-16 所示。最后，根据配制样品溶液时所取的原样品溶液的体积以及容量瓶的容积，用下式计算原样品溶液的浓度（$c_{原样}$）。

$$c_{原样} = c_{样} \times 稀释倍数 \tag{11-11}$$

这种方法很适合于常规的分析工作，但仪器经搬动或维修后应重新校正波长。更换仪器时，必须重新绘制标准曲线。

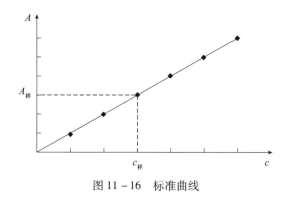

图 11－16　标准曲线

【实例分析】

硝酸盐广泛存在于自然界，在食物及饮水中都含有一定数量的硝酸盐。硝酸盐在细菌的硝基还原酶作用下，可转变为亚硝酸盐，当食品中的亚硝酸盐大量聚集会使人中毒。蔬菜中常含有较多的亚硝酸盐，特别是当大量使用含硝酸盐的化肥或土壤中缺钼锰等元素时，可增加植物中硝酸盐的蓄积。亚硝酸盐亦可在体内形成，当胃肠道功能紊乱、贫血、患肠寄生虫病及胃酸浓度降低时，胃肠道内硝酸盐还原菌大量繁殖，如再大量食用硝酸盐含量较高的蔬菜，即可使胃肠道内亚硝酸盐形成速度过快、数量过多以及机体不能及时将亚硝酸盐分解为氨，引起中毒，这通常被称为肠原性青紫症。实验证明，亚硝酸盐及硝酸盐与食品中固有的胺类化合物是产生致癌物质亚硝胺的前体物质，因此有必要控制食品中的硝酸盐及亚硝酸盐含量。目前对硝酸盐及亚硝酸盐的测定广泛采用分光光度法。

问题：硝酸盐及亚硝酸盐在紫外—可见光区本身没有吸收，如何进行测量？

3. 对照品比较法

（1）方法概念。对照品比较法简称对照法，是指在相同的条件下，在 A 与 c 之间的关系符合朗伯—比尔定律，即线性范围内，分别测定供试品溶液和已知准确浓度对照品溶液的吸光度，然后根据供试品溶液和对照品溶液的吸光度、对照品溶液的浓度计算出供试品含量的方法。

（2）方法要求。用对照法测定含量时，供试品、对照品均应取 2 份进行测定。为减小误差，应使用同一溶剂，对照品溶液中所含被测组分的量应为供试品溶液中被测组分标示量的 $(100 \pm 10)\%$ 以内，在规定的波长处或规定波长 ± 2 nm 内的波长处测定吸光度。测定前应先对仪器进行校正。

（3）计算方法。根据朗伯—比尔定律

$$A_{供试品} = E_{供试品} \cdot c_{供试品} \cdot L_{供试品} \qquad (11-12)$$

$$A_{对照品} = E_{对照品} \cdot c_{对照品} \cdot L_{对照品} \qquad (11-13)$$

因为使用同种物质、同一台仪器、同一个吸收池、同一波长进行测定，故 $E_{供试品} = E_{对照品}$，$L_{供试品} = L_{对照品}$

$$c_{供试品}/c_{对照品} = A_{供试品}/A_{对照品} \qquad (11-14)$$

$$c_{供试品} = \frac{A_{供试品}}{A_{对照品}} \times c_{对照品} \qquad (11-15)$$

$$供试品的含量\% = \frac{C_{供试品} \times V_{供试品} \times 稀释倍数}{m_s} \times 100\% \qquad (11-16)$$

三、定量分析法的要求

1. 溶剂

测定前，应以空气为空白测定溶剂在不同波长处的吸光度，检查所用的溶剂在测定波长附近是否符合药检要求，见表 11-4。

表 11-4 药物含量测定时对溶剂吸光度的规定

波长范围/nm	220~240	241~250	251~300	300 以上
吸光度 A	<0.4	<0.2	<0.1	<0.05

所用溶剂均不得超过其截止波长。每次测定时使用的溶剂应相同。

2. 波长

测定时，除另有规定外，应以配制供试品溶液的同批溶剂为空白对照，采用 1 cm 的石英吸收池在规定的吸收峰波长 ±2 nm 以内测试几个点的吸光度，或由仪器在规定波长附近自动扫描测定，以核对供试品的吸收峰波长是否正确。除另有规定外，吸收峰波长应在规定波长的 ±2 nm 以内，并以吸光度最大的波长作为测定波长。

3. 吸光度值范围

一般供试品溶液的吸光度读数，以在 0.3~0.7 之间为宜。

4. 参比溶液

除另有规定外，选用溶剂作为参比溶液。

5. 吸收池

透光率相差在 0.3% 以下的可配对使用，否则须校正。

6. 单色光纯度

仪器的狭缝波带宽度宜小于供试品吸收带的半高宽度的十分之一，否则测定的吸光度会偏低；狭缝宽度的选择，应以减小狭缝宽度时供试品的吸光度不再增加为准。大部分药物的测定可以使用 2 nm 带宽，但某些品种则需用 1 nm 带宽或更窄，如青霉素钾及钠的吸光度检查，否则在波长 264 nm 处的吸光度会偏低。

7. 当溶液的 pH 值对测定结果有影响时，应将供试品溶液的 pH 值和对照品溶液的 pH 值调成一致。

8. 容量仪器、分析天平均应经过检定校正。

四、定量分析法的影响因素

1. 偏离比尔定律的因素、产生的误差及减免方法

按照比尔定律，吸光度与浓度之间的关系是一条通过原点的直线。但在实际工作中，其

往往会偏离线性而发生弯曲（图 11 – 17），在弯曲部分，吸光度与浓度之间的关系不是直线关系。若在弯曲部分进行定量分析，将产生较大的测定误差。导致偏离线性的主要原因有光学因素（图 11 – 18）和化学因素。

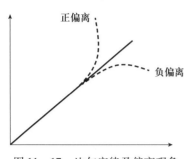

图 11 – 17　比尔定律及偏离现象

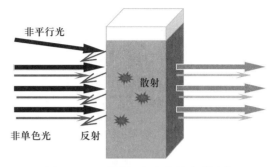

图 11 – 18　偏离比尔定律的光学因素

（1）光学因素

1）非单色光的影响。比尔定律只适用于单色光，但仪器测定用的入射光则是波长范围较窄的复色光。由于同一物质对不同波长光的吸收程度不同，因而导致对比尔定律的偏离。设入射光由波长 λ_1 和 λ_2 组成，它们的入射光强度分别为 I_{01} 和 I_{02}，透过光强度分别为 I_1 和 I_2，则物质对波长为 λ_1 和 λ_2 的单色光的吸光度分别为：

$$A_1 = -\lg \frac{I_1}{I_{01}} = E_1 CL \qquad\qquad I_1 = I_{01} \times 10^{-E_1 cL}$$

$$A_2 = -\lg \frac{I_2}{I_{02}} = E_2 CL \qquad\qquad I_2 = I_{02} \times 10^{-E_2 cL}$$

但在测定物质对复色光的吸光度时，入射光的强度为 $I_{01} + I_{02}$，透过光的强度为 $I_1 + I_2$，测得的吸光度为：

$$A = -\lg \frac{I_1 + I_2}{I_{01} + I_{02}} = -\lg \frac{I_{01} \times 10^{-E_1 cL} + I_{02} \times 10^{-E_2 cL}}{I_{01} + I_{02}}$$

$$= E_1 cL \left(-\lg \frac{I_{01} + I_{02} \times 10^{-E_2 cL}}{I_{01} + I_{02}} \right)$$

由上式可知，只有当 $E_1 = E_2$ 即 $\lambda_1 = \lambda_2$ 时，$A = EcL$ 才成立，若 $E_1 \neq E_2$，则 A 与 c 不是直线关系，即不符合比尔定律，E_1 与 E_2 相差越大，则 A 与 c 偏离直线关系越大。

为避免非单色光造成的误差，测定时应选择较纯的单色光，即波长范围很窄的光，同时应选择物质的最大吸收波长作为测定波长，因为在此处不仅测定灵敏度高，而且在峰处曲线比较平坦（图 11 – 19），E_1 和 E_2 差别不大，对比尔定律的偏离较小。

2）反射的影响。光通过折射率不同的两种介质的界面时，有一部分被反射。光通过吸收池时，有四个界面，约有 1/10 或更多的光能因反射而损失，使测得的吸光度偏高。一般情况下，可用参比溶液（除不含被测组分外其他成分与被测溶液相同）对比来补偿，如图 11 – 20 所示，即先让入射光通过装有参比溶液的吸收池，调节仪器的透光率为 100% 或

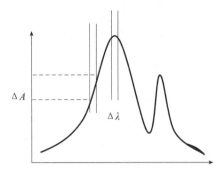

图 11 - 19　测定波长选择示意图

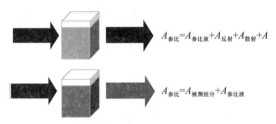

图 11 - 20　参比溶液的作用

吸光度为零，然后在用于测定被测溶液的透光率或吸光度，即可消除因反射产生的误差。

3）散射的影响。溶液中的质点对入射光的散射作用，可使透过光减弱，测得的吸光度偏高。真溶液质点小，散射光小，可用参比溶液对比补偿；但胶体溶液、高分子溶液等质点大，散射光强，一般不易制备参比溶液补偿，测定吸光度常产生正误差。

4）非平行光的影响。通过吸收池的光一般都不是真正的平行光，倾斜光通过吸收池的实际光程比垂直照射的平行光的光程长，使测定的吸光度偏高。这是同一物质溶液用不同仪器测定吸光度产生差异的主要原因之一。

（2）化学因素的影响

1）溶液浓度的影响。比尔定律表示的物质溶液浓度与吸光度的直线关系，只有在入射光为单色光和一定范围内的低浓度时才成立。在较高浓度时将引起偏差。因为浓度较大（大于 0.01 mol/L）时，溶液中的吸光粒子距离减小，以至于每个粒子都可影响其邻近粒子的电荷分布，使它们吸收测定波长光的能力发生改变，从而使吸光度和浓度之间的线性关系发生改变。其次，浓度较大时，溶液对光折射率的显著改变使测得的吸光度发生较显著的变化，从而导致对比尔定律的偏离。

2）浓度改变或溶液条件改变的影响。溶液中溶质可因浓度和溶液条件的改变而引起离解、缔合或与溶剂间的作用的改变，使吸光物质的存在形式发生变化，导致吸光能力发生改变，从而产生偏离比尔定律的现象。如亚甲蓝阳离子水溶液，单体的吸收峰在 660 nm 处，而二聚体的吸收峰在 610 nm 处，浓度增大，聚合体增多，660 nm 处吸收峰减弱，610 nm 处吸收峰增强，导致偏离比尔定律，其吸收光谱形状如图 11 - 21 所示。

又如重铬酸钾的水溶液有以下平衡：

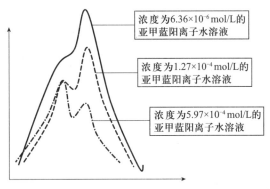

浓度为 6.36×10^{-6} mol/L的亚甲蓝阳离子水溶液

浓度为 1.27×10^{-4} mol/L的亚甲蓝阳离子水溶液

浓度为 5.97×10^{-4} mol/L的亚甲蓝阳离子水溶液

图 11 – 21　不同浓度亚甲蓝阳离子水溶液的吸收光谱

$$Cr_2O_7^{2-} + H_2O \rightleftharpoons 2H^+ + 2CrO_4^{2-}$$

$Cr_2O_7^{2-}$ 和 CrO_4^{2-} 两种离子吸光能力不同，有不同的吸收光谱，溶液的吸光度是两种离子吸光度之和。溶液的浓度改变，两种离子的浓度的比值发生变化，浓度和吸光度之间的线性关系随之发生变化，若浓度变化前后按照同一线性关系测定则将产生较大的误差。为减小这类误差，应严格控制溶液条件，使被测物质保持吸光能力相同的形式。

2. 透光率的测量误差

在紫外—可见分光光度法中，仪器误差主要是透光率测量误差（ΔT），其来自仪器的噪声。一类与光信号无关，称为暗噪声；另一类随光信号强弱而变化，称为信号噪声。浓度测定结果的相对误差（$\Delta c/c$）与透光率测量误差之间的关系是：

$$\frac{\Delta c}{c} = \frac{0.434}{\lg T} \times \frac{\Delta T}{T} \qquad (11-17)$$

即浓度测定结果的相对误差（$\Delta c/c$）取决于透光率的测量误差（ΔT）和透光率 T 的大小。仪器的暗噪声取决于电子元件和线路结构的质量、工作状态及环境条件等，暗噪声产生的 ΔT 可视为一个常量，从 $\Delta c/c - A$ 曲线（图 11 – 22）可知，当 A 值在 $0.2 \sim 0.7$（T 值 $65\% \sim 20\%$）范围之内时，测量误差较小，超出这个范围，测量误差急剧增大。信号噪声取决于被测光的强度、光的波长及光敏元件的品质，信号噪声产生的 ΔT 可用下式表示：

$$\Delta T = TK\sqrt{\frac{1}{T} + 1} \qquad (11-18)$$

代入式得：

$$\frac{\Delta c}{c} = \frac{0.434K}{\lg T} \times \sqrt{\frac{1}{T} + 1} \qquad (11-19)$$

从 $\Delta c/c - A$ 曲线可知，测量误差较小的范围一直延伸到高吸光度区，对测定有利。

五、定量分析法的操作规程

1. 供试品溶液和对照品溶液的配制

将供试品、对照品分别称取 2 份，精密称定，按照规定配制成测定用溶液。

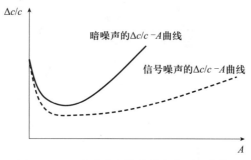

图 11 – 22　暗噪声和信号噪声的误差曲线

2. 仪器的准备

开机，预热，检定波长准确度、吸光度准确度和杂散光。

3. 测定前的检查

（1）检查溶剂吸收情况是否符合规定，所用溶剂均应小于介质波长，并使用相同的溶剂。

（2）检查最大吸收波长是否符合《中国药典》规定，确定测定波长。

（3）吸收池配对检查。

4. 测定

（1）设置测定波长、显示方式、狭缝宽度等测定参数。

（2）将参比溶液、供试品溶液装入吸收池中，测定 A 值。

5. 记录与计算

（1）记录供试品、对照品的有关信息。

（2）记录测定时的温度、测定波长等测定条件。

（3）记录测得的吸光度值。

（4）计算结果。

6. 数据处理

（1）修约。计算结果按"有效数字和数值的修约及其运算"修约，使其与《中国药典》标准中规定限度的有效位数相一致。

（2）精密度。计算测定结果的精密度，应符合《中国药典》规定。否则，应重新测定，直至符合要求。

（3）结果。取计算结果的平均值作为分析结果。

7. 结论

将分析结果与《中国药典》规定值进行对照比较，得出结论。

8. 结束

（1）将测定用溶液按规定处理，清洗吸收池。

（2）按照仪器操作规程关机，切断电源。

（3）填写仪器使用登记。

实训十三 维生素 B_{12} 注射液含量测定

一、实训目的

1. 能正确、规范地操作紫外分光光度计。

2. 能绘制试样的吸收曲线并查找波峰。

3. 能采用吸收系数法独立完成相当于标示量的百分含量的计算。

4. 会正确记录试验数据并完成检验报告。

二、器材准备

1. 试剂

准备：纯化水、维生素 B_{12} 注射液（1 mL：0.25 mg）。

2. 仪器

准备：紫外可见分光光度计（T_6）、比色皿（石英）、10 mL 移液管、100 mL 容量瓶。

三、实训内容与步骤

【鉴别】取含量测定项下的供试品溶液，按照紫外—可见分光光度法（通则 0401）测定，在 361 nm 与 550 nm 处有最大吸收；在 361 nm 处的吸光度与在 550 nm 处的吸光度比值应为 3.15～3.45。

【含量测定】避光操作。精密量取本品适量，用水定量稀释成每 1 mL 中约含维生素 B_{12} 25 μg 的溶液作为供试品溶液，按照紫外—可见分光光度法（通则 0401），在 361 nm 的波长处测定吸光度，按 $C_{63}H_{88}CoN_{14}O_{14}P$ 的吸收系数（$E_{1\,cm}^{1\%}$）为 207 计算，即得。含维生素 B_{12}（$C_{63}H_{88}CoN_{14}O_{14}P$）应为标示量的 90.0%～110.0%。

1. 溶液配制

用 10 mL 移液管精密量取维生素 B_{12} 注射液至 100 mL 容量瓶中，用纯化水稀释至标线，摇匀，即为每 1 mL 中约含维生素 B_{12} 25 μg 的溶液。平行配制 2 份。

2. 鉴别

以纯化水为参比溶液，分别在 361 nm、550 nm 处测得溶液的吸光度，填写表 11 - 5。

表 11 - 5   维生素 B_{12} 注射液鉴别数据记录

检品编号：

检品名称			检验日期	
批　　号		规　　格	完成日期	

续表

生产单位或产地		包　　装		检 验 者	
供样单位		有 效 期		核 对 者	
检验项目		检品数量		检品余量	
检验依据					

紫外分光光度仪：　　　　　　　　　　　　$E_{1\ cm}^{1\%} =$ ：

溶剂：　　　　　　　　　　　　　　　　　溶剂空白吸收：

供试品溶液的制备方法：

照紫外—可见分光光度法，在　　　　　　nm 的波长处测定吸光度（标准规定检测波长：361 ± 2 nm）。

$V_{样}$：

$A_{样}$：

吸光度比值：$A_{361} / A_{550} =$

标准规定：

结论：

3. 含量测定

以纯化水为参比溶液，对 2 份样品溶液，在 361 nm 的波长处测定吸光度。每份平行测定 2 次，填写表 11 - 6。

表 11 -6　　　　　　　　　　　**维生素 B_{12} 注射液含量测定数据记录**

检品编号：

检品名称				检验日期	
批　　号		规　　格		完成日期	
生产单位或产地		包　　装		检 验 者	
供样单位		有 效 期		核 对 者	
检验项目		检品数量		检品余量	
检验依据					

紫外分光光度仪：　　　　　　　　　　　　$E_{1\ cm}^{1\%} =$ ：

溶剂：　　　　　　　　　　　　　　　　　溶剂空白吸收：

供试品溶液的制备方法：

续表

照紫外—可见分光光度法，在　　　　　　　nm 的波长处测定吸光度（标准规定检测波长：361 ±2 nm）。

$V_{样}$:

$A_{样}$:

标示百分含量：

标示百分含量平均值（%）：

计算公式：

标准规定：
结论：

四、实训测评

按表 11 - 7 所列评分标准进行测评，并做好记录。

表 11 - 7　　　　　　　　　　实训评分标准

序号	考核内容	考核标准	配分	得分
1	能准确选择比色皿	应选择石英比色皿	10	
2	能设定仪器波长	波长不会设置或者设置错误	10	
3	能正确进行比色皿配对	最大误差 ΔT 应不大于 0.3%	10	
4	能正确选择参比溶液	使用纯化水为参比溶液	10	
5	能正确、安全打开安瓿瓶	不应出现伤害、破损的现象	10	
6	能按标准操作规程使用移液管	移液管操作正确	10	
7	能按标准操作规程使用容量瓶	容量瓶操作正确	10	
8	能根据测量结果完成检验报告	计算正确、结论准确	10	
9	能规范处理废弃物	安瓿瓶要放入医疗垃圾收集桶内	10	
10	能按"6s"要求清理场地	场地应干净、有序	10	
	合计		100	

【注意事项】

1. 在每次测定前，首先应做比色皿配套性试验。即将同样厚度的 4 个比色皿都装相同溶液，在所选波长处测定各比色皿的透光率，其最大误差 ΔT 应不大于 0.3% 。

2. 仪器在不测定时，应随时打开暗箱盖，以保护光电管。

3. 为使比色皿中测定溶液与原溶液的浓度一致，需用原溶液荡洗比色皿 2~3 次。

4. 比色皿使用后应立即取出，并用自来水及纯化水洗净，倒立晾干。

5. 比色皿一般用水荡洗，如被有机物污染，宜用盐酸—乙醇（1:2）浸泡片刻，再用水冲洗，不能用碱液或强氧化性洗液清洗。切忌用毛刷刷洗，以免损伤比色皿。

6. $\lambda < 350$ nm 时使用氢灯，$\lambda \geqslant 350$ nm 时使用钨灯。

目标检测

一、选择题

1. 在紫外可见分光光度法测定中，使用参比溶液的作用是（　　）。

A. 调节仪器透光率的零点

B. 吸收入射光中测定所需要的光波

C. 调节入射光的光强度

D. 消除试剂等非测定物质对入射光吸收的影响

2. 某分析工作者，在光度法测定前用参比溶液调节仪器时，只调至透光率为 95.0%，测得某有色溶液的透光率为 35.2%，此时溶液的真正透光率为（　　）。

A. 40.2%　　　　B. 37.1%　　　　C. 35.1%　　　　D. 30.2%

3. 常用作光度计中获得单色光的组件是（　　）。

A. 光栅（或棱镜）+ 反射镜　　　　B. 光栅（或棱镜）+ 狭缝

C. 光栅（或棱镜）+ 稳压器　　　　D. 光栅（或棱镜）+ 准直镜

4. 某物质的吸光系数与（　　）有关。

A. 溶液浓度　　　B. 测定波长　　　C. 仪器型号　　　D. 吸收池厚度

5. 用标准曲线法测定某药物含量时，用参比溶液调节 $A = 0$ 或 $T = 100\%$，其目的是（　　）。

A. 使测量中 c—T 呈线性关系

B. 使标准曲线通过坐标原点

C. 使测量符合比尔定律，不发生偏离

D. 使所测吸光度 A 值真正反应的是待测物的 A 值

6. 某药物的摩尔吸光系数（ε）很大，则表明（　　）。

A. 该药物溶液的浓度很大

B. 光通过该药物溶液的光程很长

C. 该药物对某波长的光吸收很强

D. 测定该药物的灵敏度高

二、填空题

1. 在以波长为横坐标，吸光度为纵坐标的不同浓度 $KMnO_4$ 溶液吸收曲线上可以看出_____未变，只是_____改变了。

2. 不同浓度的同一物质，其吸光度随浓度增大而_____，但最大吸收波长_____。

3. 符合光吸收定律的有色溶液，当溶液浓度增大时，它的最大吸收峰位置_____，摩尔吸光系数_____。

4. 为了使分光光度法测定准确，吸光度应控制在 $0.2 \sim 0.8$ 范围内，可采取的措施有_____和_____。

5. 摩尔吸光系数是吸光物质_____的度量，其值越_____，表明该显色反应越_____。

6. 一有色溶液，在比色皿厚度为 $2\ cm$ 时，测得吸光度为 0.340。如果浓度增大 1 倍时，其吸光度 $A =$ _____。

7. 各种物质都有自身的吸收曲线和最大吸收波长，这种特性可作为物质的依据；同种物质的不同浓度溶液，任一波长处的吸光度随物质的浓度的增加而增大，这是对物质进行_____的依据。

8. 在光度分析中，常因波长范围不同而选用不同材料制作的吸收池。可见分光光度法中一般选用_____吸收池；紫外分光光度法中须选用_____吸收池。

三、判断题

1. 某物质的摩尔吸光系数越大，则表明该物质的浓度越大。（　　）

2. 在紫外光谱中，同一物质，浓度不同，入射光波长相同，则摩尔吸光系数相同；同一浓度，不同物质，入射光波长相同，则摩尔吸光系数一般不同。（　　）

3. 有色溶液的透光率随着溶液浓度的增大而减小，所以透光率与溶液的浓度成反比关系；有色溶液的吸光度随着溶液浓度的增大而增大，所以吸光度与溶液的浓度成正比关系。（　　）

4. 朗伯—比尔定律中，浓度 c 与吸光度 A 之间的关系是通过原点的一条直线。（　　）

5. 朗伯—比尔定律适用于所有均匀非散射的有色溶液。（　　）

6. 有色溶液的最大吸收波长随溶液浓度的增大而增大。（　　）

7. 在光度分析法中，溶液浓度越大，吸光度越大，测量结果越准确。（　　）

8. 物质摩尔吸光系数 ε 的大小，只与该有色物质的结构特性有关，与入射光波长和强度无关。（　　）

9. 吸光度的读数范围不同，读数误差不同，引起最大读数误差的吸光度数值约为 0.434。（　　）

10. 在进行紫外分光光度测定时，可以用手捏吸收池的任何面。（　　）

第十二章

原子吸收分光光度法

学习引导

　　水俣病是因长期食入被有机汞污染河水中的鱼、贝类所引起的以甲基汞为主的有机汞中毒或是孕妇吃了被有机汞污染的一定量的海产品后引起的婴儿患先天性水俣病，是有机汞侵入脑神经细胞而引起的一种综合性疾病。因 1953 年首先发现于日本熊本县水俣湾附近的渔村而得名，水俣病是慢性汞中毒的一种类型。水俣病是环境污染中有毒微量元素造成的严重的公害病之一。

　　那么这些微量的汞该如何检测呢？如果含有其他的微量金属又该如何检测？本章主要介绍原子吸收光谱法如何应用于金属元素的测定。

§12-1　原子吸收光谱基本原理

 学习目标

1. 掌握原子吸收光谱基本原理、原子吸收光谱仪结构部件及工作原理。
2. 熟悉原子吸收测量条件选择方法和定量方法。
3. 了解原子吸收光谱法在食品及药物质量控制中的应用。

　　原子吸收现象早在 1802 年就被发现，1955 年后才作为一种实用分析技术被运用。20 世纪 60 年代中期，随着商品化原子吸收分光光度计的出现，原子吸收光谱分析技术得到了迅速发展与广泛应用。

一、原子能级与原子吸收光谱

　　原子在正常状态时，核外电子按一定规律处于离核较近的原子轨道上，这时能量最低、最稳定，称为基态；当原子受外界能量（如热能、光能等）作用时，最外层价电子吸收一定的能量而被激发到一个能量更高的轨道上处于另一种状态，称为激发态。处于基态的气态原子接收了一定频率的光的照射，吸收了能量，从基态跃迁到激发态，从而产生了原子吸收光谱。原子吸收光谱一般位于电磁辐射的真空紫外、紫外区和可见光区。由于原子能级是量子化的，因此，原子对光的吸收是选择性吸收，所吸收光子的能量必须等于基态和激发态两能级之间的能量差。原子吸收和分子的紫外—可见光吸收在形式上并无差异，但两者吸收机理存在本质的区别。紫外—可见光吸收的本质是分子吸收，除了分子外层电子能级跃迁外，同时还有振动能级和转动能级的跃迁吸收，所以是一种宽带吸收，带宽通常在 $10^{-2} \sim 10^{-1}$ nm 甚至更宽，使用连续光源。原子吸收只是原子外层电子能级跃迁的吸收，是一种窄带吸收，又称谱线吸收，吸收宽度仅有 10^{-3} nm 数量级，只能使用窄谱带光源，也称锐线光源。在原子吸收跃迁过程中，从基态到第一激发态的跃迁是最容易发生的，这时所产生的吸收谱线称为元素的共振吸收线，简称共振线。因不同元素具有不同的原子结构和外层电子的排布，因而不同的元素具有不同的共振线，各具特征，也称为元素的特征谱线，也是最灵敏的谱线。例如钾、钠、铅、锂、钙元素的特征谱线分别为 766.5、589.0、283.3、670.7、422.7 nm。

　　基于元素原子特征谱线进行定性和定量分析的方法称为原子吸收光谱法（AAS）。在原子吸收光谱法中，分析时选用的谱线称为分析线或吸收线，一般都选用共振线。

【实例分析】

　　近年来，微量元素与人体健康的关系越来越引起人们的重视，含有某些微量元素的食品也应时而生。所谓微量元素是针对宏量元素而言的。人体内的宏量元素又称为主要元素，共有 11 种，按需要量多少的顺序排列为：氧、碳、氢、氮、钙、磷、钾、硫、钠、氯、镁。其中氧、碳、氢、氮占人体质量的 95%，其余的约占 4%，此外，微量元素约占 1%。在生命必需的元素中，金属元素共有 14 种，其中钾、钠、钙、镁的含量占人体内金属元素总量的 99% 以上，其余 10 种元素的含量很少。习惯上把含量高于 0.01% 的元素，称为常量元素，低于此值的元素，称为微量元素。一定浓度水平的微量金属元素是维持生物体正常功能所必需的，缺乏或过量都会引起不良的后果。因此，微量金属元素的监测结果是辅助医疗诊断的重要资料。例如，血液或头发中的微量元素检查是医院临床诊断常规化验项目，主要测定锌、钙、镁、铁、铜等含量。

　　问题：血液或头发中含有多种微量金属元素，如何分别测定其含量？是否可以选择配位滴定法来完成？

二、原子吸光度与原子浓度的关系

　　基态原子蒸气对该元素的共振线的吸收遵循光吸收定律。1955 年，澳大利亚物理学家瓦尔什（A. Walsh）从理论上证明了，在温度不太高和稳定条件下，在特征谱线处的吸收系数与单位体积原子蒸气中处于基态的原子数目成正比。在通常的温度（2 000 ~ 3 000 K）下，原子蒸气中处于激发态的原子数很少，仅占基态原子数的 1%，甚至更少，可以忽略不计，蒸气中的原子总数可以近似认为是蒸气中处于基态的原子数，所以特征谱线处的吸收系数与单位体积蒸气中总的原子数成正比。又因为在一定条件下蒸气中原子的总浓度和被测样品中该元素的浓度也成正比，所以被测样品中待测元素的浓度与其在特征谱线处的吸光度成正比，即有

$$A = Kc \qquad\qquad (12-1)$$

式中　K——比例常数；

c——待测元素的溶液浓度；

A——吸光度。

此式为原子吸收光谱法中定量分析的基本关系式。

【知识链接】

原子光谱法的产生

原子吸收光谱作为一种实用的分析方法是从 1955 年开始的。这一年澳大利亚的瓦尔什（A. Walsh）发表了他的著名论文《原子吸收光谱在化学分析中的应用》奠定了原子吸收光谱法的基础。20 世纪 50 年代末和 60 年代初，Hilger，Varian Techtron 及 Perkin - Elmer 公司先后推出了原子吸收光谱商品仪器，发展了瓦尔什的设计思想。到了 20 世纪 60 年代中期，原子吸收光谱开始进入迅速发展的阶段。

原子光谱法灵敏度高、检出限低、选择性好，可直接测定元素周期表中绝大多数金属，也可用于测定非金属元素。

§12 – 2　原子吸收分光光度计

学习目标

1. 了解原子吸收分光光度法的分析依据。
2. 掌握原子吸收分光光度计的组成、主要部件的名称与作用。

原子吸收分光光度计，通常由光源、原子化器、分光系统、检测系统、记录处理系统和背景校正系统等几大部分组成，如图 12 – 1 所示。

一、原子吸收分光光度计的主要部件

1. 光源

光源的功能是发射被测元素基态原子所吸收的特征谱线。对光源的要求是锐线光源、辐射强度大、稳定性好、背景干扰小。目前常用的光源有空心阴极灯和无极放电灯等。

（1）空心阴极灯。空心阴极灯是一种特殊的辉光放电管，如图 12 – 2 所示。玻璃灯管

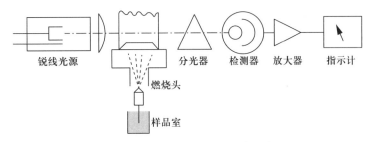

图 12 - 1　原子吸收分光光度计示意图

内封有能发射被测元素特征谱线材料制成的空腔形阴极和一个钨制阳极，并充有低压惰性气体（如氖、氩等），管前端有一石英玻璃窗。

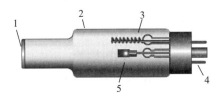

图 12 - 2　空心阴极灯结构示意图

1—石英窗　2—玻璃管　3—阳极　4—插头　5—阴极

空心阴极灯的发光机理是：在阴、阳两极间加有 300 ~ 500 V 电压的电场作用下，电子由阴极高速射向阳极，使充入的惰性气体电离，正离子以高速射向阴极内壁引起阴极溅射出原子，溅射出的原子与其他粒子相互碰撞而激发；激发态的原子不稳定，很快回到基态，发射出其共振谱线。空心阴极灯的发光强度与灯电流有关，灯电流越大，发光强度越大，但寿命会缩短；灯电流过小，发光强度弱且稳定性差。

空心阴极灯的制造厂商一般都规定了最佳工作电流和最大电流，使用时不得超过最大电流，否则可能会导致阴极材料大量溅射、寿命缩短或阴极熔化。在采用较高电流操作时，待测元素的标准曲线可能会发生严重弯曲，并由于阴极灯的自吸效应而降低灵敏度。实际操作中，可首选制造厂商推荐的电流强度，若不能满足分析要求，可采用不同的灯电流（原子化器等参数应保持一致）对同一溶液进行分析，确定吸收值大且信号稳定的最佳工作电流。

空心阴极灯有单元素空心阴极灯、多元素空心阴极灯和高强度空心阴极灯等多种类型。

（2）无极放电灯。无极放电灯结构简单，如图 12 - 3 所示。在一个数厘米长、直径 5 ~ 12 mm 抽成真空的石英玻璃管内，装入数毫克被测元素的卤化物，并充入压强为几百帕的惰性气体。再将石英玻璃管放入绕有高频线圈的陶瓷套筒，并装入一个绝缘外套，构成无极放电灯。在高频电场作用下激发出被测元素的特征谱线。灯内没有电极且低压放电，故称为无极放电灯。

已有商品化无极放电灯的元素有：锑、砷、铋、镉、铅、锗、铊、锌和磷等。磷无极放电灯是目前用原子吸收光谱法测定磷的唯一实用光源。

原子分光光度计受发射光源的限制，测定不同的元素时需更换不同类型的元素灯，近年

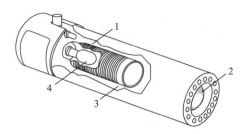

图 12 - 3　无极放电灯结构示意图
1—高频线圈　2—石英窗　3—陶瓷套筒　4—石英玻璃管

来随着连续光源技术，特别是 SIMAAC 的发展，上述缺点正逐渐被克服。

2. 原子化器

原子化器是将待测元素转化为基态原子的仪器部件。原子化器通常有火焰型、电热型、氢化物发生型和冷蒸气型四种。

（1）火焰型原子化器。火焰型原子化器是通过化学火焰的燃烧提供能量，使被测元素原子化。目前普遍使用的是由雾化器、预混合室、燃烧器、火焰等构成的预混合型火焰原子化器，如图 12 - 4 所示。

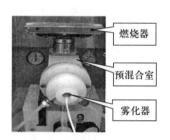

图 12 - 4　预混合型火焰原子化器结构示意图

雾化器的作用是将样品溶液雾化。雾滴越小，火焰中生成的基态原子就越多。目前多采用如图 12 - 4 所示的同轴型气动喷雾雾化器，喷出直径为微米级的气溶胶。

预混合室的作用是使气溶胶更小、更均匀，并与燃气、助燃气混合均匀进入燃烧器。预混合室内的气流扰流器对较大液滴有阻挡作用，使其沿室壁流入废液管排出，还有助于气体混合均匀、火焰稳定、降低噪声。

燃烧器的作用是通过助燃气（如空气、氧化亚氮等）和燃气（如氢气、乙炔等）的燃烧而产生火焰，使进入火焰的试样气溶胶蒸发、脱溶剂、灰化和原子化。燃烧器是狭缝型，且能旋转一定角度，并且上下可调节，以便选择合适的火焰部位进行测量。

不同的燃气和助燃气燃烧的火焰温度不同，改变燃气和助燃气的种类及比例可以控制火焰的温度，控制被测物原子化的效果。火焰一般分为三种类型：①贫燃火焰。助燃气流量大、燃气流量小，呈蓝色，氧化性强，适用于易电离碱金属等元素分析。②富燃火焰。助燃气流量小、燃气流量大，呈黄色，还原性强，温度低，有利于易形成难电离氧化物元素的原子化。③化学计量火焰。温度高、稳定、噪声小、背景低，适合于许多元素的分析。助燃气和燃气流量比例与两者化学计量关系相近。火焰温度还和火焰的位置有关，一般在火焰中部偏下温度最高。混合气体供气速度和其燃烧速度相当时有助于火焰的稳定性。常用的几种火焰的燃烧特性和适用范围见表12-1。

表 12-1　　　　　　　　　　常用的几种火焰的燃烧特性和适用范围

燃气	助燃气	最高燃烧速率/（cm/s）	最高焰温度/K	适用对象
乙炔	空气	158	2 600	贵金属、碱及碱土金属等30多种
乙炔	氧化亚氮	160	3 200	铝、硼、钛、钒、锆、稀土等70多种
氢气	空气	310	2 300	砷、硒、锌等

火焰原子化器操作简单、火焰稳定、重现性好、精密度高、应用范围广，但原子化效率低，通常只能液体进样。

（2）电热型原子化器。电热型原子化器又称无火焰原子化器，以石墨炉应用最广，它是利用电能加热盛放试样的石墨容器使之达到高温以实现试样蒸发和原子化。

石墨炉原子化器的本质是一个电加热器。石墨炉原子化器的结构如图12-5所示。石墨炉是外径6 mm、内径4 mm、长度为30 mm左右的石墨管，管两端用铜电极包夹。试样用微量注射器直接从进样孔注入石墨管中，通过铜电极供电，石墨管作为电阻发热体，在电加热过程中经过四个阶段：干燥阶段，用略高于溶剂沸点的温度蒸发除去溶剂；灰化阶段，是在较高温度下除去低沸点无机物及有机物，减少基体干扰；原子化阶段，需要快速升温，使试样转变成气态原子；净化阶段，消除高温残渣，此时温度最高。铜电极周围用水箱冷却。盖上盖板，构成保护气室，室内通入惰性气体 Ar 或 N_2，以保护原子化的原子不再被氧化，同时也延长石墨管的使用寿命。石墨炉原子化效率高（几乎100%），试样用量少且不受其形态限制，可测定共振线在真空紫外区的元素和有毒或放射性的物质。

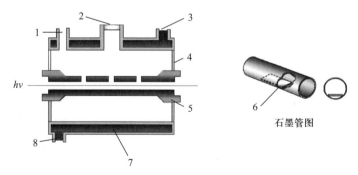

图 12-5　管式石墨炉原子化器结构示意图

1—惰性气体入口　2—进样孔和盖板　3—冷却水入口　4—绝缘材料　5—石墨管

6—载物台　7—金属管套　8—冷却水出口

（3）氢化物发生型原子化器。利用某些元素易形成低沸点氢化物的性质而设计的氢化物发生原子化器，可以减少或避免因高温导致的背景干扰与化学干扰。As、Sb、Bi、Ge、Sn、Pb、Se 等元素在存在还原剂（除另有规定外，通常采用硼氢化钠）的酸性介质中易生成低沸点的易受热分解的氢化物，再依次由载气导入由石英管与加热器组成的原子吸收池中，在石英管中氢化物因受热而分解，并形成基态原子。

（4）冷蒸气型原子化器。由冷蒸气发生器和石英吸收池组成，专门用于汞的测定。测定时，在汞蒸气发生器中，汞离子被还原成汞，然后将汞蒸气直接导入石英吸收池中。

不同的原子化器有各自的特点及适用范围。如火焰原子化器不适合测定高温难熔元素和吸收波长小于 220 nm 锐线光的元素（如 As、Se、Zn、Pb）；石墨炉原子化器的优点是体积小，可保证在光路上有大量"游离"原子（喷雾器/燃烧器的原子化效率是10%，而石墨炉则可达约90%），且所用试样少（通常为 2 ~ 5 μL）。由于其效率高，各元素的绝对灵敏度可达 10^{-12} ~ 10^{-9} g，可分析 70 多种金属和类金属元素，缺点是仪器运行成本高，为提高灵敏度需加入适宜的基体改进剂，操作要求较高；氢化物发生原子化器可将被测元素从大量溶剂中分离出来，其检测限要比火焰法低 1 ~ 3 个数量级，选择性好，基体干扰少；冷蒸气发生原子化器专门用于汞的测定。

3. 分光系统

原子吸收分光光度计的分光系统和紫外—可见分光光度计的单色器组成一样，由色散元件（如光栅）、反射镜和狭缝等组成，封于防潮、防尘的金属暗箱内，其主要作用是将被测元素的共振线与邻近谱线分开。原子吸收的分析线和光源发射的谱线都比较简单，因此，对分光系统的分辨率要求不高。为了防止来自原子化器的所有辐射不加选择地都进入检测器，所以分光系统常配置在原子化器的后面。

4. 检测系统

检测器的作用是将分光系统输出的光信号转变为电信号。检测系统主要由检测器、放大器、对数变换器、指示仪表组成。检测器多为光电倍增管，工作波长范围在 190 ~ 900 nm。要求检测器的输出信号灵敏度高、噪声低、漂移小及稳定性好。

5. 记录处理系统

记录处理系统将检测结果输出并对结果进行数据处理与显示，常配备计算机和相应数据处理软件。

6. 背景校正系统

背景干扰属于光谱干扰的范畴，是原子吸收测定中的常见干扰因素，形成背景干扰的主要原因是热发射、分子吸收与光散射，表现为吸光度增大使测定结果偏高。有些干扰可以通过适当的试样前处理或优化原子化过程的条件得以消除或减少，但许多干扰仍难以避免，需要通过改进仪器设计予以克服。

背景校正系统是用于校正背景及其他原因引起的对测定吸收干扰的装置。目前已有氘灯校正法、塞曼效应校正法、自吸收校正法和非吸收校正法等方法，也产生了相应方法的校正装置。这里只介绍氘灯校正方法和校正装置的结构。

氘灯背景校正法是用一连续光源（氘灯）与锐线光源（被测元素空心阴极灯）的谱线交替通过原子化器进入检测器。当氘灯发出的连续光谱通过原子化器时，因原子吸收而减弱的光强相对于总入射光强度来说可以忽略不计，检测只获得背景吸收（A_B），而锐线光源谱线通过原子化器时产生的吸收是背景吸收与被测元素产生的吸收之和（$A_{总}$），两者之差（$A_{总} - A_B$）即为校正背景后的被测元素的吸光度值。

　　氘灯背景校正装置结构如图 12 - 6 所示，在垂直于锐线光源（空心阴极灯）和原子化器之间增加了氘灯光源与切光器。由于氘灯的光谱区在 180 ~ 370 nm，仅适用于紫外光区的背景校正；可见光区的背景校正应采用卤钨灯作为校正光源。

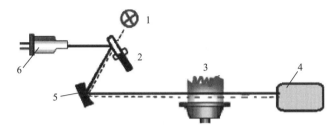

图 12 - 6　氘灯背景校正装置结构图
1—D 灯　2—切光器　3—原子化器　4—检测器　5—反光镜　6—空心阴极灯

练一练

1. 原子吸收分光光度计由光源、（　　　）、单色器、检测器等主要部件组成。
A. 原子化器　　　　B. 光电管　　　　C. 辐射管　　　　D. 电感耦合等离子体
2. 原子化器通常有_____、_____、_____和_____四种类型。

二、原子吸收分光光度计的类型与工作原理

　　目前，商品化的原子吸收分光光度计类型较多。按光束可分为单光束和双光束两种；按波道数可分为单波道数和多波道数两种。单波道数的仪器一次只能分析测试一种元素；多波道数仪器可一次同时测定多种元素。目前应用比较广泛的是单波道单光束型和单波道双光束型。

　　1. 单波道单光束型

　　单波道单光束型原子吸收分光光度计的光路和测定时分析线都只有一条，其组成结构如图 12 - 7 所示。工作原理是由被测元素空心阴极灯发射的谱线经过原子化的蒸气吸收后，到达分光系统（单色器）色散出分析谱线，再经检测器检测和记录处理。这类仪器结构简单，但它会因光源不稳定而引起基线漂移。在测量过程中要校正基线。

图 12 - 7　单波道单光束型原子吸收分光光度计结构示意图

　　2. 单波道双光束型

　　单波道双光束型原子吸收分光光度计有两条光束（即两条光路），但测定时分析线只有

一条，其组成结构如图12-8所示。工作原理是光源发出的光波被切光器分成两束光，一束测量光通过原子化器，一束参比光不经过原子化器。两束光交替地进入同一分光系统，然后进行检测，检测器输出的信号是两光束的信号差。由于两束光来自同一光源，可以通过参比光束的作用，克服光源不稳定造成基线漂移的影响，测定精密度和准确度都优于单波道单光束型，但结构复杂，价格较贵。

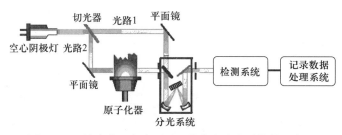

图12-8 单波道双光束原子吸收分光光度计结构示意图

三、仪器的保养维护

1. 清洁燃烧头

如果燃烧器头的细缝被碳化物或盐等堵塞，开始堵塞不严重时，火焰会变得不规则。进一步堵塞火焰将会分叉，呈锯齿形，在火焰出现上述状态前，应该立即熄灭火焰，冷却后用塑料片或硬卡片擦去细缝内壁的锈斑和沉积物。清洗后再次点火，会出现闪烁的橙色火焰，此时应喷雾纯水，直到不再闪烁为止。如果依然有此现象，要从雾化室内取下燃烧器头，用纯水清洗内部；必要时使用稀酸或合适的洗涤剂浸泡过夜，然后用毛刷刷洗内壁，最后用纯水冲洗干净。清洁时不可使用金属刷子，否则，会刷坏燃烧器头。

2. 清洁雾化器

如果测定中数据漂移或吸收灵敏度减小，有可能是雾化器毛细管堵塞而引起的。雾化器清洗的步骤如下：①当火焰完全熄灭后，插入软细金属到毛细管中清洁内壁；②拔出清洁丝后，喷雾蒸馏水；③使用标准样品溶液或类似的样品检查吸收的灵敏度和稳定性；④如果通过上述步骤①~③仍然没有改善，污物可能附着在雾化器尖端的毛细管和塑料管套之间。此时，进行下列步骤的操作：①在火焰完全熄灭后，拧松雾化器的锁定螺丝，向上拉出雾化器固定板，除去插入到雾化器的喷雾接头，然后从雾化室取下雾化器，将雾化器尖端浸入到盐酸（1:1）中（此时要确保雾化器只有管套部分而没有金属部分浸入在盐酸中），然后，浸到相同高度的蒸馏水中，完全除去盐酸。②安装雾化器然后喷雾纯水，使用标准试样溶液检查吸收灵敏度和稳定性。清洁过程中不要移动撞击球和使用超声波清洁装置清洁雾化器，否则，毛细管和主体之间的连接可能会损坏。

3. 清洗石墨炉

石墨炉和主机样品室两边的石英窗粘污时，会出现挡光的情况，可用药用棉签蘸上中性洗涤剂清洗，然后用去离子水冲洗干净。石墨炉不加热，并显示电阻太大，如果石墨管损坏则需要更换石墨管。否则可用乙醇清洗石墨锥内部，除去碳化物的沉积使石墨锥与石墨管更好地接触。另外，至少每周清洗一次石墨炉炉头。

4. 气路气密性检查

检查气体配管、气体软管（标准装备）和仪器的气体控制部分是否漏气，最好每月定期检查一次。检查从气体钢瓶和压缩机到气体软管（标准配备）所有的配管的连接是否合适。关闭电源开关，打开气体钢瓶和压缩机的主阀，等待约 5 s，然后关闭主阀，约 30 min 后，检查安装在主阀和仪器之间配管上的压力表，燃气的压力降不能大于 0.01 MPa，助燃气的压力降不能大于 0.02 MPa。如果其中之一的压力降超过上述数值，即可认为有漏气现象。如果气体泄漏，用肥皂水或漏气检测溶液检查气体配管和气体软管的各连接处，找出漏气的部位。如果漏气发生在连接部位，重新连接这些部位；如果漏气发生在气体软管上，应该立即更换气体软管。

5. 点火器清洁

如果仪器使用过度，点火器电极上积灰或堵塞，会造成点火困难或火焰在仪器内燃烧，造成火灾。每个月应清洁一次。

6. 氘灯更换

背景校正氘灯平均使用寿命是 500 h，光强度不足时，应及时更换。在更换灯之前，关闭电源并等待灯已经充分冷却，拿新灯要戴手套，不能把指印留在灯上，否则留下的污斑会影响光的透射。一旦被污染，可用乙醇等擦去。当取下或装上氘灯室盖时，注意不要损坏氘灯的凸端，否则会引起氘灯真空管损坏。

§12-3 定量分析方法

 学习目标

1. 掌握标准曲线法的应用及注意事项。
2. 掌握标准加入法的应用及注意事项。

原子吸收分光光度法在药品检验中主要用于药物中金属元素或化合物的含量测定、片剂溶出度、缓释片释放度的检查；也能进行微量金属杂质的检查，重金属（Cr、Cd、Pb、Hg 等）的限量检查。

原子吸收分光光度法的定量分析方法有标准曲线法、标准加入法、内标法等。《中国药典》（2020 年版）收载了两种测定方法，第一种方法是标准曲线法，第二种方法是标准加入法。

一、标准曲线法

1. 操作规程

（1）标准溶液的制备。先配制一个被测元素的标准储备液，通常可用该元素的基准化合物或纯金属按规定方法配制，用通常用作空白对照的溶液稀释成标准工作液，再按测定方法的操作步骤配制一组合适的系列标准溶液。

（2）标准曲线的绘制。在仪器推荐的浓度范围内，制备含待测元素不同浓度的对照品溶液至少五份，浓度依次递增，并分别加入各品种项下制备供试品溶液的相应试剂，同时以相应试剂制备空白对照溶液。将仪器按规定启动后，依次测定空白对照溶液和各浓度对照品溶液的吸光度，记录读数。以每一浓度三次吸光度读数的平均值为纵坐标、相应浓度为横坐标，绘制标准曲线。绘制标准曲线时，一般采用线性回归，也可采用非线性拟合方法回归。

（3）供试液的制备。按品种项下的规定制备供试品溶液，使待测元素的估计浓度在标准曲线浓度范围内。

（4）测定。将供试品溶液吸喷入火焰，测定吸光度，取三次读数的平均值。

（5）结果处理。从标准曲线（图 12 - 9）上查得相应的浓度（也可通过回归方程计算），计算元素的含量。

2. 注意事项

（1）供试品溶液测定完成后，应用与供试品溶液浓度接近的标准溶液进行回校。

（2）在原子吸收分光光度法中，待测溶液的吸光度值应在 0.5 以下，0.3 左右最佳，以保证待测元素具有良好的线性范围。

（3）样品的测定读数宜在线性范围中间或稍高处。

二、标准加入法

1. 操作规程

（1）标准曲线的绘制。取同体积按各品种项下规定制备的供试品溶液 4 份，分别置于 4 个同体积的量瓶中，除（1）号量瓶外，其他量瓶分别精密加入不同浓度的待测元素对照品溶液，分别用去离子水稀释至刻度，制成从零开始递增的一系列溶液。按上述标准曲线法自"将仪器按规定启动后"操作，测定吸光度，记录读数；将吸光度读数与相应的待测元素加入量作图。

（2）结果计算。延长此直线至与含量轴的延长线相交，此交点与原点间的距离即相当于供试品溶液取用量中待测元素的含量，如图 12 - 10 所示。再以此计算供试品中待测元素的含量。

2. 注意事项

（1）当基体干扰严重时，又没有纯净的基体空白时，可选择采用标准加入法，消除基体的干扰，使结果更加准确可靠。

（2）常用标准加入法的前提是标准曲线在低浓度时呈现良好的线性，并在无加入时通过原点，否则将会导致误差。

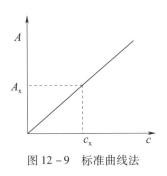

图 12 - 9 标准曲线法

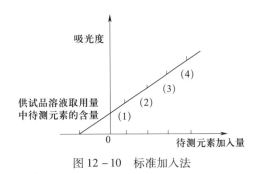

图 12 - 10 标准加入法

原子吸收分光光度法的定量分析方法有_____、_____法、内标法。

§12 - 4 原子吸收分光光度法的应用

学习目标

1. 了解原子吸收分光光度法限度检查应用示例。
2. 了解原子吸收分光光度法含量测定应用示例。

原子吸收光谱法主要用于金属元素的测定，在地质、冶金、机械、化工、环境保护、农业、生物医药等领域都有着广泛的应用，是有发展前景的现代分析技术之一。其在医药领域主要应用于生物体内微量金属元素的测定、药品中重金属限度检查和金属元素制剂中金属元素的含量测定。例如，头发中钙、铅、汞和血液中锌、镁等元素的含量测定；西洋参、丹参、白芍等药材中汞、铅、镉、铜、砷的限度检查；复方乳酸钠葡萄糖注射液中氯化钠、氯化钾含量测定；维生素 C 中铜、铁的限度检查和葡萄糖酸锌中的镉限度检查；枸橼酸锌片、葡萄糖酸锌片溶出度和碳酸锂缓释片的释放度检查等。

一、限度检查

示例 12 - 1 碱式碳酸铋中铅盐检查

1. 基本原理

原子吸收分光光度法用于碱式碳酸铋中铅盐限度检查时，取等量的碱式碳酸铋药品两份，一份制备成样品溶液，另一份加入限度量的铅标准溶液，制备成对照品溶液。按标准曲线的操作方法，分别测定样品溶液的读数 b 和对照品溶液的读数 a。a 值代表杂质限量和碱式碳酸铋含量之和，b 值代表碱式碳酸铋含量，$(a-b)$ 代表杂质铅盐限量，$b<(a-b)$，即代表小于杂质铅盐限量，符合规定，药品合格。分析线选用 283.3 nm。

2. 样品溶液和对照品溶液制备

取碱式碳酸铋 3.0 g 两份，分别置于 50 mL 容量瓶中，各加硝酸 10 mL 溶解后，一份中加蒸馏水稀释至刻度，摇匀，作为样品溶液；另一份加入标准铅溶液（10 μg/mL）6.0 mL，加蒸馏水稀释至刻度，摇匀，作为对照品溶液。

3. 测定操作

按照原子吸收分光光度法中标准曲线操作方法操作，在 283.3 nm 波长处分别测定吸光度。对照品溶液读数 $a=0.518$，样品溶液的读数 $b=0.223$。

4. 数据处理结果

$$\because a-b=0.518-0.223=0.295$$
$$b=0.223<0.295$$
$$\therefore 符合规定，碱式碳酸铋铅盐限度合格。$$

二、含量测定

示例 12-2　口服补液盐散 II 总钠含量测定

1. 基本原理

口服补液盐散 II 中有氯化钠、氯化钾、葡萄糖、枸橼酸钠四种电解质，是一种电解质补充药。加入氯化锶释放剂，有利于枸橼酸钠中钠的释放和测量。选择钠的共振线 589.0 nm 作为分析线，依据标准曲线法测定钠元素的量。

2. 钠标准溶液

精密称取经 105 ℃ 干燥至恒重的氯化钠对照品 0.100 2 g，置于 200 mL 容量瓶中，用蒸馏水溶解并稀释至刻度，摇匀；精密量取 3 mL 置于 100 mL 容量瓶中，用蒸馏水稀释至刻度，摇匀。再精密量取 6、7、8、9、10 mL，分别置于 5 个 100 mL 容量瓶中，各加入 2% 氯化锶溶液 5.0 mL，用蒸馏水稀释至刻度，摇匀，即得。

3. 样品溶液

精密称取口服补液盐散 II　3.712 g，置于 100 mL 容量瓶中，用蒸馏水溶解并稀释至刻度，摇匀；精密量取 2 mL，置于 100 mL 容量瓶中，用蒸馏水稀释至刻度，摇匀。再精密量取 2 mL，置于 250 mL 容量瓶中，加入 2% 氯化锶溶液 12.5 mL，用蒸馏水稀释至刻度，摇匀，即得。

4. 测定操作

按照原子吸收分光光度法中标准曲线操作方法操作，在 589.0 nm 波长处分别测定标准溶液和样品溶液吸光度。

5. 数据处理结果

（1）实测数据

实验测定数据见表 12-2。

项目	对照品溶液					样品溶液
$c_{Na}/$（μg/mL）	0.354 6	0.413 7	0.472 8	0.531 9	0.591 0	—
A	0.462	0.542	0.615	0.686	0.772	0.528

表 12 - 2   实验测定数据

（2）绘制标准曲线。用坐标纸作标准曲线如图 12 – 11 所示，从曲线上找到 0.528 对应的样品溶液中 $c_{Na} \approx 0.407$ μg/mL。或者线性回归得方程 $A = 1.292\ 7c_{Na} + 0.004\ 2$，将样品溶液的吸光度 0.528 代入方程得 $c_{Na} = 0.405$ μg/mL。

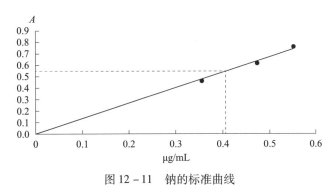

图 12 – 11   钠的标准曲线

（3）结果：口服补液盐散 Ⅱ 总钠含量：

$$Na\% = \frac{0.405\ \mu g/mL \times 250\ mL \times 100\ mL \times 100\ mL}{2\ mL \times 2\ mL \times 10^6\ \mu g/g \times 3.712\ g} \times 100\% = 6.8\%$$

实训十四   氯化钾缓释片的含量测定

一、实训目的

1. 会根据样品选择空心阴极灯。

2. 会正确规范使用原子吸收分光光度计。

3. 会正确使用原子吸收分光光度法测定氯化钾缓释片的含量。

二、器材准备

仪器：原子吸收分光光度计、分析天平、超声波仪、干燥器、研钵、药匙、称量纸、容量瓶（500 mL、100 mL、50 mL）、漏斗、滤纸、铁架台（含铁圈）、吸量管（10 mL）、烧杯。

试剂：氯化钾缓释片样品、氯化钾对照品、盐酸溶液（2.7→100）、20%氯化钠溶液。

三、实训内容与步骤

1. 供试品储备溶液制备

取本品 20 片（糖衣片用水洗去包衣，用滤纸吸去残余的水，晾干，并于硅胶干燥器中干燥 24 h），精密称定，研细，精密称取适量（约相当于氯化钾 0.5 g），置于 500 mL 量瓶中，加水适量，超声使氯化钾溶解，放冷，用水稀释至刻度，摇匀，过滤，取续滤液 5 mL，置于 100 mL 量瓶中，用盐酸溶液（2.7→100）稀释至刻度，摇匀，作为供试品储备溶液。

2. 对照品储备溶液制备

取氯化钾对照品 0.25 g，精密称定，置于 250 mL 量瓶中，加水溶解并稀释至刻度，摇匀，精密量取 5 mL，置于 100 mL 量瓶中，用盐酸溶液（2.7→100）稀释至刻度，摇匀，作为对照品储备溶液。

3. 对照品标准系列溶液制备

精密量取对照品储备溶液 2.0 mL、3.0 mL、4.0 mL、5.0 mL 及 6.0 mL，分别置于 100 mL 量瓶中，各加 20% 氯化钠溶液 2.0 mL，用盐酸溶液（2.7→100）稀释至刻度，摇匀。

4. 供试品溶液制备

精密移取供试品储备溶液 2 mL，置于 50 mL 量瓶中，加 20% 氯化钠溶液 1.0 mL，用盐酸溶液（2.7→100）稀释至刻度，摇匀。

5. 标准曲线的绘制

取对照品标准系列溶液，以 20% 氯化钠溶液 2.0 mL 用盐酸溶液（2.7→100）稀释至 100 mL 为空白，在 766.5 nm 的波长处测定吸光度，依据标准系列溶液的浓度与其吸光度（每一浓度 3 次吸光度读数的平均值）绘制标准曲线。

6. 供试品溶液吸光度测定

取供试品溶液，照上法测定，从标准曲线上查得相应的浓度（或通过标准曲线的回归方程计算相应的浓度），计算被测元素含量。

7. 数据记录及处理

氯化钾缓释片的含量测定数据记录见表 12-3。

表 12-3　　　　　　　氯化钾缓释片的含量测定数据记录

检品编号：

检品名称			检验日期	
批　　号	规　　格		完成日期	
生产单位或产地	包　　装		检 验 者	
供样单位	有 效 期		核 对 者	
检验项目	检品数量		检品余量	
检验依据				

原子吸收分光光度计：　　　　　　　　　分析天平：

检测方式：□火焰法　　　　　　　　　　□石墨炉法

续表

空心阴极灯：　　　　　　　　　　　　　测定波长：

光谱带宽：　　　　　　　　　　　　　　　灯电流：

氯化钾对照品质量/g

序号	移液体积/mL	浓度/（μg/mL）	吸光度 A
1	2.0		
2	3.0		
3	4.0		
4	5.0		
5	6.0		

标准曲线方程：_____，线性相关系数：_____。

20 片总重/g：

样品质量/g

吸光度 A

氯化钾含量

氯化钾含量平均值

RSD

标准规定：

结论：

四、实训测评

按表 12 - 4 所列评分标准进行测评，并做好记录。

表 12 - 4　　　　　　　　　　　　　实训评分标准

序号	考核内容	考核标准	配分	得分
1	标准系列溶液的配制	移液管、容量瓶使用规范	6	
2	试样的处理及试液的配制	试剂加入顺序正确	8	
3	仪器条件设置正确	设置一项错误扣 2 分	6	
4	燃烧器对光	调节位置使光斑对入光路	6	
5	检查废液排放管安装并有水封	进行检查并会装水封	6	
6	打开空气压缩机将输出压调至 0.25 MPa	顺序开空气压缩机	6	
7	开乙炔钢瓶总阀调其输出压力为 0.05 MPa	打开减压阀正确	6	
8	吸喷空白溶液调零	用"调零"调节	6	
9	测量标准系列溶液	由低到高浓度、浓度测定，每错一次扣 2 分	8	
10	测量试样溶液	"调零"完后再测定	6	
11	测完后继续吸喷去离子水	吸喷 5 min 去离子水	6	
12	关闭气路顺序	先关乙炔后关空压机	6	
13	记录及时正确	记录中不按规范改正每处扣 0.5 分，原始记录不及时，每次扣 1 分	8	
14	报告单填写正确	报告单填写规范，缺项扣 2 分	8	

续表

序号	考核内容	考核标准	配分	得分
15	整理实验台面	实验后试剂、仪器放回原处	4	
16	清理物品	废异物品不乱扔乱倒	4	
	合计		100	

【注意事项】

1. 使用前元素灯应预热一段时间，一般在 20~30 min 以上，使发光强度达到稳定后使用。

2. 雾化器和燃烧头的清洁度影响试液雾化效果，测定时要求试液澄清，需随时用去离子水清洗雾化器。火焰分析结束时，必须吸喷去离子水至少 2 min 以清洗雾化器系统。

3. 应使用石英蒸馏水器或超纯水器制备的水。钠、钾、镁、硅、铁等元素最易污染实验用水。一般用聚乙烯等材料制成的容器储存水。玻璃瓶长期储水会将瓶中的微量元素溶解在水中，造成污染。

4. 仪器应安装在干燥、清洁的环境内，不用时罩好防尘罩。

5. 计算结果按有效数字和数值的修约及其运算标准操作规范修约，使其与标准中规定限度的有效数位一致。其数值符合各品种项下规定时，则判定为符合规定；不符合各品种项下规定时，则判定为不符合规定。

目标检测

一、选择题

1. 原子吸收分光光度法的光源必须采用（　　　）。

A. 连续光源　　　　B. 锐线光源　　　　C. 单色光　　　　D. 复式光

2. 在原子吸收分光光度计中，目前常用的光源是（　　　）。

A. 空气—乙炔火焰　B. 空心阴极灯　　　C. 氙灯　　　　　　D. 交流电弧

3. 空心阴极灯内充气体是（　　　）。

A. 大量的空气　　　　　　　　　　B. 大量的氖或氮等惰性气体

C. 少量的空气　　　　　　　　　　D. 低压的氖或氩等惰性气体

4. 原子吸收分光光度计由光源、（　　　）、单色器、检测器等主要部件组成。

A. 原子化器　　　　　　　　　　　B. 光电管

C. 辐射管　　　　　　　　　　　　D. 电感耦合等离子体

5. 原子化器的主要作用是（　　　）。

A. 将试样中待测元素转化为基态原子　　B. 将试样中待测元素转化为激发态原子

C. 将试样中待测元素转化为中性分子　　　D. 将试样中待测元素转化为离子

6. 原子吸收光谱法中单色器的作用是（　　　）。

A. 将光源发射的带状光谱分解成线状光谱

B. 把待测元素的共振线与其他谱线分离，只让待测元素的共振线通过

C. 消除来自火焰原子化器的直流发射信号

D. 消除锐线光源和原子化器中的连续背景辐射

7. 原子吸收中，光源发出的特征谱线通过样品蒸气时被蒸气中待测元素的（　　　）吸收。

A. 离子　　　　　　　B. 激发态原子　　　　C. 分子　　　　　　　D. 基态原子

8. 进行原子吸收分析检查时，选用的测定波长（分析线）一般为（　　　）。

A. 灵敏线　　　　　　　　　　　　　B. 次灵敏线

C. 任选一个待测元素的特征波长　　　　D. 任意波长

9. 火焰原子化法最常用的火焰是（　　　）。

A. 氧化亚氮—乙炔火焰　　　　　　　　B. 空气—乙炔火焰

C. 氧气—乙炔火焰　　　　　　　　　　D. 空气—氢气火焰

二、问答题

1. 原子吸收的测量为什么要用锐线光源？锐线光源要满足什么条件？

2. 应用原子吸收分光光度法进行定量分析的依据是什么？进行定量分析有哪些方法？

三、计算题

1. 测定血浆中 Li 的浓度，将两份均为 0.500 mL 血浆分别加入到 5.00 mL 水中，然后向第二份溶液加入 0.050 0 mol/L 的 LiCl 标准溶液 20.0 μL。在原子吸收分光光度计上测得读数分别为 0.230 和 0.680，求此血浆中 Li 的浓度（以 μg/mL Li 表示）。

2. 用原子吸收光谱法测定水样中 Co 的浓度。分别吸取水样 10.0 mL 于 50 mL 容量瓶中，然后向各容量瓶中加入不同体积的 6.00 μg/mL Co 标准溶液，并稀释至刻度，在同样条件下测定吸光度，由表 12 - 5 数据用作图法求得水样中 Co 的浓度。

表 12 - 5　　　　　　　　　　　　　实验测量数据

样品数	水样体积/mL	Co 标液体积/mL	稀释最后体积/mL	吸光度
1	0	0	50.0	0.042
2	10.0	0	50.0	0.201
3	10.0	10.0	50.0	0.291
4	10.0	20.0	50.0	0.379
5	10.0	30.0	50.0	0.468
6	10.0	40.0	50.0	0.555

第十三章

平面色谱法

学习引导

目前，色谱法是医学检验、卫生监测、食品及药品检验等领域的重要分析手段，具有灵敏度高、选择性高、分离效能高、分析速度快及应用范围广等优点。在《中国药典》（2020 年版）里，中药材及其制剂的鉴别中，多数都应用了薄层色谱法，比如人参、牛黄、丁香等。

本章将详细介绍色谱法的原理、分类及操作方法。

§13-1　平面色谱法概述

学习目标

1. 掌握色谱法的基本原理。
2. 熟悉色谱法的分类。
3. 了解色谱法的特点。

色谱分析法简称色谱法，是一种物理或物理化学分离分析方法。色谱法创始于 20 世纪初，1906 年，俄国植物学家 Tsweet 将碳酸钙填充到竖立的玻璃柱中，从顶端加入植物色素的石油醚提取液，然后用石油醚淋洗，在白色碳酸钙柱的不同部位形成了不同颜色，因此命名为色谱法。柱内的填充物被称为固定相，它可以是固体或附着在某种载体上的液体，冲洗剂称为流动相，可以是气体或液体。由于色谱法不断发展，该法不仅可用于有色物质的分离，而且大量用于无色物质的分离，但色谱法的名称仍沿用至今。

一、原理

在色谱操作中有两相，其中一相固定不动，即固定相；另一相是携带样品向前移动的流动体，即流动相。色谱法的分离原理，主要利用样品中的各组分在流动相与固定相之间的分配系数差异而实现分离。通过两相的相对运动，使物质在两相中进行多次反复分配，分配系数大的物质（组分）迁移速度慢，反之则迁移速度快，从而被分离。色谱法是先将混合物中各组分分离，然后逐个分析，因此是分析混合物最有效的手段。

色谱过程是物质分子在相对运动的两相间，分配"平衡"的过程。以顺、反式偶氮苯为例，这两种异构体的性质相近，用一般方法难于分离，采用色谱法就能将两者较好地分离。

如图13－1所示，在一根下端垫有精制棉或玻璃棉的玻璃柱中装入吸附剂氧化铝（固定相）。用少量石油醚将顺、反式偶氮苯溶解后加到氧化铝柱的顶端，然后用一定体积的含20%乙醚的石油醚（流动相）连续不断地通过色谱柱，顺、反式偶氮苯两个组分就能够分开形成两个色带，继续冲洗，则两种组分就会依次从柱中流出，达到分离目的。两种组分之所以能够分离，是由于它们之间在性质上存在着差异。两组分在色谱柱内二相中不断地进行吸附与解吸（溶解），经过无数次这样的吸附与解吸过程。开始时，在氧化铝表面吸附差异并不明显，但由于微小的差异积累起来，就成为大的差异。最后，吸附能力弱的组分先由柱中流出，而吸附力强的组分则后流出，从而使组分得到分离。

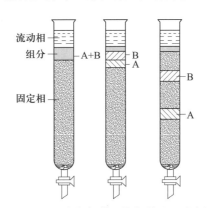

图13－1　吸附柱色谱法的色谱过程示意图

色谱过程实质是混合物中各组分在相对运动的两相间（即固定相和流动相）进行分配的过程。分配达到平衡时，各组分被分离的程度可以用分配系数 K 表示。

分配系数 K 是指在一定温度和压力下，某组分在两相间的分配达到平衡时的浓度（或溶解度之比），即：

$$K = \frac{\text{组分在固定相中的浓度}}{\text{组分在流动相中的浓度}} \tag{13－1}$$

二、分类

1. 按两相物理状态分类

（1）液相色谱法。流动相是液体。当固定相是固体时，称为液—固色谱；固定相是液体时，称为液—液色谱。

（2）气相色谱法。流动相是气体。当固定相是固体时，称为气—固色谱；固定相是液体时，称为气—液色谱。

2. 按分离原理分类

（1）吸附色谱法。利用不同组分对固定相表面吸附中心吸附能力的差别而实现分离目的的方法。

（2）分配色谱法。利用不同组分在固定相和流动相中的溶解度的差别而实现分离目的的方法。

（3）离子交换色谱法。利用不同组分离子交换能力的差别而实现分离目的的方法。

（4）分子排阻色谱法（也称为空间排阻色谱法）。利用不同组分因分子大小不同受到固定相的阻滞差别而实现分离目的的方法。

3. 按操作形式分类

（1）柱色谱法（CC）。将固定相装在色谱柱内，流动相携带样品自上而下移动使不同组分分离的方法。

（2）薄层色谱法（TLC）。将固定相均匀地涂布于玻璃板上形成厚薄均匀的薄层，点样后用流动相展开，使不同组分分离的方法。

（3）纸色谱法（PC）。以色谱滤纸为载体，滤纸纤维上吸附的水为固定相，点样后用流动相展开，使不同组分分离的方法。

三、特点

色谱法具有灵敏度高、选择性高、分离效能高、分析速度快及应用范围广等优点。目前，色谱法是医学检验、卫生监测、食品及药品检验等领域的重要分析手段。

练一练

1. 在色谱操作中有两相，其中一相固定不动，即_____；另一相是携带样品向前移动的流动体，即_____。

2. 色谱法按操作形式分类，可分为：_____、_____、_____。

§13－2　薄层色谱法

 学习目标

1. 掌握薄层色谱法的原理、操作方法和定性、定量的应用。

2. 了解薄层色谱法的吸附剂和展开剂，以及薄层色谱法的应用。

一、原理

薄层色谱法是将固定相（如吸附剂）均匀地涂铺在具有光洁表面的玻璃、塑料或金属板上，形成 0.25~1 mm 厚的薄层，在此薄层上进行色谱分离的方法称为薄层色谱法。铺好固定相层的板称为薄层板，简称薄板。将被分离的样品溶液点在薄板的一端，在密闭的容器中选用合适的展开剂进行展开。通过吸附剂对组分不断地吸附与解吸，由于两相中分配系数的不同而达到分离的目的。展开后，取出薄层，画出溶剂前沿，晾干，用适当方法显色，各组分在薄层上移动的位置用比移值 R_f 表示，如图 13-2 所示。

$$R_f = \frac{原点到斑点中心的距离}{原点到溶剂前沿的距离} \qquad (13-2)$$

$$样品 1 \quad R_f = \frac{d_1}{d}$$

$$样品 2 \quad R_f = \frac{d_2}{d}$$

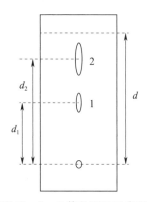

图 13-2　R_f 值的测量示意图

根据 R_f 值的定义，其值在 0~1 之间变化。若该组分的 $R_f = 0$，表示它没有随展开剂展开，仍停留在原点上；若组分的 $R_f = 0.6$，则表示该组分从原点移动到了溶剂前沿的 6/10 处。分配系数越小，R_f 值越大。组分之间的分配系数相差越大，则各组分的 R_f 值相差也越大，表示越易分离。

由于样品中各组分在两相之间有固定的分配系数，它们在薄层色谱上也必然有相对固定的比移值，因此，可以利用 R_f 值定性。

在实践中，影响 R_f 值的因素很多，如展开剂的组成、展开时的温度、展开剂蒸气的饱和程度及薄层的性能等。要提高 R_f 值的重现性，必须严格控制色谱条件，并且经常与对照品在同一条件下进行操作，求得相对比移值 R_s。

$$R_s = \frac{原点到样品斑点中心的距离}{原点到对照品斑点中心的距离} \qquad (13-3)$$

对照品可选用标准品，也可用样品中某一组分作为对照。$R_s = 1$，表示样品与对照品一致，用 R_s 可以减小误差。

二、仪器与材料

1. 薄层板

按支持物的材质分为玻璃板、塑料板或铝板等；按固定相种类分为硅胶薄层板、键合硅胶板、微晶纤维素薄层板、聚酰胺薄层板、氧化铝薄层板等。固定相中可加入黏合剂、荧光剂。硅胶薄层板常用的有硅胶 G、硅胶 GF_{254}、硅胶 H、硅胶 HF_{254}，G、H 表示含或不含石膏黏合剂，F_{254} 为在紫外光 254 nm 波长下显绿色背景的荧光剂。按固定相粒径大小分为普通薄层板（10~40 μm）和高效薄层板（5~10 μm）。

在保证色谱质量的前提下，可对薄层板进行特别处理和化学改性以适应分离的要求，这时可用实验室自制的薄层板。固定相颗粒大小一般要求粒径为 10~40 μm。玻璃板应光滑、平整，洗净后不附水珠。

2. 点样器

一般采用微升毛细管或手动、半自动、全自动点样器材。

3. 展开容器

上行展开一般可用适合薄层板大小的专用平底或双槽展开缸，展开时须能密闭。水平展开须用专用的水平展开槽。

4. 显色装置

喷雾显色应使用玻璃喷雾瓶或专用喷雾器，要求用压缩气体使显色剂呈均匀细雾状喷出；浸渍显色可用专用玻璃器械或用适宜的展开缸代用；蒸气熏蒸显色可用双槽展开缸或大小适宜的干燥器代替。

5. 检视装置

为装有可见光、254 nm 及 365 nm 紫外光光源及相应的滤光片的暗箱，可附加摄像设备供拍摄图像用。暗箱内光源应有足够的光照度。

6. 薄层色谱扫描仪

薄层色谱扫描仪是指用一定波长的光对薄层板上有吸收的斑点，或经激发后能发射出荧光的斑点进行扫描，将扫描得到的谱图和积分数据用于物质定性或定量的分析仪器。

三、操作方法

1. 薄层板的制备

载板通常采用玻璃板，其大小根据操作需要而定，要求载板表面光滑、平整清洁，使用前应洗涤干净，烘干备用。

（1）干法铺板。不加黏合剂的薄板称软板。将吸附剂置于玻璃板的一端，另取一根比玻璃板宽度长一些的玻璃棒，在它的两端比板的宽度略窄处套上一段乳胶皮管，其厚度即为所铺薄层厚度，然后从吸附剂的一端，用力均匀向前推挤，中途不能停顿，速度不宜过快，否则铺出的薄层不均匀，影响效果，如图 13-3 所示。

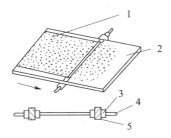

图 13 - 3　干法铺板示意图

1—不加黏合剂薄层　2—玻璃板　3—塑料管　4—玻璃管　5—乳胶皮管

干法铺板只适用于氧化铝和硅胶，铺成的软板不坚固、易松散，展开时只能近水平展开，显色时易吹散，因此操作时应非常小心、细致。软板一般用于摸索色谱展开的条件。

（2）湿法铺板。在吸附剂中加入黏合剂并用适当溶剂溶解黏合剂后与吸附剂调成糊状进行铺板，干燥后即为硬板。黏合剂的作用是使薄层固定在载板上。目前常用的黏合剂有煅石膏（G）、羧甲基纤维素钠（CMC—Na）和某些聚合物如聚丙烯酸等。煅石膏的用量一般为吸附剂的 5% ~15%，羧甲基纤维素钠为 0.5% ~1%。市售的吸附剂如硅胶 G 或氧化铝 G 表明已混有一定比例的煅石膏，使用时，取一定量的吸附剂，加适量水后，调成均匀的糊状物即可铺板。用羧甲基纤维素钠作为黏合剂时，把 0.5 ~1 g 羧甲基纤维素钠溶于 100 mL 水中，加热煮沸，冷却后，加入适量的吸附剂调成稠度适中的均匀糊状物铺板。为防止搅拌时产生气泡，可加入少量乙醇。煅石膏作黏合剂制成的硬板、机械性能差、易脱落，但能耐受腐蚀性试剂如浓硫酸等的作用。而羧甲基纤维素钠作黏合剂制成的硬板机械性能强，可用铅笔在薄板上写字或标记，但不宜在强腐蚀性试剂存在时加热。

铺板方法：

1）倾注法制板。取适量调制好的吸附剂糊倾倒于准备好的玻璃板上，用洗净的玻璃棒涂铺成一均匀薄层，在较为水平的工作台上轻轻振动，使表面平坦光滑，放置在工作台上晾干后再置于烘箱内活化。

2）平铺法制板。平铺法制板又称刮板法。在水平台面上先放置适当大小的玻璃平板，再在此板上放置准备好的载板，另在载板两边加上玻璃条做成的框边（框边的厚度稍高于中间载板 0.25 ~1 mm），将吸附剂倾倒在载板上，再用一块边缘平整的玻璃片或塑料板，将吸附剂从一端刮向另一端，然后在空气中干燥后活化，如图 13 -4 所示。

上述两法所铺薄层板只适于一般定性分离，不宜于定量分离。

3）机械涂铺法制板。适于制备一定规格的定量薄层板，用涂铺器可以一次铺成多块板，且所得板的质量高、分离效果好、重现性好。

铺好的硅胶板晾干后，再在 105 ~110 ℃活化 0.5 ~1 h，冷却后即可使用，也可保存于干燥器中备用。制好的板应表面平整、厚薄一致，没有气泡和裂纹。

2. 点样

在距离薄层板的一端 1.5 ~2 cm 处用铅笔轻轻画一条线，作为起始线，在线上画一

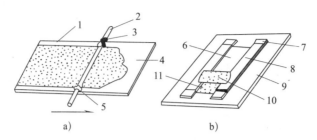

图 13 – 4　湿法铺板示意图

a）倾注法制板　b）平铺法制板

1—薄层吸附剂　2—均匀直径的玻璃棒　3—防止玻璃滑动的环　4—玻璃板

5—调节薄层厚度的塑料环（厚度 0.3 ~ 1.0 mm）　6—涂层用的玻璃板　7—垫薄玻璃用的长玻璃

8—调节涂层厚度的薄玻璃板　9—台面玻璃　10—推刮薄层用的玻璃片或刀片　11—薄层浆

"×"号表示点样位置，用内径为 0.5 mm 的平头毛细管或微量注射器点样（点样斑点称为原点）。点样斑点直径不宜超过 2 ~ 3 mm，斑点之间的间距为 2 cm，若样品溶液浓度太稀，可反复点几次，为了避免在空气中吸湿而降低活性，一般点样时间以不超过 10 min 为宜。点样后待溶剂挥发，即可放入色谱缸内展开。如用于分离制备，则应连续滴加样品溶液，使之在原点成为一条样品线。应注意滴加样品的量要均匀，否则影响分离效果。

3. 展开

薄层色谱法展开剂的选择主要根据样品组分在两相中的溶解度，即分配系数来考虑，选择时应注意：

（1）展开剂不与被测组分发生化学反应。

（2）被测组分用该展开剂展开后，R_f 值应在 0.3 ~ 0.8，分离二个以上组分时，其 R_f 值相差至少要大于 0.05。

（3）易于获得边缘整齐的圆形斑点。

（4）尽可能不用高沸点溶剂做展开剂，便于干燥。

薄层色谱的展开须在密闭容器内进行，并根据所用薄层板的大小选用不同的色谱缸，软板只能用近水平方式展开，如图 13 – 5 所示。硬板可采用上行展开法、下行展开法、双向展开法等，一般采用上行展开法。

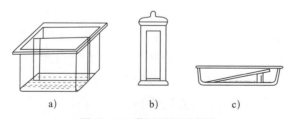

图 13 – 5　薄层展开示意图

a）双向展开　b）上行单向展开　c）近水平展开

操作时先将容器密闭，等展开剂蒸气饱和，放进薄板，一般展开到薄板的 3/4 左右取出，在前沿做好标记，软板在空气中晾干，硬板可用电热吹风吹干或在烘箱中烘干。

4. 显色

展开结束后，先在紫外灯下观察有无荧光斑点，如为硬板可用铅笔划出斑点位置并记录荧光颜色。软板可用小针划痕并做记录。如无荧光可选择合适的显色剂喷洒。软板喷洒显色剂时应趁展开剂尚未挥发、呈潮湿状态时即行喷洒，否则容易被吹散。硬板则可待溶剂挥发后喷洒显色，有的可用具有强腐蚀性显色剂显色，有的可放在碘蒸气饱和的密闭容器中显色。

对于软板显色除用上述方法外，还可采用以下方法：

（1）压板法。薄层展开后取出，另取一块清洁、平整的玻璃板，上面涂显色剂，当薄板上的展开剂尚未完全挥发时，立即用涂有显色剂的玻璃片覆盖上，并压紧，即可显色。

（2）侧吮法。薄层展开后取出，使展开剂完全挥发，再将薄板的另一侧（与展开方向垂直）轻轻浸入显色剂中进行侧吮显色，当显色剂扩散到全部薄板后，取出干燥，即可出现色斑，但要注意被检组分不能被显色剂展开，否则不能使用此法显色。

四、操作条件

1. 吸附剂的选择

吸附薄层色谱法的固定相为吸附剂，常用氧化铝和硅胶。所谓吸附，是指溶质在液—固两相的交界面上集中浓缩的现象。吸附剂一般为多孔性微粒状物质，其表面有许多吸附中心，当组分分子占据吸附中心时，即被吸附，当流动相（洗脱剂）分子从吸附中心置换出被吸附的组分分子时，即为解吸。

薄层色谱常用的硅胶有硅胶 H、硅胶 G 和硅胶 HF_{254} 等。硅胶 H 为不含黏合剂的硅胶，铺成硬板时常需另加黏合剂。硅胶 G 由硅胶和煅石膏混合而成。硅胶 HF_{254} 不含黏合剂而含有一种荧光剂，在 254 nm 紫外光下呈强烈黄绿色荧光背景。用含荧光剂的吸附剂制成的荧光薄层板可用于本身不发光且不易显色的物质的研究。

氧化铝和硅胶类似，有氧化铝 G、氧化铝 H 和氧化铝 HF_{254} 等。

在薄层色谱中用的吸附剂颗粒大小对展开速度、R_f 值和分离效能都有明显影响。颗粒太大，则展开速度快，展开后斑点较宽，分离效果差；颗粒太小，则展开速度太慢，往往产生拖尾。干法铺板一般要求粒度为 150 ~ 200 目，而湿法铺板一般要求粒度为 250 ~ 300 目，颗粒大小要均匀，如不均匀则制成的薄板不均匀，影响分离效果。

2. 展开剂的选择

在薄层色谱中，分离极性较强的组分时，宜选用活性较低的薄层板，用极性强的展开剂展开，否则组分的 R_f 值太小，分离不好。分离极性弱的组分时，则宜选用活性高的薄层板和极性弱的展开剂，否则 R_f 值太大，也不利于分离。展开后，如果被测组分的 R_f 值太大，则应降低展开剂的极性；如果被测组分的 R_f 值太小，则应适当增大展开剂极性。实验过程中，一般是先用单一溶剂进行展开，如用氯仿做展开剂时，被测组分的 R_f 值太小，可改用极性较氯仿更大的溶剂试验，或者采用由两种或两种以上的单一溶剂按一定的比例混合而成的展开剂进行试验，直到能分离为止。其中占比例较大的主要溶剂起溶解样品和基本分离的作用，占比例较小的溶剂起调整 R_f 值，改善分离度和对某些组分的选择性作用。总之，在薄层分离中各

斑点的 R_f 值要求在 0.3~0.8，R_f 值之间应相差 0.05 以上，否则易造成斑点重叠。

如果做碱性物质分离时，在展开剂中可适当加入碱性溶剂，如氨水或吡啶等。如分离酸性物质时，可在展开剂中适当加入酸性溶剂如乙酸、甲酸等。

五、定性和定量

1. 定性

薄层色谱定性分析的依据是：在固定的色谱条件下，相同物质的 R_f 值相同。常用的定性方法是已知物对照法，即将样品与对照品在同一薄板上展开，比较样品组分与对照品的 R_f 值。如果两者相同，表示该组分与对照品可能为同一物质。在鉴定未知物时，往往需要采用多种不同的展开系统，得出几个 R_f 值均与对照品的 R_f 值一致，才可认为是相同物质。如果组分的 R_f 值与对照品不相同，则二者不是同一物质，因影响薄层 R_f 值的因素较多，如吸附剂的粒度、展开剂的纯度、薄层的厚度、展开方式和展开距离、色谱缸中展开剂的饱和度、点样量等，因此，最好采用相对比移值（R_s）进行定性鉴别。

2. 定量

（1）目视定量法。将一系列已知浓度的对照品溶液与样品溶液点在同一薄层板上，展开并显色后，以目视法直接比较样品斑点与对照品斑点的颜色深度或面积大小，可以近似判断出样品中待测组分的含量。

（2）洗脱定量法。样品和对照品在同一块薄板上展开后，样品斑点需预先定位。采用显色剂定位时，将样品用玻璃板遮掉，将对照品显色，由对照品斑点的位置来确定样品待测斑点的位置。然后，将样品从薄板上连同吸附剂一起刮下，用溶剂将斑点中的组分洗脱下来，再用适当方法进行定量测定。

软板也可用捕集器吸取含有斑点的吸附剂，然后进行提取定量，如图 13-6 所示。

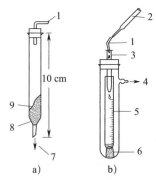

图 13-6　软板样品收集及洗脱
a）吸集管　b）抽气洗脱装置
1—吸取头　2—滴管　3—吸集气管　4—抽气　5—刻度管　6—橡皮塞　7—抽气　8—玻璃棉　9—吸附剂

（3）薄层扫描仪定量。用一定波长、一定强度的光束照射到分离组分的色斑上，用仪器进行扫描，仪器用对照品校正后，即可求出色斑中组分的含量。薄层扫描仪直接定量的方法已成为薄层色谱的主要定量方法。

六、应用和实例

薄层色谱法具有设备简单、操作方便、展开迅速、显色容易、能用腐蚀性显色剂等优点。因此常用于有机物的分离和鉴定，在药物分析、卫生监测、环境保护、氨基酸及其衍生物的分析等方面都被广泛应用。如药物检验工作中用于药物的真伪优劣的鉴别、纯度的检查等，卫生检验中大气水质中有害物质的分离与鉴定等。

练一练

1. R_f值在_____之间变化。若该组分的_____，表示它没有随展开剂展开，仍停留在原点上。组分之间的分配系数相差_____，则各组分的R_f值相差也越大，表示越_____。

2. 薄层板的铺板方法有：_____、_____、_____。

3. 在薄层分离中各斑点的R_f值要求在_____之间，R_f值之间应相差_____以上，否则易造成斑点重叠。

4. 薄层板上点样，斑点直径不宜超过_____，斑点之间的间距为_____，若样品溶液浓度太稀，可_____，为了避免在空气中吸湿而降低活性，一般点样时间不超过_____为宜。

5. 薄层色谱定性分析的依据是什么？

6. R_f值和R_s值有何区别？

§13-3 纸色谱法

学习目标

1. 掌握纸色谱法的原理。
2. 了解纸色谱的操作方法和应用。

一、原理

纸色谱法是以滤纸作为载体的色谱法，按分离原理属于分配色谱法的范畴。固定相一般为滤纸纤维上吸附的水，流动相为不与水混溶的有机溶剂。但在实际应用中，也常选用与水相混溶的溶剂作流动相。因为滤纸纤维所吸附的水中约有6%通过氢键与纤维上的羟基结合成缔合物，这部分水和与水相混溶的溶剂仍能形成不相混溶的两相。除水以外，滤纸也可吸留其他物质做固定相，如甲酰胺及各种缓冲液。

对于非极性物质，如芳香油，可采用反相纸色谱。反相纸色谱固定相的极性很小（如石蜡油、硅油），用水或极性有机溶剂作为展开剂。

操作时，在色谱滤纸条的一端，点加样品溶液适量，待干后，将滤纸悬挂于密闭的层析缸内，选择适当的溶剂系统作为展开剂，利用毛细现象从点样的一端向另一端展开，在此过程中各组分随着展开剂向前移动在两相之间不断进行分配（连续萃取）。由于组分在两相间的分配系数不同，移动速度亦不同，而达到分离的目的。展开后，取出滤纸条，画出溶剂前沿，晾干，用适当方法显色，各组分在滤纸上移动的位置用比移值 R_f 表示。

二、仪器与材料

1. 展开容器

通常为圆形或长方形玻璃缸，缸上具有磨口玻璃盖，应能密闭。用于下行法时，盖上有孔，可插入分液漏斗，用以加入展开剂。在近顶端有一用支架架起的玻璃槽作为展开剂的容器，槽内有一玻璃棒，用以压住色谱滤纸。槽的两侧各支一玻璃棒，用以支撑色谱滤纸使其自然下垂；用于上行法时，在盖上的孔中加塞，塞中插入玻璃悬钩，以便将点样后的色谱滤纸挂在钩上，并除去溶剂槽和支架。

2. 点样器

常用具支架的微量进样器（平口）或定量毛细管（无毛刺），应能使点样位置正确、集中。

3. 色谱滤纸

应质地均匀平整，具有一定机械强度，不含影响展开效果的杂质；也不应与所用显色剂起作用，以免影响分离和鉴别效果，必要时可进行处理后再用。用于下行法时，取色谱滤纸按纤维长丝方向切成适当大小的纸条，离纸条上端适当的距离（使色谱滤纸上端能足够浸入溶剂槽内的展开剂中，并使点样基线能在溶剂槽侧的玻璃支持棒下数厘米处）用铅笔划一点样基线，必要时，可在色谱滤纸下端切成锯齿形，便于展开剂向下移动；用于上行法时，色谱滤纸长约25 cm，宽度则按需要而定，必要时可将色谱滤纸卷成筒形。点样基线距底边约 2.5 cm。

三、操作方法

1. 点样

点样方法与薄层色谱法相同，取滤纸条一张，然后在距纸的一端 2～3 cm 处用铅笔轻轻画一条线，作为起始线，在线上再做一"×"号表示点样位置。用内径为 0.5 mm 均匀的玻璃毛细管或微量进样器吸取样品溶液。将 1～2 μL 的样品溶液均匀地点在已做好标记的起始线上，点样斑点直径不宜大于 2～3 mm，样点之间的间距为 2 cm，若样品浓度较稀，可反复点几次，每点一次须用电吹风吹干后再点第二次。点样量不宜过多，否则易造成拖尾。

2. 展开

纸色谱的展开方式与薄层色谱基本相同。最常用的展开剂如水饱和正丁醇、正戊醇、苯甲醇和酚等。展开剂预先要用水饱和，否则展开过程中会把固定相中的水夺去。常用展开剂见表 13-1。

表 13 – 1　　　　　　　　　　　　　几类化合物纸色谱的常用展开剂和显色剂

化合物类别	展开剂	显色剂
有机酸	（1）正丁醇:醋酸:水为 4:1:5 （2）正丁醇:乙醇:水为 4:1:5	溴甲酚绿（溶解 0.04 g 溴甲酚绿于 100 mL 乙醇中，加 0.01 mol/L NaOH 直到刚出现蓝色为止）显黄色斑点
酚类	（1）正丁醇:醋酸:水为 4:1:5 （2）正丁醇:吡啶:水为 2:1:5	三氯化铁（溶解 2 g 三氯化铁于 100 mL 0.5 mol/L HCl 中）显蓝色或绿色斑点
糖类	（1）正丁醇:乙醇:水为 4:1:5 （2）正丁醇:醋酸:水为 4:1:5	邻苯二甲酸苯胺（0.93 g 苯胺、1.66 g 邻苯二甲酸溶于 100 mL 水饱和的正丁醇中）105 ℃加热，呈红色或棕色斑点
氨基酸	（1）正丁醇:醋酸:乙醇:水为 4:1:1:2 （2）戊醇:吡啶:水为 35:35:30 （3）水饱和的酚	茚三酮（0.3 g 茚三酮溶于 100 mL 醋酸）80 ℃加热，呈红色斑点

　　根据色谱滤纸的形状，选择合适的色谱缸。先用展开剂蒸气饱和密闭缸，或用预先浸有展开剂的滤纸贴于缸的内壁，下端浸入展开剂中，使缸内更快地为展开剂蒸气所饱和。然后再将点样后的滤纸展开。

　　纸色谱展开方式有上行展开法（图 13 – 7），此法方便，但速度较慢，适于分离 R_f 值相差较大的样品。下行展开法（图 13 – 8），适于 R_f 值较小的组分。对于成分复杂的混合物可以采用双向展开法，此外也可采用辐射水平展开的纸色谱，称为圆形纸色谱（径向色谱法）。在展开过程中尽量争取色谱条件恒定而获得良好的重现性。

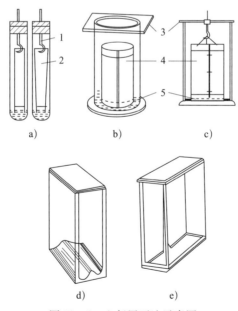

图 13 – 7　上行展开法示意图

a)、b)、c) 纸色谱上行展开室　d) 薄层色谱双槽展开室　e) 薄层色谱平底展开室

1—悬钩　2—滤纸条　3—玻璃盖　4—滤纸筒　5—展开剂

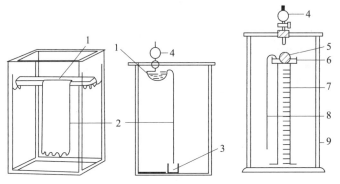

图 13 - 8　下行展开法示意图

1、6—展开剂槽　2、8—滤纸　3—回收展开剂槽　4—分液漏斗　5—玻璃压件　7—作支架用量筒　9—标本缸

3. 显色

展开完毕后，取出滤纸，在展开剂到达的前沿用铅笔轻轻划一记号，在室内晾干，即可观察到色斑，然后在紫外灯下观察荧光斑点，标出位置、大小，并记录颜色及强度。如某些组分既不显色斑，又不显荧光，则可根据组分的特性反应，喷洒合适的显色剂，使色谱斑点显色（常见显色剂见表 13 - 1）。需要加热后才能显色的则可用烘箱或电吹风加热。如氨基酸的分离鉴别，就是在展开后喷洒茚三酮显色剂，然后在 90 ~ 100 ℃ 下加热数分钟，即可出现一系列蓝紫色（个别为蓝黄色）的斑点。

四、色谱滤纸的选择与处理

对滤纸的一般要求质地均匀、纯净、平整无折痕，边缘整齐，以保证溶剂展开速度均匀；纸质的松紧和厚度适宜。过紧过厚则展开速度太慢；过于疏松易使斑点扩散；应有一定的机械强度，不易断裂。

滤纸的选择应结合分离对象来考虑。当几种组分的 R_f 值相差很小时，宜采用慢速滤纸；若几种组分的 R_f 值相差较大时，则可采用中速滤纸或快速滤纸。选用滤纸时除考虑上述因素外，还要考虑展开剂的性质，如以正丁醇为主的展开剂系统，黏度较大，展开速度慢，宜采用快速滤纸。而采用石油醚、氯仿作展开剂时，展开速度快，则可选用中速或慢速滤纸。定性鉴别选用薄滤纸，制备定量应选用厚滤纸。

为了适应某些特殊需要，可将滤纸进行预处理，使滤纸具有新的性能。例如，将滤纸浸入一定 pH 值的缓冲溶液中处理后，使滤纸维持恒定的酸碱度，用于分离酸、碱性物质。用甲酰胺、二甲基甲酰胺等代替水作固定相，以增加物质在固定相中的溶解度，用于分离一些极性较小的物质，降低 R_f 值，改善分离效果。

五、定性和定量

1. 定性

经过显色反应可粗略知道样品属于哪一类物质。如样品喷洒茚三酮后显色，知样品中含有氨基酸。喷洒三氯化铁显色，则样品含有酚类物质等。但具体要知道每个色斑是哪一种物质，则需测量色斑的R_f值与已知物质的R_f值比较（或参阅文献资料），或测量色斑的R_s值后才可确定。

2. 定量

纸色谱的定量常用下列三种方法：

（1）目测法。将不同量的标准品配成系列，和样品同时点在一张滤纸上，展开和显色后，经过目视比较，求出样品的近似含量。

（2）剪洗法。将分离后的斑点剪下，选用适当的溶剂洗脱，用比色法或紫外分光光度法测定样品含量。

（3）光密度测定法。用色谱斑点扫描仪直接测定斑点的光密度称光密度法。可直接测定斑点颜色浓度，将样品与标准品比较即可求算含量。

六、纸色谱的应用

纸色谱仪器简单，操作方便，所需样品量少，样品分离后各组分的定性、定量都比较方便。因此广泛用于混合物的分离、鉴定、微量杂质的检查等方面。目前对药物尤其对中草药成分的研究，卫生检验毒物测定，生化检验中氨基酸、蛋白质、酶等的分离鉴别都可采用纸色谱法。

【知识链接】

薄层扫描仪是一种扫描仪，由光学系统、薄层扫描台、信号放大单元、记录器、积分仪等部分组成。可对薄层板上斑点进行原位扫描，得到吸收光谱曲线，进行快速、准确定性分析和定量分析，广泛用于药物、食品、石油化工、精细化工、生命科学等领域。当前市场上有两类薄层色谱扫描仪：传统扫描仪和薄层数码成像分析仪。

1. 传统扫描仪

传统扫描仪是一种全波长扫描仪，提供波长 200～800 nm 范围的可选波长，通过检测样品对光的吸收强弱确定物质含量。该扫描仪也能检测 254 nm 或 365 nm 紫外照射产生的荧光强度，从而进行特异性检测。

2. 薄层数码成像分析仪

薄层数码成像分析仪是利用数码成像设备获得薄层板上各点的光强度信息，之后对获得图像进行分析的薄层分析技术。数码成像设备包括两种：照相机和扫描仪（由于数码扫描仪采用逐行成像技术，为便于区分传统薄层扫描仪的逐点扫描，将数码扫描仪称为逐行扫描仪）。

练一练

1. 纸色谱法是以滤纸作为载体的色谱法，按分离原理属于_____的范畴。固定相一般为_____，流动相为不与水混溶的_____。

2. 纸色谱法操作的步骤有：_____、_____、_____。

3. 滤纸的选择应结合分离对象来考虑：当几种组分的 R_f 值相差很小时，宜采用_____滤纸；若几种组分的 R_f 值相差较大时，则可采用_____滤纸。

实训十五　酚酞片中荧光母素的检查

一、实训目的

进行薄层色谱的操作。

二、器材准备

仪器：薄层板、毛细管、展开缸、紫外灯。
试剂：荧光母素对照品、无水乙醇、环己烷、二甲苯、浓硫酸。

三、实训内容与步骤

1. 荧光母素取本品的细粉适量（约相当于酚酞 0.1 g），加无水乙醇溶解并稀释制成每 1 mL 中含 20 mg 的溶液，过滤，取续滤液作为供试品溶液。

2. 另取荧光母素对照品适量，用无水乙醇制成每 1 mL 中含 0.10 mg 的溶液，作为对照品溶液。

3. 吸取供试品溶液与对照品溶液各 5 μL，分别点于同一硅胶 G 薄层板上，以无水乙醇—环己烷—二甲苯（1:1:4）为展开剂，展开，晾干，喷以硫酸—无水乙醇（1:1），在 105 ℃加热 5～10 min，置于紫外光灯（365 nm）下检视。

4. 供试品溶液如显示与对照品溶液对应的杂质斑点，其荧光强度与对照品溶液的主斑点比较，不得更强（0.5%）。

5. 酚酞片中荧光母素的检查记录。

酚酞片中荧光母素的检查记录见表 13 - 2。

表 13 - 2　　　　　　　　酚酞片中荧光母素的检查记录

检品编号：

检品名称				检验日期	
批　　号		规　　格		完成日期	
生产单位或产地		包　　装		检验者	
供样单位		有 效 期		核 对 者	
检验项目		检品数量		检品余量	
检验依据					
展开剂			固定相		

续表

天平型号		仪器型号	
供试品溶液的制备			
对照品溶液的制备			
点样量			
检出条件	□日光灯 □紫外灯下　　　nm □碘蒸气熏蒸 □其他		
标准规定			
结果			
结论	□(均) 符合规定　　□(均) 不符合规定		

目标检测

一、选择题

1. 柱色谱法、薄层色谱法和纸色谱法，是按照（　　）进行分类的。

A. 按两相物理状态分类 　　　　　　　B. 按分离原理分类

C. 按操作形式分类 　　　　　　　　　D. 按照化学原理分类

2. 薄层色谱法中，制作薄层的厚度大约是（　　）mm。

A. 0.10～0.25　　　B. 0.25～0.5　　　C. 0.5～1　　　D. 0.25～1

3. 薄层色谱法中，被测组分用该展开剂展开后，R_f 值应在（　　）。

A. 0.05～0.85　　　B. 0.05～0.5　　　C. 0.5～0.8　　　D. 0.25～0.8

4. 色谱法展开时，先将容器密闭，等展开剂蒸气饱和，放进薄板，一般展开到薄板的（　　）左右取出。

A. 1/2　　　　　B. 1/3　　　　　C. 3/4　　　　　D. 2/3

5. 纸色谱法中，滤纸上的点样基线距底边约（　　）cm。

A. 3.0　　　　　B. 2.5　　　　　C. 2.0　　　　　D. 1.5

二、填空题

1. 薄层色谱法中，硬板可采用_____法、_____法、_____法等，一般采用_____法。

2. 薄层色谱常用的硅胶有_____、_____和_____等。

3. 薄层色谱的目视定量法，是将一系列已知浓度的_____与_____点在同一薄层板上，展开并显色。

4. 纸色谱法，由于组分在两相间的_____不同，_____亦不同，而达到_____的目的。

5. 纸色谱的定量常用_____、_____、_____方法。

三、简答题

1. 什么是色谱法，怎样分类？

2. 纸色谱和薄层色谱有何区别？

四、计算题

某样品和标准品经过薄层色谱后，样品斑点中心距原点 9.0 cm，标准品斑点中心距原点 7.5 cm，展开剂前沿距原点 15.0 cm，试求样品的 R_f 值。

第十四章

气相色谱法

学习引导

很多中药里面都有一种叫作"冰片"的成分。冰片是一种中药，又名龙脑、梅片、艾粉、结片等，分机制冰片与艾片两类。机制冰片以松节油、樟脑等为原料经化学方法合成；艾片为菊科艾纳香属植物大风艾的鲜叶经蒸汽蒸馏、冷却所得结晶，又称"艾粉"或"结片"。具有开窍醒神、清热消肿、止痛等功效。用于热病神昏、惊厥、口疮、咽喉肿痛，耳道流脓等。《中国药典》(2020 版，一部) 中用气相色谱法测定冰片中龙脑（合成龙脑）的含量。

什么是气相色谱法？气相色谱法适用于哪些物质的分离、鉴定和含量测定？气相色谱法的分析依据是什么？

本章主要介绍气相色谱法的基本知识和应用。

§14 –1   气相色谱法概述

 学习目标

1. 掌握气相色谱法的原理。
2. 了解气相色谱法的特点及分类。

气相色谱法（gas chromatography 简称 GC）系采用气体为流动相（载气）流经装有填充剂的色谱柱进行分离测定的色谱方法。物质或其衍生物汽化后，被载气带入色谱柱进行分离，各组分先后进入检测器，用数据处理系统记录色谱信号。可用于分离、鉴别和定量测定挥发性化合物，广泛应用于有机合成、石油化工、医药卫生、环境科学、生物工程等领域。在药物分析中，气相色谱法已成为原料药和制剂的含量测定、杂质检查、中草药成分分析、药物的纯化和制备等方面的重要分离分析手段。

一、气相色谱法的原理

气相色谱法是利用气体作流动相的色层分离分析方法。汽化的试样被载气（流动相）带入色谱柱中，柱中的固定相与试样中各组分分子作用力不同，各组分从色谱柱中流出时间不同，彼此分离。采用适当的鉴别和记录系统，制作标出各组分流出色谱柱的时间和浓度的色谱图。根据图 14-1 中的色谱峰的性质，可对化合物进行定性、定量分析。

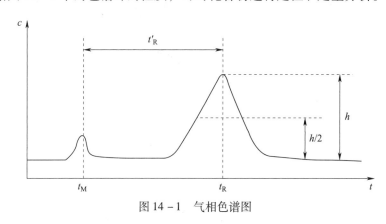

图 14-1　气相色谱图

二、气相色谱法的特点及分类

1. 特点

气相色谱法具有分离效能高、分析速度快、灵敏度高、选择性强、样品用量少以及应用范围广等优点，主要用于分离分析气体或对热稳定性好的极易挥发的物质。据统计，能用气相色谱法直接分析的有机物约占全部有机物的 20%。但不能直接分析分子量大、极性强、不易挥发或受热易分解的物质。

2. 分类

（1）按固定相状态可分为气—固色谱法和气—液色谱法。

（2）按色谱原理可分为吸附色谱法和分配色谱法。气—固色谱法属于吸附色谱法，气—液色谱法属于分配色谱法。其中气—液色谱法是最常用的气相色谱法。

（3）按色谱柱可分为填充柱色谱法和毛细管柱色谱法。

【知识链接】

气相色谱法的发展历史

1952 年，James 和 Martin 提出气液相色谱法，同时也发明了第一个气相色谱检测器，用来检测脂肪酸的分离。用滴定溶液体积对时间作图，得到积分色谱图。1954 年，Ray 提出热导计，开创了现代气相色谱检测器的时代。1955 年，世界上第一台商品化气相色谱仪问世。1958 年，Gloay 首次提出毛细管色谱柱，同年，Mcwillian 和 Harley 同时发明了氢火焰检测器（FID）。20 世纪六七十年代，气相色谱柱效（即对色谱中两种物质分离能力的大小）大为提高，环境科学等学科的发展，提出了痕量分析的要求，又陆续出现了一些高灵敏度、高选择性的检测器。20 世纪 80 年代，由于弹性石英毛细管柱的快速广泛应用，对检测器提出了体积小、响应快、灵敏度高、选择性好的要求。进入 20 世纪 90 年代，由于电子技术、计算机和软件的飞速发展，使气相色谱仪生产成本和复杂性下降，稳定性和耐用性增加，从而成为最通用的检测器之一。GC 检测方法逐渐成熟。

§14 – 2　气相色谱仪

 学习目标

1. 掌握气相色谱仪的组成、主要部件的名称与作用。理解色谱图的概念和相关术语。
2. 熟悉气相色谱条件的选择和系统适用性试验。
3. 了解气相色谱分析的流程。

气相色谱仪是实现气相色谱分析的装置。气相色谱仪包括气路系统、进样系统、分离系统、检测系统、记录和数据处理系统和温度控制系统。其组成和结构如图 14 – 2 和图 14 – 3 所示。

图 14 – 2　气相色谱仪

一、气相色谱仪的组成

气相色谱仪由载气源、进样部分、色谱柱、柱温箱、检测器和数据处理系统等组成。进样部分、色谱柱和检测器的温度均应根据分析要求适当设定。

1. 载气源

气相色谱法的流动相为气体，称为载气，常用氦气、氮气和氢气，可由高压钢瓶或高纯

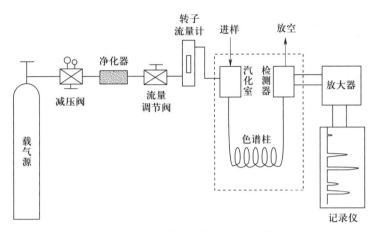

图 14 - 3　气相色谱仪组成示意图

度气体发生器提供，经过适当的减压装置，以一定的流速经过进样器和色谱柱。气体纯度要求在 99.99% 以上，供应压力要稳定，流速要准确。《中国药典》（2020 年版，四部）指出，根据样品的性质和检测器种类选择载气，除另有规定外，药物分析中常用的载气为氮气。载气的净化（除去水、有机物等杂质）主要通过气体净化装置（图 14 - 4）来完成。普通的净化器是一根金属或塑料制成的管，其中装分子筛、活性炭等，并连接在气路上。气体净化器要注意定期更换填料。

图 14 - 4　气体净化装置

2. 进样部分

进样部分的作用是将试样汽化并有效地导入色谱柱，包括进样器、汽化室和温控装置。进样方式一般可采用溶液直接进样、自动进样或顶空进样。

（1）溶液直接进样。溶液直接进样采用微量进样器、微量进样阀或有分流装置的汽化室进样；采用溶液直接进样或自动进样时，进样口温度应高于柱温 30 ~ 50 ℃，如图 14 - 5 所示；进样量一般在数微升；柱径越细，进样量应越少。采用毛细管柱时，一般应分流以免过载。

（2）顶空进样。顶空进样适用于固体和液体供试品中挥发性组分的分离和测定。将固态或液态的供试品制成供试液后，置于密闭小瓶中，在恒温控制的加热室中加热至供试品中

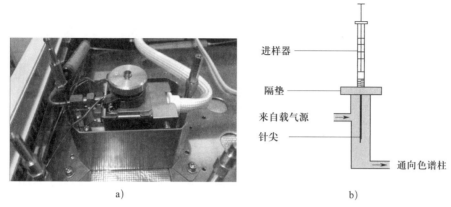

图 14 - 5　溶液直接进样
a）进样口　b）进样操作示意图

挥发性组分在液态和气态达到平衡后，由进样器自动吸取一定体积的顶空气注入色谱柱中，如图 14 - 6 所示。顶空分析就是通过样品基质上方的气体成分来测定这些组分在原样品中的含量。顶空进样技术广泛应用于药物中的残留有机溶剂分析。

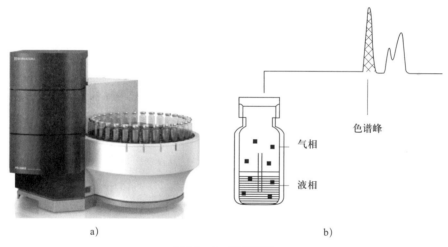

图 14 - 6　顶空进样
a）顶空进样器　b）顶空进样示意图

3. 色谱柱

分离系统包括色谱柱和柱温箱，其中色谱柱是分离的关键，是气相色谱仪的核心组成部分，待测样品中的各个组分在色谱柱中得到有效分离，并按一定顺序流出色谱柱，再流入检测器中进行分析测定。

气相色谱柱按照色谱柱内径的大小和长度，可分为填充柱和毛细管柱，如图 14 - 7 所示。填充柱的材质为不锈钢或玻璃，内径为 2~4 mm，柱长 2~4 m，内装吸附剂、高分子多孔小球或涂渍固定液的载体。常用载体为经酸洗并硅烷化处理的硅藻土或高分子多孔小球，常用的固定液有甲基聚硅氧烷、聚乙二醇等。毛细管柱的材质为玻璃或石英，内壁或载体经涂渍或交联固定液，内径一般为 0.25 mm、0.32 mm 或 0.53 mm，柱长 5～60 m，固定液膜厚 0.1～5.0 μm，常用的固定液有甲基聚硅氧烷、不同比例组成的苯基甲基聚硅氧烷、聚乙二醇等。

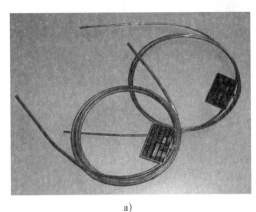

a)   b)

图 14 - 7　色谱柱
a）填充柱　b）毛细管柱

新填充柱和毛细管柱在使用前需老化处理，以除去残留溶剂及易流失的物质，色谱柱如长期未用，使用前应老化处理，使基线稳定。

4. 柱温箱

温度控制系统的作用是控制并显示汽化室、色谱柱箱、检测器及辅助部分的温度。汽化室、色谱柱箱和检测器的温度均需精密控制。正确选择和精密控制各处的温度是顺利完成分析任务的重要条件。由于柱箱温度的波动会影响色谱分析结果的重现性，因此柱温箱控温精度应在 ±1 ℃，且温度波动小于每小时 0.1 ℃。温度控制系统分恒温和程序升温两种。

5. 检测器

检测器是色谱仪的关键部件，是色谱仪的"眼睛"。它的作用是将经色谱柱分离出来的各组分的浓度转换成易被测量的信号，以电压信号输出以便于测量和记录。适合气相色谱法的检测器有氢火焰离子化检测器（FID）、热导检测器（TCD）、氮磷检测器（NPD）、火焰光度检测器（FPD）、电子捕获检测器（ECD）、质谱检测器（MS）等。热导检测器和电子捕获检测器为浓度型检测器，响应值与组分浓度成正比，与载气流速无关。氢火焰离子化检测器和火焰光度检测器为质量型检测器，响应值与单位时间内进入检测器的组分质量成正比。氢火焰离子化检测器对碳氢化合物响应良好，适合检测大多数的药物；氮磷检测器对含氮、磷元素的化合物灵敏度高；火焰光度检测器对含硫、磷元素的化合物灵敏度高；电子捕获检测器适于含卤素的化合物；质谱检测器还可用于结构确证。应用最为广泛的检测器有热导检测器和氢火焰离子化检测器，如图 14 - 8、图 14 - 9 所示。《中国药典》（2020 年版，四部）规定，除另有规定外，一般用氢火焰离子化检测器。氢火焰离子化检测器须使用载气、氢气和空气三种气体，氢气为燃气，空气为助燃气；检测器温度一般应高于柱温，并不低于 150 ℃，以免水汽凝结，通常为 250～350 ℃。

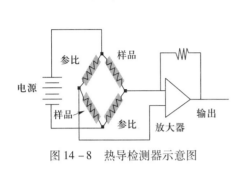

图 14-8 热导检测器示意图

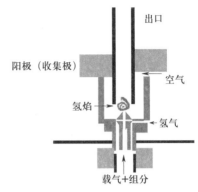

图 14-9 氢火焰离子化检测器示意图

6. 数据处理系统

可分为记录仪、积分仪以及计算机工作站等。《中国药典》（2020 年版，四部）指出，各药品品种项下规定的色谱条件，除检测器种类、固定液品种及特殊指定的色谱柱材料不得改变外，其余如色谱柱内径、长度、载体牌号、粒度、固定液涂布浓度、载气流速、柱温、进样量、检测器的灵敏度等，均可适当改变，以适应具体品种并符合系统适用性试验的要求。

【知识链接】

气相色谱柱的老化、维护与保存

新色谱柱含有溶剂和高沸点物质，所以基线不稳，出现鬼峰和噪声；旧柱长时间未用，也存在同样问题，在这种情况下，应该进行色谱柱的老化。毛细管柱的老化在比最高温分析温度高 20 ℃或最高柱温（温度更低者）的条件下老化柱子 2 h，或者采用升温老化，即从室温程序升温到最高温度，并在高温段保持数小时。新柱老化时，不要连接检测器。

为了延长柱的使用寿命，要用高纯度的载气，定期更换气体净化器填料。毛细管柱的前端及末端数厘米最易损坏，如不挥发物的积累、进样溶剂的侵蚀、高温以及机械损伤等。可以在装柱之前切除这受损害的几厘米，不至于影响总的柱效，切除时切口应平整。毛细管柱如不使用，应小心存放，可用硅橡胶块将两端封闭，置于盒中。

二、气相色谱仪的工作流程

来自高压钢瓶的载气（常用 N_2、H_2 和空气）经减压、净化后进入汽化室。待测样品由进样口注入汽化室，瞬间被汽化，由载气携带进入色谱柱。在柱中由于混合物各组分的性质和结构上的差异，导致其与固定相的作用力大小不同，使各组分在柱中的流动速度（保留时间）不同，结果各组分被流动相带出色谱柱的先后顺序不同而得以分离。在柱中得到分离后，各组分依次进入检测器，检测器将各组分的浓度变化转变为电信号，经放大器放大后输入记录色谱图。含两组分的气相色谱分析的流程如图 14-10 所示。

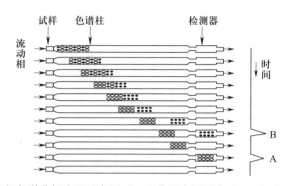

图 14 - 10 气相色谱分析流程示意图（A 组分用小圆圈表示，B 组分用小圆点表示）

三、气相色谱仪一般操作规程

1. 开机操作

（1）检查仪器上的电源开关，均应处于"关"的位置。

（2）选择合适的色谱柱，安装于仪器上。

（3）开启气体钢瓶上的总阀，调节减压阀至规定压力。

（4）检查各连接处是否漏气。

（5）打开各部分电路开关，打开色谱工作站，设定进样口（汽化室）、柱温箱、检测器温度和载气流量等色谱参数，开始加热。

2. 样品的测定

待仪器稳定后，进行进样分析。

3. 关机过程

分析完毕后，待各组分流出后，先关闭氢气和空气，再进行降温操作，将进样口、柱温箱、检测器以及顶空进样器的温度均设为 40 ℃（或更低），待各组件的温度降到 40 ℃以下时，依次关闭载气，关闭工作站和气相色谱仪。

四、色谱流出曲线与色谱术语

1. 色谱流出曲线

试样中各组分经色谱柱分离后，随流动相依次流出色谱柱进入检测器，检测器的响应信号强度随时间变化的曲线称为色谱流出曲线或色谱图，如图 14 - 11 所示。色谱流出曲线的纵坐标为检测器的检测信号（mV），横坐标为保留时间（min 或 s）。色谱图上有一个或多个色谱峰，每个峰代表试样中的一个组分。

2. 色谱术语

（1）基线。在操作条件下，没有组分进入检测器时的流出曲线称为基线。稳定的基线应是一条平行于横轴的直线。基线反映仪器（主要是检测器）的噪声随时间的变化。

（2）色谱峰。色谱峰是流出曲线上的突起部分，即组分流经检测器所产生的信号。一

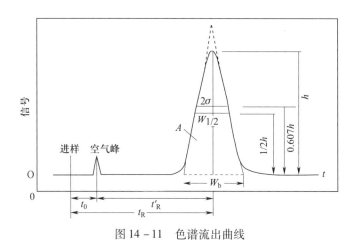

图 14 - 11　色谱流出曲线

个组分的色谱峰可用峰位、峰高或峰面积和色谱峰的区域宽度三项参数来描述，分别可作为
定性、定量及衡量柱效的依据。

正常的色谱峰为对称正态分布曲线，称为对称峰。不正常峰有两种：拖尾峰和前延峰
（图 14 - 12）。前沿平缓，后沿陡峭的不对称峰称为前延峰；前沿陡峭，后沿拖尾的不对称
色谱峰称为拖尾峰。色谱峰的好坏用拖尾因子（T）和分离度（R）来衡量。

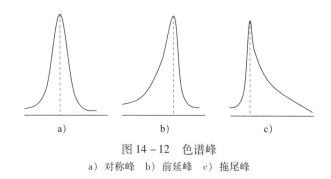

图 14 - 12　色谱峰
a）对称峰　b）前延峰　c）拖尾峰

（3）峰高。色谱峰最高点到峰底的垂直距离，用 h 表示。

（4）峰面积。组分流出曲线与基线所包围的面积，用 A 表示。

峰高和峰面积是色谱定量分析的参数。

（5）色谱峰区域宽度。峰宽是色谱流出曲线的重要参数之一，用于衡量色谱柱效能及
反映色谱操作条件的动力学因素。通常用标准偏差、半峰宽、峰宽三种方法来度量，如
图 14 - 11 所示。

1）标准偏差。0.607 倍峰高处色谱峰宽度的一半，用 σ 表示。

2）半峰宽。峰高一半处的宽度，用 $W_{1/2}$ 表示。

3）峰宽。色谱峰两侧的拐点上的切线与基线相交两点间距离称为峰宽，或称为峰底宽
度，用 W 表示。

W、$W_{1/2}$ 和 σ 表示正态分布色谱峰不同峰高处的区域宽度，是衡量色谱柱效能的三种指

标，其中 $W_{1/2}$ 值最容易测量，常用 $W_{1/2}$ 评价柱效。W、$W_{1/2}$ 和 σ 之间存在以下关系：

$$W = 4\sigma \quad 或 \quad W = 1.699\,W_{1/2} \tag{14-1}$$

（6）死时间。不被固定相吸附或溶解而通过色谱柱的时间，用 t_M 或 t_0 表示，如图 14-11 所示，表现在色谱图上即从进样开始到出现峰值的时间。

（7）保留时间。组分从进样开始到色谱峰顶点的时间间隔，用 t_R 表示，如图 14-11 所示。

（8）调整保留时间。指组分的保留时间与死时间之差，用 t'_R 表示。t'_R 是固定相滞留组分的时间。

$$t'_R = t_R - t_M \tag{14-2}$$

保留时间是色谱定性分析的基本依据。但在实际测定中，同一组分的保留时间常常会受到流动相流速等因素的影响。

从色谱流出曲线中可以得到许多重要的信息：根据色谱峰的个数，可以判断样品中所含组分的最少个数；根据色谱峰的保留值，可以进行定性分析；根据色谱峰的面积或峰高，可以进行定量分析；色谱峰的保留值及其区域宽度，是评价色谱柱分离效能的依据；色谱峰两峰间的距离，是评价固定相（或流动相）选择是否合适的依据。

练一练

1. 气相色谱仪包括气路系统、_____、_____、检测系统、记录和数据处理系统和温度控制系统。

2. 理论板数反映了（　　　）。

A. 分离度　　　　B. 分配系数　　　　C. 保留值　　　　D. 柱的效能

五、气相色谱条件的选择

为了满足某一特定的分析要求，可以改变的条件包括进样口温度、检测器温度、色谱柱温度及其控温程序、载气种类及载气流速、固定相、柱径、柱长、进样口类型及进样口流速、样品量、进样方式等。某些检测器还可调节参数。

1. 色谱柱的选择

色谱柱的选择主要是固定相、柱长和柱径的选择。选择固定相一般是利用"相似相溶"原理，即按被分离组分的极性或官能团与固定相相似的原则来选择。分析非极性化合物选择非极性色谱柱，分析极性化合物选择极性柱。分析高沸点化合物可选择高温固定相。

在板高度不变的条件下，分离度随塔板数增加而增加，增加柱长对分离有利。但柱长过长，峰变宽，柱压增加，分析时间延长。因此在达到分离度的条件下应尽可能使用短柱，一般填充柱柱长为 1~5 m。色谱柱的内径增加会使柱效下降，一般内径常用 2~4 mm。

2. 柱温的选择

柱温是一个重要的操作参数，直接影响分离效能和分析速度。首先要考虑到每种固定液都有一定的最高使用温度，柱温切不可超过此温度，以免固定液流失。

柱温对组分分离影响较大，提高柱温，各组分的挥发加快，即分配系数减少，不利于分离。降低柱温，被测组分在两相中的传质速度下降，使峰形扩张，严重时引起拖尾，并延长了分析时间。柱温的选择原则是：在使难分离物质能得到良好的分离、分析时间适宜，并且峰形不拖尾的前提下，尽可能采用低柱温，并应以保留时间适宜且色谱峰不拖尾为度。

实际工作中可根据样品沸点来选择柱温。分离高沸点样品（300~400 ℃），柱温可比沸点低 100~150 ℃；分离沸点低于 300 ℃ 的样品，柱温可以在比平均沸点低 50 ℃ 至平均沸点的温度范围内；对于宽沸程样品，需采用程序升温的方法。程序升温是在一个分析周期内，按照一定程序改变柱温，使不同沸点的组分在合适温度得到分离。程序升温可以是线性的，也可以是非线性的。

3. 载气及其流速的选择

载气的选择主要考虑对峰展宽、柱压降和检测器灵敏度的影响三个方面。载气采用低流速时，宜用氮气；高流速或色谱柱较长时宜用氢气。

4. 其他条件的选择

（1）进样量。在检测器灵敏度足够的前提下，尽量减少进样量，以降低初始宽度。对于填充柱，气体样品以 0.1~1 mL 为宜，液体样品应小于 4 μL（TCD）或小于 1 μL（FID）。毛细管柱需用分流器分流进样。

（2）汽化室温度。可等于样品的沸点或稍高于沸点，以保证迅速完全汽化。但不应超过沸点 50 ℃ 以上，以防样品分解。

（3）检测室温度。为了使色谱柱的流出物不在检测器中冷凝而污染检测器，检测室温度应高于柱温，一般可高于柱温 30~50 ℃，或等于汽化室温度。

在药品检验中，除另有规定外，应符合质量标准正文品种项下规定的条件。

六、气相色谱法系统适用性试验

利用气相色谱法对样品进行测定，仪器系统适用性试验应符合《中国药典》或部颁标准各品种项下的要求。

系统适用性试验，即用规定的对照品溶液或系统适用性试验溶液进行试验，以判定所用色谱系统是否符合规定的要求。系统适用性试验的目的是评价色谱系统的可靠性，可取标准溶液、对照品溶液或按要求专门配制的溶液测定。系统适用性试验包括理论板数、分离度、灵敏度、拖尾因子和重复性五个参数，其中分离度和重复性尤为重要。

1. 理论板数（n）

用于评价色谱柱的分离效能。由于不同物质在同一色谱柱上的色谱行为不同，采用理论板数作为衡量色谱柱效能的指标时，应指明测定物质，一般为待测物质或内标物质的理论板数。在规定的色谱条件下，注入供试品溶液或各品种项下规定的内标物质溶液，记录色谱图，量出供试品主成分色谱峰或内标物质色谱峰的保留时间 t_R 和峰宽（W）或半峰宽（$W_{1/2}$），理论板数的计算公式为：

$$n = 16 \times \left(\frac{t_R}{W}\right)^2 \text{ 或 } n = 5.54 \times \left(\frac{t_R}{W_{1/2}}\right)^2 \tag{14-3}$$

式中　t_R——峰的保留时间；

　　　W、$W_{1/2}$——峰宽、半峰宽。

单位柱长的板数越多，表明柱效越高。

2. 分离度（R）

用于评价待测物质与被分离物质之间的分离程度，是衡量色谱系统分离效能的关键指标。分离度是相邻两组分色谱峰保留时间之差与两色谱峰峰宽均值之比，如图 14-13 所示，数学表达式为：

$$R = \frac{t_{R2} - t_{R1}}{(W_1 + W_2)/2} = \frac{2(t_{R2} - t_{R1})}{W_1 + W_2} \tag{14-4}$$

式中　t_{R2}——相邻两色谱峰中后一峰的保留时间；

　　　t_{R1}——相邻两色谱峰中前一峰的保留时间；

　　　W_1、W_2——相邻两色谱峰的峰宽。

若 $R = 1$，则两峰峰基略有重叠，被分离的峰面积为总面积的 95.4%；若 $R = 1.5$，则两峰完全分开，被分离的峰面积为总面积的 99.7%。色谱法进行分析时，除另有规定外，待测物质色谱峰与相邻色谱峰之间的分离度应不小于 1.5。

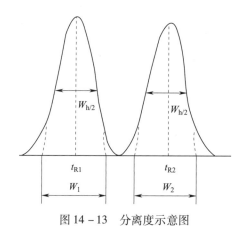

图 14-13　分离度示意图

3. 灵敏度

用于评价色谱系统检测微量物质的能力，通常以信噪比（S/N）来表示。建立方法时，可通过测定一系列不同浓度的供试品或对照品溶液来测定信噪比。定量测定时，信噪比应不小于 10；定性测定时，信噪比应不小于 3。系统适用性试验中可以设置灵敏度测试溶液来评价色谱系统的检测能力。

4. 拖尾因子（T）

用于评价色谱峰的对称性。拖尾因子在 0.95 ~ 1.05 为对称峰；小于 0.95 为前延峰；大于 1.05 为拖尾峰。以峰高作定量参数时，除了另有规定外，T 值应该在 0.95 ~ 1.05，如图 14-14 所示。拖尾因子计算公式如下：

$$T = \frac{W_{0.05h}}{2A} = \frac{A+B}{2A} \qquad (14-5)$$

式中 $W_{0.05h}$——峰高 0.05 倍处的峰宽；

　　　A——该处的色谱峰前沿和色谱峰顶点至基线的垂线之间的距离；

　　　B——该处的色谱峰顶点至基线的垂线和色谱峰后沿之间的距离。

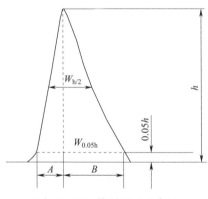

图 14 – 14　拖尾因子示意图

以峰高作定量参数时，除另有规定外，T 值应在 $0.95 \sim 1.05$。以峰面积作定量参数时，一般的峰拖尾或前伸不会影响峰面积积分，但严重拖尾会影响基线和色谱峰起止的判断和峰面积积分的准确性，此时应在品种正文项下对拖尾因子作出规定。

5. 重复性

用于评价色谱系统连续进样时响应值的重复性能。采用外标法时，通常取各品种项下的对照品溶液，连续进样 5 次，除另有规定外，其峰面积测量值的相对标准偏差应不大于 2.0%；采用内标法时，通常配制相当于 80%、100% 和 120% 的对照品溶液，加入规定量的内标溶液，配成三种不同浓度的溶液，分别至少进样两次，计算平均校正因子，其相对标准偏差应不大于 2.0%。

《中国药典》（2020 年版，四部）规定，各品种项下规定的色谱条件，除检测器种类、固定液品种及特殊指定的色谱柱材料不得改变外，其余如色谱柱内径、长度、载体牌号、粒度、固定液涂布浓度、载气流速、柱温、进样量、检测器的灵敏度等，均可适当改变，以适应具体品种并符合系统适用性试验的要求。一般色谱图约于 30 min 内记录完毕。

§14 – 3　气相色谱法的定性、定量分析

 学习目标

1. 掌握气相色谱法的定性分析与定量分析的依据。

2. 掌握气相色谱法的定性分析。

气相色谱图是各组分流出色谱柱的时间和浓度的色谱图。色谱峰是组分在色谱柱运行的结果，它是判断组分是什么物质及其含量的依据，色谱法就是依据色谱峰的移动速度和大小来取得组分的定性和定量分析结果的。根据图中表明的出峰时间和顺序，可对化合物进行定性分析；根据峰的高低和面积大小，可对化合物进行定量分析。

一、定性分析方法

气相色谱定性分析就是确定各个色谱峰代表的是什么组分。它可以对多组混合物进行分离分析，但气相色谱峰只能鉴定已知范围的未知物，对未知混合物的定性，需要已知纯物质或有关色谱的定性数据作为参考，结合其他方法才能进行鉴别。近年来，随着气相色谱与质谱、红外光谱联用技术的发展，为未知试样的定性分析提供了新的手段。

1. 根据色谱保留值进行定性分析

（1）利用保留时间定性。在相同的色谱条件下，同一物质应具有相同的保留值。因此，可将标准品与样品分别进样，二者保留时间相同，可能为同一物质。用保留时间定性要求载气的流速、温度及柱温恒定，微小的波动都会使保留时间改变，从而对定性结果产生影响。例如，用毛细管气相色谱法对大麻中主要成分的定性定量分析实验中，利用保留时间相同确定大麻中主要成分为大麻酚（CBN），四氢大麻酚（THC）和大麻二酚（CBD），如图 14 – 15 所示。

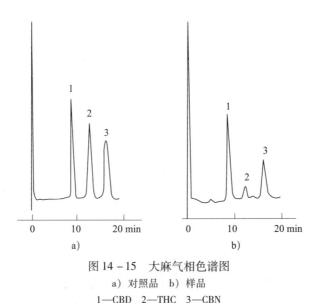

图 14 – 15　大麻气相色谱图
a）对照品　b）样品
1—CBD　2—THC　3—CBN

（2）利用相对保留值定性。对于一些组分比较简单的已知范围的混合物、无已知物的情况下，可用此法定性。相对保留值是任一组分（i）与标准物（s）的调整保留值之比，用 r_{is} 表示：

$$r_{is} = \frac{t'_{Ri}}{t'_{Rs}} \qquad\qquad (14-6)$$

相对保留值只与组分性质、柱温和固定相性质有关。因此，利用色谱手册或文献收载的实验条件和标准物质进行实验，然后将测得的相对保留值与手册或文献提供的相对保留值对比，完成对色谱的定性判断。

（3）利用峰高增加。若样品复杂，流出峰距离太近或操作条件下不易控制，可将已知物加到样品中，混合进样，若被测组分峰高增加了，则可能含有该物质。例如采用 GC-MS 技术分析川桂皮挥发油的化学组成，其化学成分的总离子流色谱图如图 14-16 所示，组成复杂，共检测出 42 种化学成分。如将芳樟醇加到样品中混合进样，色谱图中 9 号峰高增加，则可确定样品中 9 号峰为芳樟醇峰。

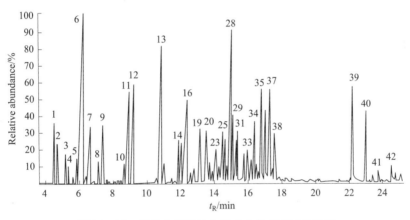

图 14-16　川桂皮挥发油化学成分的总离子色谱图

2. 利用联用仪器进行定性分析

由于色谱法定性有其局限性，可将色谱和其他分析仪器联用可获得丰富的结构信息。目前比较成熟的联用仪器有气相色谱—质谱联用（GC—MS）、气相色谱—傅里叶红外光谱联用（GC—FTIR）等。

【知识链接】
··

气相色谱—质谱联用仪器

气相色谱—质谱仪（简称气质联用，GC—MS）是分析仪器中较早实现联用的仪器，GC—MS 联用仪系统一般由气相色谱仪、接口、质谱仪和计算机四大件组成。气相色谱仪分离试样中各组分起样品制备的作用；接口将气相色谱流出的各组分送入质谱仪进行检测；质谱仪对接口引入的各个组分进行分析，成为气相色谱的检测器；计算机系统是 GC—MS 的中央控制单元，交互式地控制气相色谱仪、接口和质谱仪，进行数据采集和处理，同时获得色谱和质谱数据，对复杂样品中的组分进行定性和定量分析。

GC—MS 联用在分析检测和研究的许多领域中起着越来越重要的作用，广泛应用于化工、石油、环保、医药、食品、轻工等方面，特别是从事有机分析的实验室几乎都将 GC—

MS 作为主要的定性确认手段之一，在很多情况下又用 GC—MS 进行定量分析。

二、定量分析方法

气相色谱定量分析方法很多，下面介绍常用的几种。

1. 面积归一化法

气相色谱常用的一种定量方法。按各药品测定方法的规定，配制供试品溶液，取一定量进样，记录色谱图。测量各峰的面积和色谱图上除溶剂峰以外的总色谱峰面积，计算各峰面积占总峰面积的百分率。应用该方法的条件是样品中所有的组分都能流出色谱柱，并在色谱图上都能显示出色谱峰。试样中各组分的含量计算公式为：

$$i\% = \frac{f_i A_i}{f_1 A_1 + f_2 A_2 + \cdots + f_n A_n} \times 100\% \qquad (14-7)$$

式中　A_i——i 组分的峰面积；

f_i——i 组分的相对校正因子。

相对校正因子用符号 f_i 表示。测定绝对校正因子需要知道准确进样量，这是比较困难的。在实际工作中，往往使用相对校正因子 f_i 进行计算，即在被测组分 i 中加入标准物质 s，测定被测组分相对于标准物质的相对校正因子，公式如下：

$$f_i = \frac{f'_i}{f'_s} = \frac{m_i A_s}{m_s A_i} \qquad (14-8)$$

式中，A_i、A_s、m_i、m_s 分别表示被测组分 i 和标准物质 s 的峰面积和质量。因为 m_i 与 m_s 的质量之比在进样前可准确测定，峰面积虽与色谱条件有关，但 A_i 与 A_s 的比值消除了操作条件的影响，故 f_i 可准确测得。

面积归一化法的优点是简便，定量结果与进样量无关，不必称量和准确进样，操作条件变化对结果影响较小。缺点是所有组分必须在一个分析周期内都能流出色谱柱，而且检测器对它们都产生信号。但此法误差较大，通常只用于粗略测量供试品中的杂质限量。除另有规定外，一般不宜用于微量杂质的检查。

例 14-1　用气相色谱法分析测定含有甲醇、乙醇、正苯醇和丁酮的混合物，实验测得它们的色谱峰面积分别为：5.3、26.8、3.0 及 24.0 cm²。按面积归一化法，分别求出各组分的含量。已知它们的相对校正因子分别为 0.64、0.70、0.78 及 0.79。

解：

$$i\% = \frac{f_i A_i}{f_1 A_1 + f_2 A_2 + \cdots + f_n A_n} \times 100\%$$

$$甲醇\% = \frac{5.3 \times 0.64}{5.3 \times 0.64 + 26.8 \times 0.70 + 3.0 \times 0.78 + 24.0 \times 0.79} \times 100\% = 7.8\%$$

$$乙醇\% = \frac{26.8 \times 0.70}{43.452} \times 100\% = 43.2\%$$

$$正苯醇\% = \frac{3.0 \times 0.78}{43.452} \times 100\% = 5.4\%$$

$$丁酮\% = \frac{24.0 \times 0.79}{43.452} \times 100\% = 43.6\%$$

2. 外标法

外标法用待测组分的纯品作为对照品，按各种药品测定方法的规定，精密称（量）取对照品和供试品，配制成溶液，分别精密取一定量，进样，记录色谱图。测量对照品溶液和供试品溶液中待测物质的峰面积（或峰高），按下式计算含量：

$$c_x = c_R \times \frac{A_x}{A_R} \qquad\qquad (14-9)$$

式中　A_x——被测组分的峰面积；

$\quad c_x$——供试品溶液中被测组分的浓度；

$\quad A_R$——对照品溶液的峰面积；

$\quad c_R$——对照品溶液的浓度。

外标法操作简单，不需要校正因子，计算方便，是应用最广泛的方法之一，该法其误差来源主要是进样误差，因此，分析前一定要做面积重复性（即进样重复性）实验。由于微量进样器不易精确控制进样量，当采用外标法测定供试品中某杂质或主成分含量时，以手动进样器定量环或自动进样器进样为宜。

例 14-2　麝香中麝香酮的含量测定（外标法）

（1）色谱条件与系统适用性试验。以苯基（50%）甲基硅酮（OV—17）为固定相，涂布浓度为 2%，柱温 200 ℃ ±10 ℃，理论板数按麝香酮峰计算应不低于 1 500。

对照品溶液的制备。取麝香酮对照品适量，精密称定，加无水乙醇制成每 1 mL 含 1.5 mg 的溶液，即得。

（2）供试品溶液的制备。取（检查）项干燥失重项下所得干燥品 0.2 g，精密称定，精密加入无水乙醇 2 mL，密塞，振摇，放置 1 h，过滤，取续滤液，即得。

（3）测定法。分别精密吸取对照品溶液与供试品溶液各 2 μL 注入气相色谱仪，测定对照品和供试品的峰面积分别为 726 940 和 1 652 965，计算供试品中麝香酮的含量（对照品溶液浓度为 1.50 mg/mL，供试品溶液按生药质量计算出的浓度为 103.2 mg/mL）。

解：

$$c_x = c_R \times \frac{A_x}{A_R} = 1.50 \times \frac{1\,652\,965}{726\,940} = 3.41 \ \text{mg/mL}$$

$$麝香酮\% = \frac{c_x}{c_供} \times 100\% = \frac{3.41}{103.2} \times 100\% = 3.30\%$$

3. 内标法

将一种纯物质作为内标物质，用待测物的纯品作为对照品，按各种药品测定方法的规定，精密称（量）取对照品和内标物质，分别配成溶液，各精密量取适量，混合配成校正因子测定用的对照溶液。取一定量进样，记录色谱图。测量对照品和内标物质的峰面积或峰高，按式 14-10 计算校正因子：

$$f = \frac{c_R A_s}{c_s A_R} \qquad (14-10)$$

式中，A_R、A_s、c_R、c_s 分别表示被测组分对照品和内标物质的峰面积（或峰高）和浓度。

再取含有内标物质的供试品溶液，进样，记录色谱图，测量供试品中待测组分和内标物质的峰面积或峰高，按式 14-11 计算含量：

$$c_x = f \times A_x \times \frac{c_s'}{A_s'} \qquad (14-11)$$

式中　f——校正因子；

c_x——含有内标物质的供试品溶液中被测组分的浓度；

A_x——含有内标物质的供试品溶液中被测组分的峰面积；

A_s'——含有内标物质的供试品溶液中内标物质的峰面积；

c_s'——含有内标物质的供试品溶液中内标物质的浓度。

内标物质应是供试品中不含有的成分，应能与被测成分峰或其他杂质峰完全分离；内标物质在溶液中稳定，并应与被测组分峰靠近一些，或在几个被测组分的色谱峰中间；内标物的浓度应恰当，峰面积与被测组分的相差不大。内标法是一种相对测量法，被测组分与内标物质同时进样，在同样条件下记录色谱图。进样量的准确程度和操作条件略有变化，均不影响测定结果，是一种准确的定量方法。《中国药典》（2020 年版）中收载的气相色谱法常用内标法测定供试品含量或检查杂质限量。采用内标法，可避免因样品前处理及进样体积误差对测定结果的影响。

例 14-3　维生素 E 的含量测定（内标法）

在维生素 E 的含量测定中，测定校正因子时，称取正三十二烷 150.20 mg，加正己烷定容成 100 mL，再称取维生素 E 对照品 20.24 mg，加内标溶液定容成 10 mL。取 1 μL 进样，记录色谱图，测定对照品色谱峰面积和内标物色谱峰面积分别为 48.90 和 38.77。另称取维生素 E 供试品 10.68 mg，加入内标物 10.0 mg，正己烷定容成 10 mL 配制供试品溶液，取 1 μL 进样，记录色谱图，测定维生素 E 和内标物的峰面积，分别为 29.78 和 30.36，计算供试品中维生素 E 的含量是多少？

解：校正因子：

$$c_R = \frac{20.24}{10} = 2.024 \text{ mg/mL}, \quad c_s = \frac{150.20}{100} = 1.502 \text{ mg/mL},$$

$$A_R = 48.90, \quad A_s = 38.77$$

$$f = \frac{c_R A_s}{c_s A_R} = \frac{2.024 \times 38.77}{1.502 \times 48.90} = 1.068$$

含量测定：

$$c_{供} = \frac{10.68}{10} = 1.068 \text{ mg/mL}, \quad c_s' = \frac{10}{10} = 1 \text{ mg/mL},$$

$$A_x = 29.78, \quad A_s' = 30.36$$

$$c_x = f \times A_x \times \frac{c_s'}{A_s'} = 1.068 \times \frac{29.78}{30.36} \times 1 = 1.048 \text{ mg/mL}$$

$$维生素\ E\% = \frac{c_x}{c_{供}} \times 100\% = \frac{1.048}{1.068} \times 100\% = 98.13\%$$

4. 标准溶液加入法

用某个杂质或待测成分的纯品作为对照品，按各种药品测定方法的规定，精密称（量）取对照品适量，配制成适当浓度的对照品溶液，取一定量，精密加入供试品溶液中，根据外标法或内标法测定杂质或主成分含量，再扣除加入的对照品溶液含量，即得供试品溶液中某个杂质或主成分含量。按式 14 - 12 计算：

$$\frac{A_{is}}{A_x} = \frac{c_x + \Delta c_x}{c_x} \tag{14 - 12}$$

被测组分的浓度 c_x 可通过式 14 - 13 进行计算：

$$c_x = \frac{\Delta c_x}{(A_{is}/A_x) - 1} \tag{14 - 13}$$

式中　c_x——供试品溶液中被测组分 X 的浓度；

　　　A_x——供试品溶液中被测组分 X 的峰面积；

　　　Δc_x——所加入的已知浓度的待测组分对照品的浓度；

　　　A_{is}——加入对照品后组分 X 的色谱峰面积。

由于气相色谱法的进样量一般仅数微升，为减小进样误差，尤其当采用手工进样时，由于留针时间和室温等对进样量也有影响，故以采用内标法定量为宜；当采用自动进样器时，由于进样重复性的提高，在保证分析误差的前提下，也可采用外标法定量。当采用顶空进样时，由于供试品和对照品处于不完全相同的基质中，故可采用标准溶液加入法，以消除基质效应的影响；当标准溶液加入法与其他定量方法结果不一致时，应以标准加入法结果为准。

练一练

气相色谱的定量分析方法有_____法、_____法、_____法和标准加入法等。

§14 - 4　气相色谱法的应用

 学习目标

了解气相色谱法在药品检验中的应用。

气相色谱法广泛应用于石油、化工、医药、环境保护和食品分析等领域。在药学领域常用于药物的含量测定、杂质检查、微量水分和有机溶剂残留量的测定、中药挥发性成分测定以及体内药物代谢分析等方面。

一、含量测定

示例 14 – 1　硬脂酸的含量测定

色谱条件与系统适用性试验：用聚乙二醇 20M 为固定液的毛细管柱；起始温度为 170 ℃，维持 2 min，再以每分钟 10 ℃ 的速度升温至 240 ℃，维持数分钟，使色谱图记录至除溶剂峰外的第二个主峰保留时间的 3 倍；进样口温度为 250 ℃；检测器温度为 260 ℃，硬脂酸甲酯峰与棕榈酸甲酯峰的分离度应大于 5.0。

测定法：取本品约 0.1 g，精密称定，置于锥形瓶中，精密加三氟化硼的甲醇溶液（13% ~ 15%）5 mL 振摇使之溶解，置于水浴中回流 20 min，放冷，用正己烷 10 ~ 15 mL 转移并洗涤至分液漏斗中，加 10 mL 水与 10 mL 氯化钠饱和溶液，振摇分层，弃去下层（水层）。正己烷层加无水硫酸钠 6 g 干燥，除去水分后置于 25 mL 量瓶中，用正己烷稀释至刻度，摇匀，作为供试品溶液；另取硬脂酸对照品约 50 mg 与棕榈酸对照品约 50 mg，同上法操作制得对照品溶液。精密量取供试品溶液与对照品溶液各 1 μL 注入气相色谱仪，记录色谱图。按面积归一化法计算供试品中硬脂酸（$C_{18}H_{36}O_2$）与棕榈酸（$C_{16}H_{32}O_2$）的含量。

二、限度检查

示例 14 – 2　苯甲醇注射液中苯甲醛的检查

取本品作为供试品溶液。另取苯甲醛对照品约 25 mg，精密称定，置 50 mL 量瓶中，加丙酮振摇使之溶解，用丙酮稀释至刻度，摇匀，作为对照品溶液。按照气相色谱法（通则 0521）测定，以聚乙二醇 20M 为固定液；分流进样，分流比 20:1；起始温度为 50 ℃，以每分钟 5 ℃ 的速度升温至 220 ℃，维持 35 min；进样口温度为 200 ℃；检测器温度为 310 ℃；进样体积 1 μL。精密量取同体积的供试品溶液与对照品溶液，依法测定，供试品溶液色谱图中如有与苯甲醛保留时间一致的色谱峰，按外标法以峰面积计算，含苯甲醛不得超过 0.1%。

三、有机溶剂残留量的测定

示例 14 – 3　苯唑西林钠原料药中残留溶剂（乙醇、乙酸乙酯、正丁醇与乙酸丁酯）的测定

残留溶剂：按照《中国药典》（2020 年版，四部）残留溶剂测定法（通则 0861 第二法）测定。

色谱条件与系统适用性要求：以 100% 二甲基聚硅氧烷（或极性相近）为固定液的毛细管柱为色谱柱；起始温度为 40 ℃，维持 8 min，再以每分钟 30 ℃ 的速度升至 100 ℃，维持 5 min；进样口温度为 200 ℃；检测器温度为 250 ℃；顶空瓶平衡温度为 70 ℃，平衡时间为 30 min。系统适用性溶液色谱图中，出峰顺序依次为：乙醇、乙酸乙酯、正丁醇与乙酸丁酯，各色谱峰间的分离度均应符合要求；取对照品溶液顶空进样，计算数次进样结果，其相对标准偏差不得超过 5.0%。

测定法：取本品约 1 g，置于 10 mL 量瓶中，加水溶解并稀释至刻度，摇匀，作为供试

品储备液。精密量取供试品储备液 1 mL 置于顶空瓶中，再精密加水 1 mL，摇匀，密封，作为供试品溶液。精密称取乙醇、乙酸乙酯、正丁醇与乙酸丁酯各约 0.25 g，置于 50 mL 量瓶中，用水稀释至刻度，摇匀，精密量取 10 mL，置于 100 mL 量瓶中，用水稀释至刻度，摇匀，作为对照品储备液。精密量取对照品储备液 1 mL 置于顶空瓶中，精密加供试品储备液 1 mL，摇匀，密封，作为对照品溶液。精密量取对照品储备液 1 mL 置于顶空瓶中，再精密加水 1 mL，摇匀，密封，作为系统适用性溶液。取系统适用性溶液、供试品溶液、对照品溶液分别顶空进样，记录色谱图。

限度：用标准加入法以峰面积计算，乙醇、乙酸乙酯、正丁醇与乙酸丁酯的残留量均应符合规定。

四、中药挥发性成分测定

示例 14-4　麝香中麝香酮的含量测定

色谱条件与系统适用性试验：以苯基（50%）甲基硅酮（OV-17）为固定相，涂布浓度为 2%；柱温 200 ℃±10 ℃。理论板数按麝香酮峰计算应不低于 1 500。

测定法：取麝香酮对照品适量，精密称定，加无水乙醇制成每 1 mL 含 1.5 mg 的溶液，即得对照品溶液。取（检查）干燥失重项下所得干燥品约 0.2 g，精密称定，精密加入无水乙醇 2 mL，密塞，振摇，放置 1 h，过滤，取续滤液，即得供试品溶液。分别精密吸取对照品溶液与供试品溶液各 2 μL 注入气相色谱仪，测定。

本品按干燥品计算，含麝香酮（$C_{16}H_{30}O$）不得少于 2.0%。

实训十六　维生素 E 软胶囊含量测定

一、实训目的

1. 能根据工作任务查询药品标准并做解读，制订工作计划。
2. 会正确规范使用气相色谱仪。
3. 会正确使用气相色谱仪测定维生素 E 软胶囊的含量。

二、查询标准

《中国药典》（2020 年版，二部）

维生素 E 软胶囊

本品含合成型或天然型维生素 E（$C_{31}H_{52}O_3$）应为标示量的 90.0%~110.0%。

【含量测定】按照气相色谱法（通则 0521）测定。

供试品溶液：取装量差异项下的内容物，混合均匀，取适量（约相当于维生素 E

20 mg），精密称定，置于棕色具塞锥形瓶中，精密加内标溶液 10 mL，密塞，振摇使维生素 E 溶解，静置，取上清液。

内标溶液：取正三十二烷适量，加正己烷溶解并稀释成每 1 mL 中含 1.0 mg 的溶液。

对照品溶液：取维生素 E 对照品约 20 mg，精密称定，置于棕色具塞锥形瓶中，精密加内标溶液 10 mL，密塞，振摇使之溶解。

系统适用性溶液：取维生素 E 与正三十二烷各适量，加正己烷溶解并稀释制成每 1 mL 中约含维生素 E 2 mg 与正三十二烷 1 mg 的混合溶液。

色谱条件：用硅酮（OV－17）为固定液，涂布浓度为 2% 的填充柱，或用 100% 二甲基聚硅氧烷为固定液的毛细管柱，柱温为 265 ℃、进样体积 1 μL。

系统适用性要求：系统适用性溶液色谱图中，理论板数按维生素 E 峰计算不低于 500（填充柱）或 5 000（毛细管柱），维生素 E 峰与正三十二烷峰之间的分离度应符合规定。

测定法：精密量取供试品溶液与对照品溶液，分别注入气相色谱仪，记录色谱图。按内标法以峰面积计算。

三、器材准备

仪器：气相色谱仪、分析天平、容量瓶、棕色具塞锥形瓶、移液管。

试剂：V_E 软胶囊样品、V_E 对照品、正己烷、正三十二烷。

四、实训内容与步骤

1. 取装量差异项下的内容物，混合均匀

一粒软胶囊内容物的测定方法：取 20 粒软胶囊，精密称量，剪开胶囊，去除内容物，用乙醚洗净，晾干，称量，两次称量质量之差的 1/20，即为一粒软胶囊内容物的质量。

2. 取适量（约相当于维生素 E 20 mg），精密称定

以 100 mg 规格为例：样品称量质量 = 一粒软胶囊内容物 × 20/100

3. 照维生素 E 含量测定项下的方法测定。

（1）原理。气相色谱法（通则 0521）。

（2）色谱条件与系统适用性试验。色谱柱：100% 二甲基聚硅氧烷为固定液的毛细管柱。柱温：265 ℃。理论板数：按维生素 E 峰计算不低于 5 000。分离度：维生素 E 峰与内标物质峰的分离度应符合要求（大于 1.5）。灵敏度：信噪比不小于 10。拖尾因子：T 值在 0.95～1.05。重复性：配制相当于 80%、100%、120% 的对照品溶液，加入规定量的内标溶液，配成三种不同浓度的溶液，分别至少进样 2 次，计算平均校正因子，其相对标准偏差应不大于 2.0%。

校正因子：
$$f'_i = \frac{f_i}{f_s} = \frac{m_i/A_i}{m_s/A_s} \qquad (14-14)$$

式中，A_i、A_s、m_i、m_s 分别表示被测组分 i 和标准物质 s 的峰面积和质量。

（3）溶液配制。内标溶液配制：取正三十二烷约 100 mg，精密称量，置于 100 mL 量瓶

中，加正己烷溶解并定容至 100 mL，即得内标溶液。对照品溶液配制：取维生素 E 对照品约 16 mg、20 mg、24 mg，精密称定，置于棕色具塞瓶中，精密加内标溶液 10 mL，密塞，振摇使之溶解，作为对照品溶液。供试品溶液配制：取本品适量（约相当于维生素 E 20 mg），精密称定，置棕色具塞瓶中，精密加内标溶液 10 mL，密塞，振摇使溶解，作为供试品溶液（平行配制 2 份）。

（4）测定。定性：分别取正己烷、内标溶液和对照品溶液各 1 μL 注入气相色谱仪，根据色谱峰保留时间，确定正三十二烷色谱峰和维生素 E 色谱峰。色谱适用性试验：3 份不同浓度的对照品溶液分别取 1 μL 进样，各进 2 针（共 6 针）。其相对标准偏差应不低于 2.0%。校正因子的测定：3 份不同浓度的对照品溶液分别取 1 μL 进样，各进 2 针（共 6 针）。根据正三十二烷和维生素 E 色谱峰面积计算平均校正因子，其相对标准偏差应不低于 2.0%。含量测定：两份供试品溶液，分别取 1 μL，注入气相色谱仪，各进样 2 次（共 4 针），测定，计算，其相对标准偏差应不低于 2.0%。

（5）计算公式：

$$标示量的百分含量 \% = \frac{f \times A_E \times m_{正三十二烷} \times \bar{m}}{A_{正三十二烷} \times m_{样} \times 标示量} \times 100\% \qquad (14-15)$$

式中 f——校正因子；

A_E、$A_{正三十二烷}$——被测组分维生素 E 和标准物质正三十二烷的峰面积；

$m_{样}$——称样量；

$m_{正三十二烷}$——正三十二烷的质量；

$\bar{m}$——平均片重。

4. 数据记录及处理

气相色谱法测定维生素 E 软胶囊的含量原始记录表见表 14-1。

表 14-1   气相色谱法测定维生素 E 软胶囊的含量原始记录表

检品编号：

检品名称			检验日期	
批　　号		规　　格	完成日期	
生产单位或产地		包　　装	检验者	
供样单位		有 效 期	核 对 者	
检验项目		检品数量	检品余量	
检验依据				

气相色谱仪：　　　　　色谱柱：　　　　　电子天平：

进样方式：　　　　　　进样量：　　　　　控制压力：

总流量：　　　　　　　柱流量：　　　　　分流比：

进样口温度：　　　　　柱　温：　　　　　检测器温度：

系统适用性试验溶液制备：

色谱适用性试验：　　　理论板数：　　　　分离度：　　　　拖尾因子：

对照品名称：　　　　　批号：　　　　　　干燥条件：

内标物名称：　　　　　批号：

对照品溶液的制备方法：

供试品溶液的制备方法：

校正因子测定：

三十二烷 m_s/g：			
VE m_i/g：			
三十二烷峰，A_s：					
VE 峰，A_i：					
VE 校正因子 f：					
f 平均值（RSD）：					

计算公式：

样品：

称样量 $m_{样}$/g：		
VE 峰 A_E：		
正三十二烷峰 $A_{正三十二烷}$：		
标示百分含量：		
标示百分含量平均值：	
偏差：	

计算公式：

标准规定：

结论：

五、实训测评

按表 14 - 2 所列评分标准进行测评，并做好记录。

表 14 - 2   实训评分标准

项目	评分要素	配分	评分标准	扣分	得分
一、打开气源 （6分）	氮气总阀、减压阀开启调节正确	2	开启方向、调节压力正确		
	氢气总阀、减压阀开启调节正确	2	开启方向、调节压力正确		
	空气总阀、减压阀开启调节正确	2	开启方向、调节压力正确		
二、开机操作 （2分）	开机	2	打开电源开关		
三、调试操作 （2分）	参数设置	2	柱温、检测器、汽化室温度设置正确		

续表

项目	评分要素	配分	评分标准	扣分	得分
四、测量操作 (36分)	天平称量前的检查与处理	4	打扫、调水平		
	移液枪的使用	2	能正确使用		
	称量过程	6	尽可能减少挥发过程，盖好盖子读数		
	对照品、样品称量准确	8	超出称样量的10%不得分，超5%扣4分		
	移液管使用	6	正确、准确操作		
	进样操作	4	选择正确的瓶号		
	整理实验台	6	摆放整齐擦拭干净		
五、关闭气源 (8分)	关闭氢气、空气、氮气瓶总阀、减压阀	6	关闭总阀、减压阀方法正确		
	关闭气体顺序	2	关闭气体顺序		
六、关机操作 (2分)	关闭电源	2	操作正确		
七、数据处理 (34分)	数据处理、打印色谱图	6	操作正确		
	RSD 结果	20			
	计算并报告结果	8	结果及表示准确		
八、实验时间 (10分)	完成时间	10	规定时间内完成，每超5 min扣1分，超25 min停止考核，整个过程不能熟练操作扣5分		

【注意事项】

气相色谱分析的原始记录，除按一般药品检验记录的要求记录外，应注明仪器型号、色谱柱型号、规格及批号；进样口、柱温箱及检测器温度、载气流速和压力、进样体积、进样方式，并附色谱图及打印结果。

目标检测

一、选择题

1. 测定中药中挥发性成分或检查药物中的残留溶剂时，宜采用的色谱法为（　　　）。

A. 薄层色谱法 　　　　　　　　　　B. 离子交换色谱法

C. 气相色谱法 　　　　　　　　　　D. 高效液相色谱法

2. 气相色谱法中，当载气流速较小时，最常采用的载气是（　　　）。

A. 氮气 　　　　　B. 氩气 　　　　　C. 氢气 　　　　　D. 氦气

3. 理论板数反映了（　　　）。

A. 分离度 　　　　B. 分配系数 　　　　C. 保留值 　　　　D. 柱的效能

4. 关于气相色谱法的特点，下列（　　　）是不正确的。

A. 选择性好   B. 分析速度快

C. 分离效率高   D. 可用来直接分析未知物

5. 在色谱分析中，欲使两组分完全分离，分离度 R 应大于（　　　）。

A. 1.0   B. 1.5   C. 2.0   D. 2.5

6. 色谱峰高（或面积）可用于（　　　）。

A. 定性分析   B. 判定被分离物的分子量

C. 定量分析   D. 判断被分离物的组成

7. 如果试样中无法全部出峰，不能采用的定量方法是（　　　）。

A. 面积归一化法   B. 外标法   C. 内标法   D. 标准曲线法

8. 气相色谱法定性的依据是（　　　）。

A. 物质的密度   B. 物质的沸点   C. 物质的熔点   D. 保留时间

9. 气相色谱法进样器需要加热、恒温的原因（　　　）。

A. 使样品瞬间汽化   B. 使汽化样品与载气均匀混合

C. 使进入样品溶剂与测定组分分离   D. 使各组分按沸点预分离

10. 色谱法分离不同组分的先决条件是（　　　）。

A. 色谱柱要长   B. 各组分的分配系数不等

C. 流动相流速要大   D. 有效塔板数要多

11. 气相色谱法定量的依据是（　　　）。

A. 保留时间   B. 峰面积   C. 保留体积   D. 峰的位置

12. 气相色谱仪分离效率的好坏主要取决于（　　　）。

A. 进样系统   B. 分离柱   C. 热导池   D. 检测系统

13. 在药物分析中，当气相色谱仪的检测器采用氢火焰离子化检测器时，最常用的载气是（　　　）。

A. 氧气   B. 高纯度空气   C. 氢气   D. 氮气

14. 氢火焰检测器的依据是（　　　）。

A. 不同溶液的折射率不同   B. 被测组分对紫外光的选择性吸收

C. 有机分子在氢火焰中发生分离   D. 不同气体的热导系数不同

15. 气相色谱分析影响组分之间分离程度的最大因素是（　　　）。

A. 进样量   B. 柱温   C. 载体粒度   D. 汽化室温度

16. 对进样重复性要求高的定量方法是（　　　）。

A. 面积归一化法   B. 内标法   C. 外标法   D. 标准曲线法

二、问答题

1. 气相色谱仪的基本组成有哪些？简述各部分的作用。

2. 一个组分的色谱峰可用哪些参数描述？这些参数各有何意义？

3. 简述气相色谱法中定性、定量的依据是什么。

4. 色谱分析中，系统适用性要求是什么？

三、计算题

1. 丙烯和丁烯的混合物进入气相色谱柱后测得：空气、丙烯、丁烯保留时间分别为 0.5，3.5，4.8 min，其相应的峰宽分别为 0.2，0.8，1.0 min。计算丙烯和丁烯的分离度是多少？

2. 用甲醇作内标，称取 0.057 3 g 甲醇和 5.869 0 g 环氧丙烷试样，混合后进行色谱分析，测得甲醇和水的峰面积分别为 164 mm² 和 186 mm²，校正因子分别为 0.59 和 0.56。计算环氧丙烷中水的质量分数。

第十五章

高效液相色谱法

学习引导

　　2008 年，三聚氰胺超标事件是一起食品安全事故。事故起因是很多食用三鹿集团生产的奶粉的婴儿被发现患有肾结石，随后在其奶粉中发现化工原料三聚氰胺。三聚氰胺被用作食品添加剂，以提高食品检测中蛋白质检测指标。在三鹿婴幼儿奶粉事件发生后，国家质量监督检验检疫总局、国家标准化管理委员会批准发布了《原料乳与乳制品中三聚氰胺检测方法》（GB/T 22388—2008）国家标准，规定了三聚氰胺的检测方法和检测定量限。标准规定了高效液相色谱法、气相色谱—质谱联用法、液相色谱—质谱/质谱法三种方法为三聚氰胺的检测方法，检测定量限分别为 2 mg/kg、0.05 mg/kg 和 0.01 mg/kg。标准适用于原料乳、乳制品以及含乳制品中三聚氰胺的定量测定。

　　什么是高效液相色谱法？它与气相色谱法有何区别？它在食品、药品、工业分析中有什么作用呢？本章主要介绍高效液相色谱法。

§15-1　高效液相色谱法概述

学习目标

1. 掌握高效液相色谱法的特点。
2. 熟悉高效液相色谱法流动相的要求以及预处理的方法。
3. 了解高效液相色谱法的原理。

　　高效液相色谱法（HPLC）又称为高压液相色谱法或高速液相色谱法，是采用高压输液泵将规定的流动相泵入装有填充剂的色谱柱，对供试品进行分离测定的色谱方法。高效液相色谱是在经典柱色谱基础上，引入气相色谱的理论和实验技术，发展起来的现代液相色谱分析技术。气相色谱法所用的术语、基本理论、定性定量方法等都适用于高效液相色谱法。

高效液相色谱法在药品研发、生产、质量控制、监督等领域中有广泛的应用，涉及药品鉴别、杂质控制、含量测定、打击假劣药品等方面，已成为药物分析与药品检验的主流分析方法。

一、高效液相色谱法的原理

1. 原理

高效液相色谱法采用高压输液泵将规定的流动相泵入装有填充剂的色谱柱。注入的供试品由流动相带入色谱柱内，各组分在柱内被分离，并进入检测器检测，对供试品进行分离测定。高效液相色谱法的基本原理是利用样品中各组分在色谱柱内借助于固定相及流动相的某种物理、化学作用在固定相与流动相之间分配行为的不同来进行分离的技术。液相色谱的分离机制通常有吸附、分配、离子交换、分子排阻、疏水作用、亲和力等。色谱柱是色谱分离系统的核心部分，装有不同类型填料的色谱柱与相应的流动相形成了不同的分离机制，能够对绝大多数有机化合物进行分离分析。

2. 固定相

高效液相色谱有多种不同类型，它们所用固定相各不相同。但所有固定相都应符合下列要求：颗粒细且均匀、传质快、机械强度高，能耐高压、化学稳定性好，不与流动相发生化学反应。

目前，高效液相色谱法使用最多的是化学键合相色谱法。化学键合相色谱法的固定相是化学键合相，是采用化学反应的方法将官能团键合在载体表面所形成的固定相，简称键合相。

（1）键合相种类。按照所键合基团的极性可将化学键合相分为非极性、弱极性和极性三类。

1）非极性键合相。这类键合相表面基团为非极性烃基，如十八烷基（C_{18}）、辛烷基（C_8）、甲基（C_1）与苯基等。十八烷基硅烷键合相（ODS 柱）是最常用的非极性键合相。它是由十八烷基硅烷试剂与硅胶表面的硅醇基经多步反应生成的键合相。非极性键合相通常用于反相色谱。键合反应简化如下：

$$\equiv Si - OH + Cl - Si(R_2) - C_{18}H_{37} \xrightarrow{-HCl} \equiv Si - O - Si(R_2) - C_{18}H_{37}$$

非极性键合相的烷基链长对溶质的保留、选择性和载样量都有影响。长链烷基可使溶质的分配系数 K 增大，分离选择性改善，使载样量提高，长链烷基键合相的稳定性也更好。因此十八烷基键合相是 HPLC 中应用最为广泛的固定相。短链非极性键合相的分离速度较快，对于极性化合物可得到对称性较好的色谱峰，苯基键合相和短链键合相有些相似。

2）弱极性键合固定相。常见的有醚基和二羟基键合相。这类固定相应用较少。

3）极性键合相。常用氨基、氰基键合相，是分别将氨丙硅烷基 $[\equiv Si(CH_2)_3NH_2]$ 及氰乙硅烷基 $[\equiv Si(CH_2)_2CN]$ 键合在硅胶上制成。

（2）键合相的特点。化学稳定性好，使用过程中不流失；均一性和重现性好；柱效高，分离选择性好；适于梯度洗脱；载样量大。

（3）注意事项。流动相中水相的 pH 值应维持在 2~8，否则会引起硅胶溶解。不同厂家，不同批号的同一类型键合相也可能表现不同的色谱特性。

3. 流动相

（1）HPLC 对流动相的基本要求

1）不与固定相发生化学反应。

2）对试样有适宜的溶解度。要求 K 在 1~10 范围内，最好在 2~5 的范围内。

3）必须与检测器相适应。例如，用紫外检测器时，只能选用截止波长小于检测波长的溶剂。

4）纯度要高，黏度要小。低黏度流动相如甲醇、乙腈等可以降低柱压，提高柱效。流动相在使用之前，需用微孔滤膜过滤，除去固体颗粒，还要进行脱气。

（2）流动相的极性和强度。在化学键合相色谱法中，溶剂的种类与溶剂配比不同，流动相的极性和强度不同，直接影响到洗脱能力的不同。在正相色谱中，由于固定相是极性的，所以流动相中的溶剂极性越强、极性溶剂的配比越高，洗脱能力也越强。在反相键合相色谱中，由于固定相是非极性的，所以流动相的洗脱能力随极性的降低而增加。例如，已知水的极性比甲醇的极性强，所以在以 ODS 为固定相的反相色谱中，甲醇的洗脱能力比水强。

反相色谱系统的流动相常用甲醇—水系统或乙腈—水系统，用紫外末端波长检测时，宜选用乙腈—水系统。正相色谱系统的流动相常用两种或两种以上的有机溶剂，如二氯甲烷—正己烷等。

流动相中如需使用缓冲溶液，应尽可能使用低浓度缓冲盐。用十八烷基硅烷键合硅胶色谱柱时，流动相中有机溶剂一般应不低于 5%，否则易导致柱效下降、色谱系统不稳定。

（3）流动相的预处理。用符合液相色谱纯度要求的试剂配制流动相，流动相在使用前要先进行过滤、脱气处理。作为流动相的溶剂使用前都必须经微孔滤膜（0.45 μm 或 0.22 μm）过滤，以除去杂质微粒，色谱纯试剂也不例外（除非在标签上标明"已过滤"）。用滤膜过滤时，特别要分清有机相（脂溶性）滤膜和水相（水溶性）滤膜。有机相滤膜一般用于过滤有机溶剂，过滤水溶液时流速低或滤不动。水相滤膜只能用于过滤水溶液，严禁用于过滤有机溶剂，否则滤膜会被溶解。对于混合流动相，可在混合前分别过滤，如需混合后过滤，首选有机相滤膜。

流动相使用前必须脱气，否则容易在系统内逸出气泡，影响泵的工作，甚至还会影响色谱柱的分离效率，影响检测器的灵敏度、基线稳定。常用超声清洗器进行振荡脱气，脱气后应密封保存以防止外部气体的重新溶入。有些高效液相色谱仪装配有在线脱气机。

流动相一般储存于玻璃、聚四氟乙烯等容器内，不能储存在塑料容器中。因许多有机溶剂如甲醇、乙腈等可浸出塑料表面的增塑剂，导致流动相受污染。水应为新鲜制备的纯化水，可用超纯水器制得或用重蒸馏水。储存容器一定要盖严，以防止溶剂挥发引起组成变化，也防止氧和二氧化碳溶入流动相引起 pH 值变化，对分离或分析结果带来误差。磷酸盐、醋酸盐缓冲液容易发霉变质，应尽量新鲜配制使用。如确需储存，可在冰箱内冷藏，并在 3 天内使用，用前应重新滤过。

二、高效液相色谱法的特点及分类

1. 特点

气相色谱法具有选择性高、分离效率高、灵敏度高、分析速度快的特点，但它仅适用于分析蒸气压低、沸点低的试样，而不适用于分析高沸点的有机物、高分子和热稳定性差的化合物以及生物活性物质，因而使其应用受到限制。高效液相色谱法可弥补气相色谱法的不足，可对大部分有机化合物进行分离和分析。该法具有分离效能高、选择性好、分析速度快、检测灵敏度高、自动化程度高等特点，已广泛应用于医药、生化、石油、化工、环境卫生和食品等领域。

高效液相色谱法与气相色谱法相比，具有如下优点：

（1）应用范围广。高效液相色谱法的流动相是液体，因此不需要将样品汽化，只要求样品能制成溶液，所以应用范围比气相色谱法广，特别是对于高沸点、热稳定性差、分子量大的化合物及离子型化合物的分析尤为有利。

（2）流动相选择性高。可选用多种不同性质的溶剂作为流动相，流动相对样品分离的选择性影响很大，因此分离选择性高。

（3）室温条件下操作。高效液相色谱不需要高温控制。

2. 分类

高效液相色谱法按分离机制的不同分为液固吸附色谱法、液液分配色谱法、离子交换色谱法、离子对色谱法及分子排阻色谱法。

（1）液固吸附色谱法。使用固体吸附剂，被分离组分在色谱柱上分离原理是根据固定相对组分吸附力大小不同而分离。分离过程是一个吸附——解吸附的平衡过程。常用的吸附剂为硅胶或氧化铝，粒度 $5 \sim 10~\mu m$。适用于分离分子量 $200 \sim 1~000$ 的组分，常用于分离同分异构体。

（2）液液分配色谱法。使用将特定的液态物质涂于担体表而，或化学键合于担体表面而形成的固定相，分离原理是根据被分离的组分在流功相和固定相中溶解度不同而分离。分离过程是一个分配平衡过程。涂布式固定相现在已很少采用。现在多采用的是化学键合固定相，如 C_{18}、C_8、氨基柱、氰基柱和苯基柱。液液色谱法按固定相和流动相的极性不同可分为正相色谱法和反相色谱法。正相色谱法采用极性固定相（如聚乙二醇、氨基与腈基键合相）；流动相为相对非极性的疏水性溶剂（烷烃类如正己烷、环己烷），常加入乙醇、异丙醇、四氢呋喃、三氯甲烷等以调节组分的保留时间。常用于分离中等极性和极性较强的化合物（如酚类、胺类、羰基类及氨基酸类等）。反相色谱法一般用非极性固定相（如 C_{18}、C_8）；流动相为水或缓冲液，常加入甲醇、乙腈、异丙醇、丙酮、四氢呋喃等与水互溶的有机溶剂以调节保留时间。适用于分离非极性和极性较弱的化合物。反向色谱法在现代液相色谱中应用最为广泛。

（3）离子交换色谱法。固定相是离子交换树脂。被分离组分在色谱柱上的分离原理是树脂上的可电离离子与流动相中有相同电荷的离子及被测组分的离子进行可逆交换，根据各离子与离子交换基团具有不同的电荷吸引力而分离。缓冲液常用作离子交换色谱的流动相。离子交换色谱法主要用于分析有机酸、氨基酸、多肽及核酸。

（4）离子对色谱法。又称偶离子色谱法，是液液色谱法的分支。它是根据被测组分离子与离子对试剂离子形成中性的离子对化合物后，在非极性固定相中溶解度增大，从而使其分离效果改善。主要用于分析离子强度大的酸碱物质。离子对色谱法常用 ODS 柱，流动相为甲醇—水或乙腈—水，水中加入 3~10 mmol/L 的离子对试剂，在一定的 pH 值范围内进行分离。被测组分保留时间与离子对性质、浓度、流动相组成及其 pH 值、离子强度有关。

（5）分子排阻色谱法。固定相是有一定孔径的多孔性填料，流动相是可以溶解样品的溶剂。小分子量的化合物可以进入孔中，滞留时间长；大分子量的化合物不能进入孔中，直接随流动相流出。它利用分子筛对分子量大小不同的各组分排阻能力的差异而完成分离。常用于分离高分子化合物，如组织提取物、多肽、蛋白质、核酸等。

【知识链接】

高效液相色谱法发展历史

20 世纪 60 年代末，由于气相色谱对高沸点有机物分析的局限性，为了分离蛋白质、核酸等不易汽化的大分子物质，科克兰（Kirkland）、哈伯、荷瓦斯（Horvath）、莆黑斯、里普斯克等人开发了世界第一台高效液相色谱仪，开启了高效液相色谱的时代。1971 年，科克兰等人出版了《液相色谱的现代实践》一书，标志着高效液相色谱法（HPLC）正式建立。在此后的时间里，高效液相色谱成为最为常用的分离和检测手段，在有机化学、生物化学、医学、药物研发与检测、化工、食品科学、环境监测、商检和法检等方面都有广泛的应用。

§15-2　高效液相色谱仪

 学习目标

1. 熟悉高效液相色谱仪的分析依据和工作流程。
2. 掌握高效液相色谱仪的组成、主要部件的名称与作用。

高效液相色谱仪由高压输液泵、进样器、色谱柱、检测器、积分仪或数据处理系统组成。其组成和结构如图 15-1 和图 15-2 所示。

一、高效液相色谱仪的组成

高效液相色谱仪主要包括高压输液系统、进样系统、分离系统、检测系统。

图 15 - 1 高效液相色谱仪

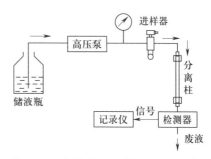

图 15 - 2 高效液相色谱仪的组成示意图

1. 高压输液系统

该系统主要为高压输液泵，有的仪器还有在线脱气和梯度洗脱装置。

（1）高压输液泵。高压输液泵是高效液相色谱仪中关键部件之一，用于完成流动相的输送任务。要求其无脉冲、流速恒定、耐高压、耐腐蚀，泵体易于清洗、维修。按输液性质，输液泵可分为恒压泵和恒流泵，目前多用恒流泵中的柱塞往复泵，如图 15 - 3、图 15 - 4 所示。

图 15 - 3 高压输液泵

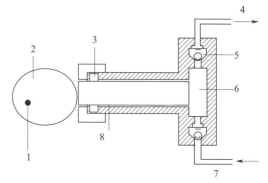

图 15 - 4 往复泵示意图

1—与电动机相连 2—偏心轮 3—密封垫 4—至色谱柱
5—单相阀 6—活塞缸 7—来自流动相容器 8—活塞

（2）梯度洗脱装置。高效液相色谱洗脱技术有等强度洗脱和梯度洗脱两种。等强度洗脱是在同一个分析周期内流动相组成保持恒定，适用于组分数目较少、性质差别小的试样。梯度洗脱是在一个分析周期内以程序控制改变流动相的组成，如溶剂的极性、离子强度和 pH 值等，可使所有组分都在适宜条件下获得分离，适用于组分数目多、性质相差较大的复杂试样。梯度洗脱有高压梯度和低压梯度两种装置。高压梯度装置是由不同的高压泵分别将不同的溶剂送入混合室，混合后送入色谱柱，即溶剂在高压状态下混合，通过程序控制每台泵的输出量来改变流动相的组成。低压梯度装置是在常压下通过一比例阀，先将各种溶剂按程序混合，然后再用一台高压泵送入色谱柱。梯度洗脱能缩短分析时间，提高分离度，改善峰形，提高检测灵敏度，但是可能引起基线漂移和重现性降低。

2. 进样系统

进样器安装在色谱柱的进口处，其作用是将试样引入色谱柱。进样器应符合高压密封性好、进样量改变范围大、重复性好和使用方便等要求。常用的进样装置为高压进样阀。目前最常用的进样器为六通阀进样器（如图15-5、图15-6所示），阀上有一个固定体积的管，叫作定量管。用注射器将样品注入定量管内，多余的样品排出。然后转动手柄将样品用高压流动相冲入柱中并进行色谱分离。这种进样器在很高的压力下无须停流，即可进样，注射器和进样器的使用寿命较长。定量管可拆洗、更换。为确保清洗干净和注满定量管，进样体积应为定量管体积的5倍以上。

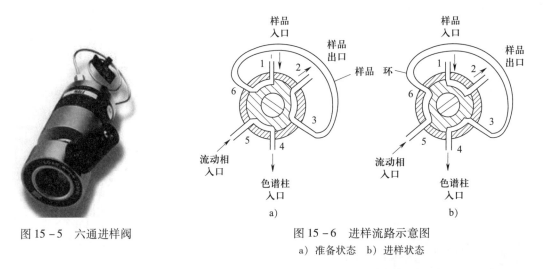

图15-5　六通进样阀

图15-6　进样流路示意图
a）准备状态　b）进样状态

近年来，自动进样器已经成为HPLC仪器的常规配置，可按预定的程序自动将样品送入仪器中，还可在进样过程中执行自动清洗程序，达到完全自动操作的目的。

3. 分离系统

分离系统包括色谱柱、连接管、恒温器等。色谱柱是色谱仪最重要部件，其作用是分离。它由柱管和固定相组成，柱管多用不锈钢制成，管内壁要求有很高的粗糙度，如图15-7所示。

图15-7　色谱柱

（1）反相色谱柱。以键合非极性基团的载体为填充剂填充而成的色谱柱。常见的载体有硅胶、聚合物复合硅胶和聚合物等，常用的填充剂有十八烷基硅烷键合硅胶、辛基硅烷键合硅胶和苯基键合硅胶等。

（2）正相色谱柱。用硅胶填充剂，或键合极性基团的硅胶填充而成的色谱柱。常见的填充剂有硅胶、氨基键合硅胶和氰基键合硅胶等。氨基键合硅胶和氰基键合硅胶也可用作反相色谱。

（3）离子交换色谱柱。用离子交换填充剂填充而成的色谱柱，有阳离子交换色谱柱和阴离子交换色谱柱。

（4）手性分离色谱柱。用手性填充剂填充而成的色谱柱。

色谱柱的内径与长度、填充剂的形状、粒径与粒径分布、孔径、表面积、键合基团的表面覆盖度、载体表面基团残留量、填充的致密与均匀程度等均影响色谱柱的性能，应根据被分离物质的性质来选择合适的色谱柱。高效液相色谱柱几乎都是直行柱，根据色谱柱内径的不同，可分为微径柱、分析柱、快速柱、半制备柱、制备柱等，适用于不同的分离分析目的。常用的普通分析柱，内径通常为 4.6 mm，柱长 15 ~ 25 cm，填料粒径 5 ~ 10 μm。在药品检验中内径温度会影响分离效果，品种正文中未指明色谱柱温度时是指室温，应注意室温变化的影响。为改善分离效果可适当调整色谱柱的温度，但不宜超过 60 ℃。

色谱柱在使用前都要对其性能进行检查，使用期间或放置一段时间后也要重新检查。

4. 检测系统

检测器是高效液相色谱仪的关键部件，是把色谱洗脱液中组分的量（或浓度）转变成电信号，应具有高灵敏度、低噪声、线性范围宽、重复性好、适应性广等特点。高效液相色谱仪中最常用的检测器有紫外—可见分光检测器（UVD）、荧光检测器（FLD）、电化学检测器（ECD）和示差折光检测器（RID）。

（1）紫外—可见分光检测器（UVD）。是液相色谱最广泛使用的检测器。其工作原理是基于朗伯—比尔定律，仪器输出信号与被测组分浓度成正比，用于检测对特定波长的紫外光（或可见光）有选择性吸收的待测组分。紫外—可见分光检测器灵敏度较高，检测限可达 10^{-9} g/mL；受温度、流量的变化影响小，能用于梯度洗脱操作；线性范围宽，不破坏样品，可用于制备色谱；应用范围广，可用于多类有机物的监测。紫外—可见分光检测器可分为固定波长型、可变波长型和光电二极管阵列型三种类型，如图 15 – 8 所示。

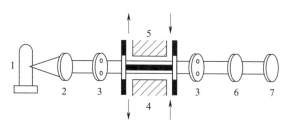

图 15 – 8　紫外—可见分光检测器示意图

1—低压汞灯　2—透镜　3—遮光板　4—测量池　5—参比池　6—紫外滤光片　7—双紫外光敏电阻

（2）荧光检测器（FLD）。荧光检测器适用于能产生荧光的化合物及通过衍生技术生成荧光衍生物的检测。其检测原理是具有某种结构的化合物受紫外光激发后，能发射出比激发光波长更长的荧光，其荧光强度与荧光物质的浓度呈线性关系，通过测定荧光强度来进行定量分析。其特点是灵敏度高，检测限可达 10^{-10} g/mL，选择性好。许多生化物质包括某些代谢产物、药物、氨基酸、胺类、维生素、甾族化合物都可用荧光检测器检测。某些不发光的物质可通过化学衍生技术生成荧光衍生物，再进行荧光检测。

（3）电化学检测器（ECD）。电化学检测器是一种选择性检测器，依据组分在氧化还原过程中产生的电流或电压变化对样品进行检测。因此，只适用于测定氧化活性和还原活性物质，测定的灵敏度较高，检测限可达 10^{-9} g/mL。已在生化、医学、食品、环境分析中获得广泛应用。

（4）示差折光检测器（RID）。示差折光检测器是一种通用检测器，依据不同性质的溶液对光具有不同折射率，对组分进行检测，测得的折光率差值与被测组分浓度成正比。只要物质的折光率不同，原则上均可用示差折光检测器进行检测，但检测灵敏度较低，不能用于梯度洗脱。

紫外—可见分光检测器、荧光检测器、电化学检测器为选择性检测器，其响应值不仅与被测物质的量有关，还与其结构有关；示差折光检测器为通用检测器，对所有物质均有响应。

不同的检测器，对流动相的要求不同。紫外—可见分光检测器所用流动相应符合紫外—可见分光光度法项下对溶剂的要求；采用低波长检测时，还应考虑有机溶剂的截止使用波长，并选用色谱级有机溶剂。蒸发光散射检测器和质谱检测器不得使用含不挥发性盐的流动相。

【知识链接】

色谱柱的储存

色谱柱的储存液若无特殊说明，均为有机溶剂，反相柱常用纯甲醇、乙腈或者高比例的甲醇/乙腈—水溶液，正相柱常用脱水处理后的正己烷。使用前，一定要注意色谱柱的储存液与待分析样品的流动相之间是否互溶。有些色谱柱（如氨基柱），既可用于正相体系，也可用于反相体系，如果储存液为环己烷，而当前使用条件为反相时，必须用异丙醇先置换掉色谱柱内的储存液，然后再用于反相条件，反之亦然。在反相色谱中，如果流动相中缓冲盐的浓度较高（≥100 mmol/L），必须先用低浓度的甲醇/乙腈—水溶液（10%~20%）冲洗，否则缓冲盐在高浓度的有机相中很容易析出，从而使色谱柱堵塞，无法恢复。

二、高效液相色谱仪的工作流程

高效液相色谱法分离分析的一般流程是利用高压输液泵将规定的流动相（储存于储液瓶中）泵入装有固定相的色谱柱，经进样阀注入的供试品溶液，由流动相带入色谱柱内，各组分在柱内被分离，并依次进入检测器检测，由数据处理系统记录和处理色谱信号。如图15-9所示。

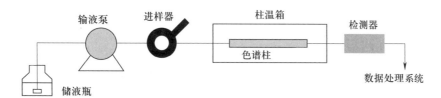

图 15 – 9 高效液相色谱仪工作流程示意图

三、高效液相色谱仪一般操作规程

不同型号或同一型号使用不同的系统配置的高效液相色谱仪，操作步骤亦有差别。但总的来说，高效液相色谱仪的操作分以下几个步骤：

1. 准备工作

（1）流动相准备。根据待检样品的检验方法准备所需的流动相，用合适的滤膜过滤（有机相和水相分别选用各自的专用滤膜，有机相用尼龙膜，水相用纤维素膜），超声脱气。

（2）色谱柱准备。根据待检样品的需要选用合适的色谱柱，柱进出口方向应与流动相流向一致。

（3）样品溶液配制。配制样品和标准溶液，用合适的样品过滤器过滤后待用。严禁使用未经处理的混浊溶液进样。

（4）检查仪器各种部件的电源线、数据线和输液管道是否连接正常。

2. 开机、参数设定及平衡系统

（1）接通电源，依次开启稳压电源、泵、检测器、电脑显示器、主机，启动工作站软件。

（2）更换流动相，排气泡。

（3）参数设定。设置实验的色谱条件，例如采集时间、泵流速、检测器波长和柱温箱温度等。

（4）平衡系统。

3. 检测

进样，测定，记录色谱图。

4. 清洗系统，关机

（1）清洗系统。分析完毕后，继续以分析中使用的流动相冲洗 10 min 以上，洗净剩余物，关闭检测器。用经过过滤和超声脱气的溶剂清洗色谱系统和进样阀，正相柱一般用正己烷（或庚烷），反相柱依次用流动相、甲醇/乙腈-水溶液清洗。反相柱如使用缓冲液或含盐溶液作为流动相，则先使用低浓度甲醇/乙腈-水溶液（10% ~ 20%）冲洗，再用较高浓度甲醇/乙腈-水溶液（50%）冲洗，最后用高浓度甲醇/乙腈-水溶液（80% ~ 100%）冲洗，冲洗流速一般采用分析流速，各冲洗剂一般冲洗至少 10 倍柱体积。

（2）关机。冲洗完毕后，逐步降低流速至 0，关泵，退出色谱工作站，关闭电脑，然后关闭色谱仪各个部件的电源。

四、高效液相色谱条件的选择

1. 正相键合相色谱法的分离条件

（1）固定相的条件。正相键合相色谱法一般以极性键合相为固定相，如氰基、氨基键合相等。分离含双键的化合物常用氰基键合相，分离多官能团化合物如甾体、强心苷以及糖类等常用氨基键合相。

（2）流动相的条件。正相键合相色谱法的流动相通常采用烷烃加适量极性调节剂，通过调节极性调节剂的浓度来改变溶剂强度，使试样组分的 K 值在 $1 \sim 10$ 范围内。若二元流动相仍难以达到所需要的分离选择性，还可以使用三元或四元溶剂系统。

2. 反相键合相色谱法的分离条件

（1）固定相的条件。在反相键合相色谱中，常选用非极性键合相。非极性键合相可用于分离分子型化合物，也可用于分离离子型或可离子化的化合物。ODS 是应用最广泛的非极性固定相。对于各种类型的化合物都有很强的适应能力。短链烷基键合相能用于极性化合物的分离，苯基键合相适用于分离芳香化合物以及多羟基化合物，如黄酮苷类等。

（2）流动相的条件。反相键合相色谱法中，流动相一般以极性最强的水为基础溶剂，加入甲醇、乙腈等极性调节剂。极性调节剂的性质以及其与水的混合比例对溶质的保留值和分离选择性有显著影响。一般情况下，甲醇—水已能满足多数试样的分离要求，且黏度小、价格低，是反相键合相色谱法最常用的流动相。乙腈的强度较高，且黏度较小，其截止波长（190 nm）比甲醇（205 nm）短，更适用于利用末端吸收进行检测的物质。

（3）pH 值的调节。可选择弱酸（常用醋酸）、弱碱（常用氨水）或缓冲盐（常用磷酸盐及醋酸盐）作为抑制剂，调节流动相的 pH 值，抑制组分的解离，增强保留。但 pH 值需在 $2 \sim 8$，超出此范围可能损坏色谱柱键合相。除另有规定外，流动相中水相 pH 值可在 $\pm 0.2 \mathrm{pH}$ 范围内进行调整。

（4）流动相的离子强度的调节。调节流动相的离子强度也能改善分离效果，在流动相中加入 $0.1\% \sim 1\%$ 的醋酸盐、磷酸盐等，可减弱固定相表面残余硅醇基的干扰作用，减少峰的拖尾，改善分离效果。

五、高效液相色谱法系统适用性试验

色谱系统的适用性试验通常包括理论板数、分离度、灵敏度、拖尾因子和重复性等五个参数。按各品种正文项下要求对色谱系统进行适用性试验，即用规定的对照品溶液或系统适用性试验溶液在规定的色谱系统进行试验，必要时，可对色谱系统进行适当调整，以符合要求。内容同气相色谱法系统适用性试验。

《中国药典》（2020 年版，四部）规定，品种正文项下规定的色谱条件（参数），除填充剂种类、流动相组分、检测器类型不得改变外，其余如色谱柱内径与长度、填充剂粒径、流动相流速、流动相组分比例、柱温、进样量、检测器灵敏度等，均可适当调整，以达到系统适用性试验的要求。流速最大可在 $\pm 50\%$ 的范围内调整（等度洗脱）。调整流动相组分比

例时，当小比例组分的百分比例 X 小于或等于 33% 时，允许改变范围为 $0.7X \sim 1.3X$；当 X 大于 33% 时，允许改变范围为 $(X - 10\%) \sim (X + 10\%)$。流动相缓冲液盐浓度，可在 $\pm 10\%$ 范围内调整。柱温可在 $\pm 10\ ℃$（等度洗脱）或 $\pm 5\ ℃$（梯度洗脱）范围内调整。流动相中水相 pH 值可在 ± 0.2 pH 范围内进行调整。检测波长不允许改变。

练一练

1. 高效液相色谱仪主要包括高压输液系统、_____、_____、检测系统和数据记录及处理系统。

2. 高效液相色谱的流动相过滤必须使用（　　）粒径的过滤膜。

A. 0.5 μm　　　　B. 0.45 μm　　　　C. 0.6 μm　　　　D. 0.55 nm

【知识链接】

超高效液相色谱仪

常规 HPLC 色谱柱填料直径为 $3 \sim 10$ μm，减小填料直径不仅可使柱效增加，且达到最佳柱效所需的最佳流速也相应增加，因而使分离速度加快。使用 2 μm 或以下粒径填料色谱柱的 HPLC 系统目前称为超高压（超高速，快速，超高效）HPLC。超高效液相色谱仪是耐超高压、小进样量、低死体积、高灵敏度检测的高效液相色谱仪。广泛用于生物药物、天然产物、蛋白组学、基因组学、代谢组学等方面研究。

§15-3　高效液相色谱法的定性、定量分析

学习目标

1. 掌握高效液相色谱法的定性、定量分析方法。
2. 熟悉高效液相色谱法的定量分析方法要求。

一、定性分析方法

高效液相色谱法的定性分析方法同气相色谱法，是根据色谱图中各个峰的位置判断其究竟代表什么组分，进而确定试样组成的方法。常用的定性方法主要有：

1. 利用保留时间定性

在相同的色谱条件下，待测成分的保留时间与对照品的保留时间应无显著性差异，以此作为待测成分定性的依据。两个保留时间不同的色谱峰归属于不同化合物，但两个保留时间一致的色谱峰有时未必可归属为同一化合物，在作未知物鉴别时应特别注意。当待测成分

（保留时间 t_{R1}）无对照品时，可以样品中的另一成分或在样品中加入另一已知成分作为参比物（保留时间 t_{R2}），采用相对保留时间（RRT）作为定性的方法。在品种项下，除另有规定外，相对保留时间通常是指待测成分保留时间相对于主成分保留时间的比值，以未扣除死时间的非调整保留时间计算。

$$RRT = \frac{t_{R_1}}{t_{R_2}} \tag{15 - 1}$$

药物鉴别，《中国药典》（2020 年版）中一般采用与已知物直接对照保留值法，即对照品比较法，规定按供试品含量测定项下的色谱条件进行试验。要求供试品和对照品色谱峰的保留时间一致。含量测定方法为内标法时，供试品和对照品色谱图中的药物峰的保留时间与内标峰的保留时间的比值应一致。

2. 利用光谱相似度定性

化合物的全波长扫描紫外—可见光区光谱图提供一些有价值的定性信息。待测成分的光谱与对照品的光谱的相似度可用于辅助定性分析。同样应注意，两个光谱不同的色谱峰表征了不同化合物，但两个光谱相似的色谱峰未必可归属为同一化合物。

3. 利用质谱检测器提供的质谱信息定性

利用质谱检测器提供的色谱峰分子质量和结构的信息进行定性分析，可获得比仅利用保留时间或增加光谱相似性进行定性分析更多的、更可靠信息，不仅可用于已知物的定性分析，还可提供未知化合物的结构信息。

二、定量分析方法

高效液相色谱法的定量分析方法同气相色谱法，根据每个色谱峰的面积或峰高求出混合物中各组分的含量。在药物分析中适用于药物的杂质限量检查和药物的含量测定。常用外标法、内标法和内加法，而面积归一化法应用较少。

1. 方法要求

（1）流动相应用高纯度试剂配制，水应为新鲜制备的高纯水，可用超级纯水器制得或用二次蒸馏水。

（2）配制好的流动相和样品都必须通过适宜的 0.45 μm 滤膜滤过，使用前脱气。

（3）《中国药典》（2020 年版）规定，在进行试样测定前要做系统适用性试验，即用规定的对照品溶液或系统适用性试验溶液，用规定的方法对仪器进行试验和调整，检查仪器系统是否符合药品标准的规定。必要时，可对色谱系统进行适当调整，以符合要求。

（4）进行杂质检查时，为了对杂质峰准确积分，检查前应使用一定浓度的对照溶液调节仪器的灵敏度，色谱记录时间为主成分峰保留时间的若干倍。

（5）含量测定的对照品溶液和供试品溶液每份至少进样两次，再分别求得平均值，相对标准偏差（RSD）一般应不大于 1.5%。

（6）测定时将流速调节至分析用流速，对色谱柱进行平衡，同时观察压力指示是否稳定，并用干燥滤纸片的边缘检查柱管各连接处有无渗漏。初始平衡时间一般约需 30 min。

（7）检测器为紫外检测器时，检测波长必须大于溶剂的截止波长。

（8）实验结束，必须按要求冲洗系统。

2. 定量分析方法

HPLC 用于药品含量测定是基于待测组分的色谱峰面积或峰高与待测组分的量相关（通常呈线性或对数线性关系），通过比较供试品中待测组分的色谱峰面积或峰高与对照品色谱峰面积或峰高的大小来确定供试品待测组分的量。

随着进样器进样精度的提高，对组分简单、操作步骤少、影响因素小的测定，HPLC 定量目前多采用外标法，内标法已较少使用。而对一些有较多提取步骤，组分复杂，需要柱前衍生或柱后衍生的含量测定通常采用内标法，例如，复方炔诺孕酮片/滴丸、复方氨基酸注射液等。

（1）外标法。在化学药品的有关物质检查中，当有已知特定杂质对照品时，应使用外标法定量。以对照品的量对比求算试样含量。只要待测组分出峰、无干扰、保留时间适宜，即可采用外标法进行定量分析。

（2）内标法。以待测组分和内标物的峰高比或峰面积比求算试样含量的方法。使用内标法可以抵消仪器稳定性差、进样量不够准确等原因带来的定量分析误差。内标法可以分为校正曲线法、内标一点法（内标对比法）、内标二点法及校正因子法。

（3）内加法。将待测物 i 的纯品加至待测样品中，测定增加纯品后的溶液比原样品溶液中 i 组分的峰面积增量，来求算 i 组分含量的定量分析方法。

例 精密称取注射用阿莫西林钠样品 0.705 8 g，用流动相定容至 50 mL，再精密移取此溶液 2 mL 定容至 50 mL，即得供试品溶液。取阿莫西林对照品配成浓度为 514.7 μg/mL 的对照品溶液。测得对照品的峰面积为 216 910，供试品的峰面积为 200 741，求样品中阿莫西林的含量，并分析其是否符合《中国药典》规定（《中国药典》规定含阿莫西林不得少于 80.0%）？

解： 根据题意可知：$c_{对照} = 514.7 \ \mu g/mL$，$A_{对照} = 216\ 910$，$A_{供试} = 200\ 741$

$$c_{供试} = c_{对照} \times \frac{A_{供试}}{A_{对照}}$$

所以样品中阿莫西林的含量为：

$$阿莫西林(\%) = \frac{c_{对照} \times \dfrac{A_{供试}}{A_{对照}} \times 稀释倍数 \times V_s}{m_s}$$

$$= \frac{514.7 \times \dfrac{200\ 741}{216\ 910} \times \dfrac{50.00}{2.00} \times 50.00}{0.705\ 8 \times 10^6} \times 100\% = 84.36\%$$

样品中阿莫西林的含量为 84.4%，大于 80.0%，符合药典规定。

练一练

高效液相色谱法的定量分析方法有_____、_____法、内加法等。

§15－4 高效液相色谱法的应用

 学习目标

了解高效液相色谱法在药品检验中的应用。

高效液相色谱法目前广泛应用于合成药物中微量杂质的检查，中药及中药中有效成分的分离、鉴定与含量测定，药物稳定性试验、体内药物分析，药理研究及临床检验等。

一、中药中有效成分的分离、鉴定

示例 15 –1　小儿热速清口服液中黄芩苷的鉴别

色谱条件与系统适用性试验：以十八烷基硅烷键合硅胶为填充剂；以甲醇—水—磷酸（47：53：0.2）为流动相；检测波长为 276 nm。理论板数按黄芩苷峰计算应不低于 2 500。

测定法：取黄芩苷对照品约 10 mg，精密称定，置于 200 mL 量瓶中，加 50% 甲醇适量，置于热水浴中振摇使之溶解，放冷，加 50% 甲醇至刻度，摇匀，即得（每 1 mL 含黄芩苷 50 μg）对照品溶液。精密量取本品 0.5 mL，通过 D101 型大孔吸附树脂柱（内径约为 1.5 cm，柱高为 10 cm），以每分钟 1.5 mL 的流速用水 70 mL 洗脱，继用 40% 乙醇洗脱，弃去 7～9 mL 洗脱液，收集续洗脱液于 50 mL 量瓶中至刻度，摇匀，即得供试品溶液。分别精密吸取对照品溶液 5 μL 与供试品溶液 10 μL，注入液相色谱仪，测定。

供试品色谱中应呈现与黄芩苷对照品色谱峰保留时间相同的色谱峰。

二、含量测定

示例 15 –2　盐酸小檗碱片中主成分盐酸小檗碱的含量测定

色谱条件与系统适用性试验：用十八烷基硅烷键合硅胶为填充剂；以磷酸盐缓冲液〔0.05 mol/L 磷酸二氢钾溶液和 0.05 mol/L 庚烷磺酸钠溶液（1:1），含 0.2% 三乙胺，并用磷酸调节 pH 值至 3.0〕—乙腈（60:40）为流动相；检测波长为 263 nm；进样体积为 20 μL。理论板数按小檗碱峰计算不低于 3 000，小檗碱峰与相邻杂质峰之间的分离度应符合要求。

测定法：取本品 20 片，如为糖衣片，除去糖衣，精密称定，研细，精密称取细粉适量（约相当于盐酸小檗碱 40 mg），置于 100 mL 量瓶中，加沸水适量使盐酸小檗碱溶解，放冷，用水稀释至刻度，摇匀，过滤，弃去初滤液约 8 mL，精密量取续滤液 5 mL，置 50 mL 量瓶中，用水稀释至刻度，摇匀作为供试品溶液。取盐酸小檗碱对照品适量，精密称定，用沸水溶解，放冷，用水定量稀释制成每 1 mL 中约含盐酸小檗碱 40 μg 的溶液作为对照品溶液。精密量取供试品溶液与对照品溶液，分别注入液相色谱仪，记录色谱图。按外标法以峰面积计算。

本品含盐酸小檗碱（$C_{20}H_{18}ClNO_4 \cdot 2H_2O$）应为标示量的 93.0% ~ 107.0%。

示例 15 - 3 头孢拉定片中头孢拉定的含量测定

色谱条件与系统适用性试验：用十八烷基硅烷键合硅胶为填充剂；水—甲醇—3.86% 醋酸钠溶液—4% 醋酸溶液（1 564:400:30:6）为流动相；流速为每分钟 0.7 ~ 0.9 mL；检测波长为 254 nm。取 0.7 mg/mL 头孢拉定对照品溶液 10 份和 0.4 mg/mL 头孢氨苄对照品溶液 1 份，混匀，作为系统适用性溶液。取 10 μL 注入液相色谱仪，记录色谱图。系统适用性溶液色谱图中，头孢拉定峰和头孢氨苄峰之间的分离度应符合要求。

测定法：取本品 10 片，精密称定，研细，精密称取适量（约相当于头孢拉定 70 mg），置 100 mL 量瓶中，加流动相 70 mL，超声使头孢拉定溶解，用流动相稀释至刻度，摇匀，过滤，取续滤液。精密量取续滤液，注入液相色谱仪，记录色谱图；另取头孢拉定对照品，精密称定，加流动相溶解并定量稀释制成每 1 mL 中约含 0.7 mg 的溶液作为对照品溶液。同法测定。按外标法以峰面积计算。

本品含头孢拉定（$C_{16}H_{19}N_3O_4S$）应为标示量的 90.0% ~ 110.0%。

三、药物中杂质的检查

示例 15 - 4 盐酸小檗碱原料药中检查有关物质（盐酸药根碱、盐酸巴马汀等）

色谱条件与系统适用性试验：用十八烷基硅烷键合硅胶为填充剂；以 0.01 mol/L 磷酸二氢铵溶液（用磷酸调节 pH 值至 2.8）—乙腈（75:25）为流动相；检测波长为 345 nm；进样体积 10 μL。系统适用性溶液色谱图中，巴马汀峰与小檗碱峰之间的分离度应符合要求。

测定法：取本品适量，精密称定，加流动相溶解并定量稀释制成每 1 mL 中含 1 mg 的溶液作为供试品溶液。取盐酸药根碱对照品适量，精密称定，加流动相溶解并定量稀释制成每 1 mL 中含 0.1 mg 的溶液，作为对照品溶液（1）。取盐酸巴马汀对照品适量，精密称定，加流动相溶解并定量稀释制成每 1 mL 中含 0.1 mg 的溶液作为对照品溶液（2）。精密量取供试品溶液 2 mL 与对照品溶液（1）、对照品溶液（2）各 10 mL，置于 100 mL 量瓶中，用流动相稀释至刻度，摇匀作为对照溶液。精密量取供试品溶液与对照品溶液，分别注入液相色谱仪，记录色谱图至主成分峰保留时间的 2 倍。

限度：供试品溶液色谱图中，如有与药根碱峰和巴马汀峰保留时间一致的色谱峰，按外标法以峰面积计算，均不得超过 1.0%；其他杂质峰面积的和不得大于对照品溶液中小檗碱峰的峰面积（2.0%）。

【知识链接】

中药指纹图谱

中药指纹图谱是指某些中药材或中药制剂经适当处理后，采用一定的分析手段，得到的能够标示其化学特征的色谱图或光谱图。中药指纹图谱是借用 DNA 指纹图谱发展而来的。最先发展起来的是中药化学成分色谱指纹图谱，特别是高效液相色谱（HPLC）指纹图谱。HPLC 具有很高的分离度，可把复杂的化学成分进行分离而形成高低不同的峰组成一张色谱图，这些色谱峰的高度和峰面积分别代表了各种不同化学成分和其含量。中药指纹图谱不仅是一种中药质量控制模式和技术，更可以发展成为一种采用各种指纹图谱来进行中药理论（复杂系统）和新药开发的研究体系和研究模式。

实训十七　复方丹参片含量测定

一、实训目的

1. 会正确规范使用高效液相色谱仪。

2. 会正确使用高效液相色谱仪测定复方丹参片的含量，会正确记录试验数据并计算测定结果。

二、实验原理

丹参酮II_A是复方丹参片的有效成分之一，控制丹参酮II_A的含量对确保该制剂的疗效有重要意义。进行外标法定量时，分别精密称取一定量的对照品和样品，配制成溶液，在完全相同的色谱条件下，分别进样相同体积的对照品溶液和样品溶液，进行色谱分析，测定峰面积。

先利用标准溶液进行对比，求样品溶液中丹参酮II_A的浓度：

$$c_{样品} = c_{对照} \times \frac{A_{样品}}{A_{对照}} \qquad (15-2)$$

用式15-3计算复方丹参片中丹参酮II_A的量：

$$丹参酮II_A（mg/片） = \frac{c_{样品} \times V_{样品} \times 10^{-3}}{W_{取样量}} \times 平均片重 \qquad (15-3)$$

式中　$c_{样品}$——样品溶液中待测组分的浓度；

$c_{对照}$——对照品溶液的浓度；

$V_{样品}$——样品稀释体积；

$W_{取样量}$——样品称取量。

三、器材准备

仪器：高效液相色谱仪、分析天平、容量瓶、移液管、锥形瓶、色谱柱。

试剂：甲醇、乙腈（色谱纯）、磷酸、重蒸馏水、丹参酮II_A对照品、复方丹参片。

四、实训内容与步骤

1. 色谱条件与系统适用性试验

以十八烷基硅烷键合硅胶为填充剂；以乙腈为流动相A，以0.02%磷酸溶液为流动相

B，按表 15－1 中的规定进行梯度洗脱；柱温为 20 ℃；检测波长为 270 nm。理论板数按丹参酮 II_A 峰计算应不低于 60 000。

表 15－1　　　　　　　　　　　流动相比例

时间/min	流动相 A/%	流动相 B/%
0~6	61	39
6~20	61→90	39→10
20~20.5	90→61	10→39
20.5~25	61	39

2. 对照品溶液的制备

精密称取丹参酮 II_A 对照品 10 mg，置于 50 mL 棕色量瓶中，用甲醇溶解并稀释至刻度，摇匀，精密量取 5 mL，置于 50 mL 棕色量瓶中，加甲醇至刻度，摇匀，即得（每 1 mL 中含丹参酮 II_A 20 μg）。

3. 供试品溶液的制备

取本品 10 片，糖衣片除去糖衣，精密称定，研细，取 0.5 g，精密称定，精密加入甲醇 25 mL，密塞，称定质量，超声处理 15 min，放冷，再称定质量，用甲醇补足减失的质量，摇匀，过滤，取续滤液，即得。

4. 测定法

分别精密吸取对照品溶液与供试品溶液各 10 μL，注入液相色谱仪，测定。各种溶液重复测定三次。

本品每片含丹参以丹参酮 II_A（$C_{19}H_{18}O_3$）计，不得少于 0.20 mg。

5. 数据记录与处理

数据记录与处理见表 15－2。

表 15－2　　　　　　　　　复方丹参片含量测定原始实验记录表

品名		批号		批量	
规格		来源		取样日期	
检验项目		效期		报告日期	
检验依据					

【复方丹参片含量测定】

仪器信息

高效液相色谱仪：_____　色谱柱：_____

工作站：_____　检测器：_____

实验数据（样品平行测定两份）

1. _____片药品总量：_____g，平均片重：_____g

对照品称样量：W_R = _____g　A_{R1} = _____

样品取样量：

(1) W_1 = _____g　　A_{X1} = _____

（2）$W_2 = $ _____ g $A_{X1} = $ _____

数据处理与分析

（1）含量 =

（2）含量 =

平均含量 = _____ mg

$RSD = $ _____

五、实训测评

按表 15 - 3 所列评分标准进行测评，并做好记录。

表 15 - 3　　　　　　　　　　　实训评分标准

项目	评分要素	配分	评分标准	得分
流动相设置 （20 分）	流动相混合比例	10	柱效高	
	流动相流速合适	10	时间快	
开机、调试 （8 分）	流动相的更换	2	能熟练用软件切换流动相	
	放空排气	2	打开排气阀，启动 purge 键	
	参数设定	4	流量、泵、波长、流动相参数设定正确，并下载方法	
测量操作 （32 分）	称量前的检查与处理	2	打扫、天平调水平	
	称量方法	4	称量方法正确，并准确称量	
	对照品、样品称量准确	8	超出称样量的 10% 不得分，超 5% 扣 4 分	
	选择合适容量瓶	2	选错不得分	
	稀释溶剂选择正确	2	选错不得分	
	溶解稀释定容正确	4	重新配制扣 2 分，过量没有重新配制扣 4 分	
	超声处理	2	能正确使用超声仪处理样品	
	注射器使用前处理	2	用溶剂润洗 2~3 次	
	选择合适的滤头过滤	2	不用的扣 2 分，选错扣 1 分	
	进样操作	4	选择正确的进样瓶	
实验结束 （10 分）	冲洗色谱柱	2	选择合适的清洗剂	
	关机	2	每忘记一个模块扣 2 分	
	整理实验台	6	摆放整齐，擦拭干净	
数据采集和 处理（28 分）	RSD 结果	20		
	填写原始记录表和检验报告书	2	每空一处扣 2 分	
	数据处理，打印色谱图	6	不会操作的每项扣 2 分	
实验时间 （2 分）	完成时间	2	规定时间内完成，每超 5 min 扣 1 分，超 25 min 停止考核，操作不熟练、分工不合理扣 5 分	

【注意事项】

实验记录一般应记录仪器型号、检测波长、色谱柱（型号、规格及序列号）与柱温，流动相与流速，进样量，进样室温度，供试品与对照品的称量和溶液的配制过程，测定数据，计算式与结果；并附色谱图。如规定有系统适用性试验者，应记录该试验的数据（如理论板数、分离度、校正因子的相对标准偏差等）。

目标检测

一、选择题

1. 对于反相键合相色谱，下列说法正确的是（　　）。
A. 极性大的组分后流出色谱柱　　　　　B. 极性小的组分后流出色谱柱
C. 流动相的极性小于固定相的极性　　　D. 流动相的极性与固定相相同

2. 十八烷基硅烷键合相简称（　　）。
A. ODS　　　　B. OS　　　　C. C17　　　　D. ODES

3. 在正相键合相色谱法中，流动相常用（　　）。
A. 甲醇—水　　　B. 烷烃加醇类　　C. 水　　　　D. 缓冲盐溶液

4. 在反相键合相色谱法中，固定相和流动相的极性关系是（　　）。
A. 固定相的极性大于流动相的极性　　　B. 固定相的极性小于流动相的极性
C. 固定相的极性等于流动相的极性　　　D. 不一定，视组分性质而定

5. 在反相键合相色谱法中，流动相常用（　　）。
A. 甲醇—水　　　B. 正己烷　　　C. 水　　　　D. 正己烷—水

6. 在高效液相色谱中，色谱柱的长度一般在（　　）范围内。
A. 10～30 cm　　B. 20～50 m　　C. 1～2 m　　　D. 2～5 m

7. 下列不属于高效液相色谱法中梯度洗脱优点的是（　　）。
A. 缩短分析时间　　B. 易引起基线漂移　　C. 提高分析效能　　D. 增加灵敏度

8. 在高效液相色谱法中，对于极性组分，当增大流动相的极性，可使其保留值（　　）。
A. 不变　　　　B. 增大　　　　C. 减小　　　　D. 不一定

9. （　　）将使组分的保留时间变短。
A. 减慢流动相的流速
B. 增加色谱柱的柱长
C. 反相色谱的流动相为乙腈—水，增加乙腈的比例
D. 正相色谱的正己烷—二氯甲烷流动相系统增大正己烷的比例

10. 化学键合固定相具备的特点为（　　）。
A. 价格便宜　　　　　　　　　　B. 选择性差
C. 不适用于梯度洗脱　　　　　　D. 柱效高

11. 在高效液相色谱法中，流动相的选择很重要，下列不符合要求的是（　　）。
A. 对被分离组分有适宜的溶解度　　　B. 黏度大

C. 与检测器匹配   D. 与固定相不互溶

12. 评价高效液相色谱柱的总分离效能的指标是（　　　）。

A. 有效板数   B. 分离度   C. 选择性因子   D. 分配系数

13. 高效液相色谱法的定性指标是（　　　）。

A. 峰面积   B. 半峰宽   C. 保留时间   D. 峰高

14. 高效液相色谱法的定量指标是（　　　）。

A. 峰面积   B. 相对保留值   C. 保留时间   D. 半峰宽

二、问答题

1. 高效液相色谱仪由哪些结构组成？各有何作用？

2. 简述高效液相色谱法的定性分析过程。

3. 简述高效液相色谱仪的操作步骤。

三、计算题

1. 某批牛黄上清丸中黄芩苷的含量测定：取样品 1.006 0 g，精密加稀乙醇 50 mL，称定重量，超声 30 min，置于水浴上回流 3 h，放冷，称定质量，用稀乙醇补足减失的质量，静置，取上清液，即为供试液。分别吸取黄芩苷对照液（61 μg/mL）及供试液 5 μL，注入 HPLC 中测定。标准规定，每丸含黄芩以黄芩苷计，不得少于 15 mg。该批样品是否合格（已知 $A_{供} = 4\ 728\ 936$，$A_{对} = 3\ 884\ 164$，平均丸重 $= 5.149\ 1$ g）？

2. 某一含药根碱、黄连碱和小檗碱的生物样品，以 HPLC 法测其含量，测得三个色谱峰面积分别为 2.67 cm^2、3.26 cm^2 和 3.54 cm^2，现准确称取等质量的药根碱、黄连碱和小檗碱对照品与样品同方法配成溶液后，在相同色谱条件下进样，得三个色谱峰面积分别为 3.00 cm^2、2.86 cm^2 和 4.20 cm^2，计算样品中三组分的相对含量。

习题参考答案

第一章　分析化学概述

§1-1　练一练

1. 分析化学的任务有：鉴定物质的化学组成、测定物质中有关组分的含量以及确定物质的结构形态。

2. 答案不唯一（参考：在国民经济中，资源勘探、油田、煤矿、钢铁基地选定中的矿石、油气等矿产资源的分析；工业生产中，原料、中间体、成品的分析，三废处理和综合利用；环境保护中大气、水质的分析与监测；农业生产中，粮食、土壤、化肥、农药的分析；医药卫生中，临床检验、疾病诊断、病因调查、药品检验、中草药分析鉴定、新药研制、食品分析检验、突发公共卫生事件的处理；科技研究中，生物制品研发、新型材料研制、超纯物质中微量杂质的分析等）。

§1-2　练一练

1. 化学分析法是以物质的化学反应为基础的分析方法。仪器分析法是使用特殊精密仪器，测量被测物质的物理或物理化学性质的参数来进行的分析方法。

2. 常量分析样品用量范围大于 100 mg 或 10 mL；半微量分析样品用量范围为 10 ~ 100 mg 或 1 ~ 10 mL；微量分析样品用量范围 0.1 ~ 10 mg 或 1 ~ 10 mL；超微量分析样品用量范围小于 0.1 mg 或 0.01 mL。

3. 常量组分所占含量大于 1%；微量组分所占含量在 0.01% ~ 1%；痕量组分所占含量小于 0.01%。

目标检测

一、选择题

1. A　2. A　3. D　4. B　5. C

二、问答题

1. 分析化学是研究物质的组成、含量、结构等化学信息的分析方法及有关理论的一门科学。分析化学的任务包括：鉴定物质的化学组成、测定物质中有关组分的含量以及确定物质的结构形态。它们分别属于定性分析、定量分析以及结构形态分析。

2. 依据分析任务不同，分析方法可分为定性分析、定量分析和结构分析。依据分析对象不同，分析方法可分为无机分析和有机分析。依据测定的原理方法不同，可分为化学分析和仪器分析。依据试样用量不同，可分为常量分析、半微量分析、微量分析和超微量分析。依据被测组分含量的不同，可分为常量组分分析、微量组分分析和痕量组分分析。按照应用的领域不同，分析方法还可分为食品分析、水分析、环境分析、工业分析、地质分析、冶金分析、材料分析、药物分析、临床分析、生物分析、刑侦分析等。

第二章　定量分析的误差和有效数字

§2-1　练一练

1. $E = -0.001\,3$ g；$RE = -0.014\%$

2. $d_1 = -0.000\,24$；$d_2 = -0.001\,24$；$d_3 = -0.000\,64$；$d_4 = 0.000\,76$；$d_5 = 0.001\,36$；$\bar{d} = 0.000\,848$；$R\bar{d} = 0.339\%$

目标检测

一、选择题

1. D　2. C　3. C　4. C　5. B

二、问答题

1. $RE = \dfrac{E}{T} \times 100\%$，当 E 相同时，T 越大，RE 越小。

2. 测量值的准确度表示测量的正确性，测量值的精密度表示测量结果的重现性。准确度是由系统误差和偶然误差所共同决定的，而精密度只是单一由偶然误差所决定。在分析工作中，准确度高，精密度一定高；精密度高，准确度不一定高。只有在消除了系统误差后，准确度和精密度才是一致的，即精密度越高，准确度也就越高。

3. ①选择适当的分析方法；②减小测量的相对误差；③消除系统误差，包括对照试验、空白试验、校准仪器和量器、回收试验；④减少偶然误差；⑤避免错误和过失。

4. ①正确记录测量数据；②选用准确度适当的仪器；③正确表示分析结果。

5. 甲同学报告合理，应和 5.5 g 保持一致，保留 2 位有效数字。

三、计算题

1. （1）一位；（2）四位；（3）两位；（4）三位；（5）三位；（6）四位；（7）两位。

2. （1）28.74；（2）26.64；（3）10.07；（4）0.386 6；（5）2.345×10^{-3}；（6）108.4；（7）328.4；（8）9.986。

3. （1）2.52×10^{-3}；（2）2.98×10^{5}；（3）227.5；（4）32.4。

4. $\bar{x} = 20.54\%$；$\bar{d} = 0.0366\,7\%$；$R\bar{d} = 0.18\%$；$s = 3.26 \times 10^{-4}$；$RSD = 0.16\%$。

5. 应保留；应保留。

第三章　电子天平的称量技术

§3-2　练一练

1. 直接称量法、减重称量法和指定质量称量法。

2. 减重称量法。

目标检测

一、选择题

1. B　2. C　3. C　4. A　5. C　6. D　7. B　8. A　9. A　10. D　11. C　12. C

二、问答题

1. 空气泡偏向左侧，说明左侧偏高，应逆时针旋转水平调节脚使其降低。水平调节脚旋转规则为：顺时针→升高；逆时针→降低。

2. 指定质量称量法适于称量不易潮解，在空气中性质稳定的试样，且试样应为粉末状或小颗粒状，以便于调节其质量。较易挥发的液体样品可用指定质量称量法称量。

三、连线题

请将天平面板操作键盘的符号与其功能连在一起。

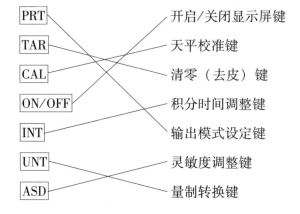

第四章　滴定分析法

§4-2　练一练

1. 已知：$W = 24.98$ g，$V = 25.00$ mL，$T = 20\ ℃$

解： 查 $T = 20\ ℃$时，水重 $W_3 = 997.18$ g/L $= 0.997\ 18$ g/mL

真实容积：$V_1 = \dfrac{W}{W_3} = \dfrac{24.98}{0.997\ 18} = 25.051$ （mL）

容积误差：$d = V_1 - V = 25.051 - 25.00 = 0.051$ （mL）

查表 4-2 可知，20 ℃时，25 mL 移液管的容积误差介于 ±0.060 之间，所以移液管的等级为 B 级。

2. 已知：$W = 49.08$ g，$V = 50.00$ mL，$T = 20\ ℃$

解：查 $T = 20$ ℃时水重 $W_3 = 997.18$ g/L $= 0.997\,18$ g/mL

真实容积：$V_1 = \dfrac{W}{W_3} = \dfrac{49.08}{0.997\,18} = 49.22$ （mL）

容积误差：$d = V_1 - V = 49.22 - 50 = -0.78$ （mL）

查表 4 – 3 可知，该容量瓶的容积误差超出了 ±0.10 mL 的容积允差，不符合规定。

§4 – 3 练一练

浓盐酸不能作为基准物质。因为浓盐酸的最高质量分数是 0.37，不符合基准物质的条件"纯：物质纯度要高，质量分数不低于 0.999"；浓盐酸易挥发，不符合基准物质的条件"稳：性质稳定，如不挥发，加热干燥时不易分解，称量时不吸收空气中的水分、不与空气中 CO_2 反应、不被空气氧化"。

氢氧化钠不能作为基准物质。因为固体 NaOH 易吸收空气中的水分潮解，要与空气中的 CO_2 反应生成 Na_2CO_3，不符合基准物质的条件"稳：性质稳定，如不挥发，加热干燥时不易分解，称量时不吸收空气中的水分、不与空气中 CO_2 反应、不被空气氧化"。

目标检测

一、选择题

1. C　2. B　3. D　4. A　5. C　6. D　7. A　8. D　9. B　10. C　11. B　12. A　13. D
14. A　15. D　16. C　17. B　18. D　19. A　20. B

二、填空题

1. 直接滴定法，剩余滴定（返滴定）法，间接滴定法

2. 滴定管，锥形瓶，竖直

3. 烧杯，玻璃棒，烧杯和玻璃棒

4. 滤纸，凡士林，橡皮筋

5. 左，活塞，锥形瓶

6. 橡皮管，橡皮管，玻璃珠

7. 锥形瓶，凹液面最低处，2

8. 容量器皿的容积，20

三、名词解释

1. 滴定液。已知准确浓度的试剂溶液，也称标准溶液。

2. 滴定终点。在滴定过程中，指示剂颜色变化的转变点称为滴定终点。

3. 终点误差。实际分析操作中的滴定终点与化学计量点之间的差别，称为终点误差，也称滴定误差。

4. 基准物质。可以用于直接配制滴定液或标定滴定液的浓度的物质。

5. 标定。利用基准物质或已知准确浓度的溶液来确定滴定液浓度的操作过程。

四、问答题

1. 用于滴定分析的化学反应必须具备哪些条件？

答：能用于滴定分析的化学反应必须具备下列条件：

（1）被测组分和滴定液能够按照确定的化学计量关系完全反应，反应的完全程度须达到 99.9% 以上。

（2）被测组分和滴定液不发生副反应。即被测组分不能和滴定液以外的试剂反应，滴定液也不能和被测组分以外的组分反应。

（3）滴定反应要求反应速度快，最好在瞬间完成。如果反应速度较慢，可通过提高浓度、加热、加催化剂等方法加快反应速度。

（4）能够使用适当的方法确定滴定终点。

2. 滴定管有哪些类型？它们在结构上有哪些区别？

答：滴定管按形状一般可分为两种：酸式滴定管和碱式滴定管。酸式滴定管是下端带有玻璃活塞的；碱式滴定管是下端连接一段橡皮管，内装一个玻璃珠，橡皮管下端再连接一个尖嘴玻璃管。

五、计算题

1. 将 5.3 g 基准 Na_2CO_3 配制成 250 mL 滴定液，计算此滴定液的物质的量浓度？（已知 $M_{Na_2CO_3} = 106 \ g/mol$）

解：已知：$m_{Na_2CO_3} = 5.3 \ g$，$V = 250 \ mL = 0.25 \ L$

根据公式：$c_B = \dfrac{n_B}{V_B} = \dfrac{m_B}{M_B V_B}$

$$c_{Na_2CO_3} = \frac{m_{Na_2CO_3}}{M_{Na_2CO_3} \times V_{Na_2CO_3}} = \frac{5.3}{106 \times 0.25} = 0.2 \ （mol/L）$$

答：此滴定液的物质的量浓度为 0.2 mol/L。

2. 用 HCl 滴定液滴定 NaOH 溶液，已知 $T_{HCl/NaOH} = 0.004\ 000 \ g/mL$，若消耗 HCl 滴定液 20.26 mL，计算该 NaOH 溶液中所含 NaOH 的质量。

解：已知：$T_{HCl/NaOH} = 0.004\ 000 \ g/mL$，$V_{HCl} = 20.26 \ mL$

根据公式：$m_{NaOH} = T_{HCl/NaOH} \times V_{HCl}$

$$m_{NaOH} = T_{HCl/NaOH} \times V_{HCl} = 0.004\ 000 \times 20.26 = 0.081\ 04 \ （g）$$

答：该 NaOH 溶液中所含 NaOH 的质量为 0.081 04 g。

3. 用无水 Na_2CO_3 标定 HCl 溶液的浓度，称取 0.127 2 g 无水 Na_2CO_3，甲基橙作指示剂，滴定消耗 23.48 mL HCl 溶液，计算该 HCl 溶液的物质的量浓度。（已知 $M_{Na_2CO_3} = 106 \ g/mol$）

解：已知：$m_{Na_2CO_3} = 0.127\ 2 \ g$，$V_{HCl} = 23.48 \ mL = 0.023\ 48 \ L$，$M_{Na_2CO_3} = 106 \ g/mol$

$$2HCl + Na_2CO_3 = 2NaCl + H_2O + CO_2$$

$$n_{HCl} = 2n_{Na_2CO_3}$$

$$c_{HCl} V_{HCl} = 2 \times \frac{m_{Na_2CO_3}}{M_{Na_2CO_3}}$$

$$c_{HCl} = 2 \times \frac{m_{Na_2CO_3}}{M_{Na_2CO_3} \times V_{HCl}} = 2 \times \frac{0.127\ 2}{106 \times 0.023\ 48} = 0.102\ 2 \ （mol/L）$$

答：该 HCl 溶液的物质的量浓度为 0.102 2mol/L。

第五章　酸碱滴定法

§5-1　练一练

1. D

2. A

§5-2　练一练

1. C

2. 溶液的 pH 值，$pH = pK_{HIn} \pm 1$

目标检测

一、填空题

1. 突跃范围

2. 14

3. 单色，双色

4. 滴定温度，指示剂的用量，溶剂，滴定顺序

5. 2~4

6. 中，13

7. 小，0.100 0 mol/L

二、选择题

1. C　2. B　3. C　4. B　5. C　6. B　7. D　8. B　9. C　10. C　11. C

三、问答题

1. 说明酸的浓度和酸度的区别？

答：酸的浓度又叫酸的分析浓度，是指某种酸的物质的量浓度，即酸的总浓度，包括溶液中未离解酸的浓度和已离解酸的浓度。而酸度是指溶液中氢离子的浓度，通常用 pH 值表示，即 $pH = -\lg [H^+]$。

2. 酸碱滴定中，指示剂的用量是不是加得越多越好，为什么？

答：酸碱滴定时，指示剂的用量不是越多越好。指示剂的多少直接影响到终点到来的早晚，单色指示剂量大时终点提前，双色指示剂量大时终点拖后。

3. 用称量法标定盐酸溶液时，基准无水 Na_2CO_3 为什么必须进行预处理？

答：由于碳酸钠具有强烈的吸湿性，在储存过程中会产生一定的误差，故标定前必须干燥至恒重，放入干燥器中冷却备用。

四、计算题

1. 解：
$$H_2C_2O_4 + 2NaOH = Na_2C_2O_4 + 2H_2O$$

$$n(NaOH) = n\left(\frac{1}{2}H_2C_2O_4\right)$$

$$c_{\text{NaOH}} \cdot V_{\text{NaOH}} = \dfrac{m_{\text{H}_2\text{C}_2\text{O}_4}}{M\left(\frac{1}{2}\text{H}_2\text{C}_2\text{O}_4 \cdot 2\text{H}_2\text{O}\right)}$$

$$m_{\text{H}_2\text{C}_2\text{O}_4} = c_{\text{NaOH}} \cdot V_{\text{NaOH}} \cdot M\left(\frac{1}{2}\text{H}_2\text{C}_2\text{O}_4 \cdot 2\text{H}_2\text{O}\right)$$

$$= 0.102\,3 \times 15.25 \times 10^{-3} \times \frac{1}{2} \times 126.07 = 0.098\,3 \text{ （g）}$$

$$\text{H}_2\text{C}_2\text{O}_4 \cdot 2\text{H}_2\text{O} \text{ （%）} = \dfrac{m_{\text{H}_2\text{C}_2\text{O}_4}}{m_{\text{样}} \times \frac{25}{250}} \times 100 = \dfrac{0.098\,3}{1.050 \times \frac{25}{250}} \times 100 = 93.62$$

答：样品中 $\text{H}_2\text{C}_2\text{O}_4 \cdot 2\text{H}_2\text{O}$ 的百分含量为 93.62。

2. 解：$m = c_{\text{HCl}} \cdot V_{\text{HCl}} \cdot M\left(\frac{1}{2}\text{Na}_2\text{CO}_3\right) = 0.100\,0 \times 25.00 \times 10^{-3} \times \frac{1}{2} \times 105.99 \approx 0.132\,5 \text{ （g）}$

答：应称取基准无水 Na_2CO_3 0.132 5 克。

第六章　非水溶液的酸碱滴定法

§6-1　练一练

质子性溶剂，非质子性溶剂，酸性溶剂，碱性溶剂

目标检测

一、选择题

1. C　2. B　3. D　4. A　5. D　6. B　7. BD　8. A　9. C　10. B

二、问答题

1. 均化效应是指能将各种不同强度的酸或碱拉到溶剂化质子（或溶剂阴离子）水平的效应；具有均化效应的溶剂叫均化溶剂。

2. 区分效应是指不同的酸或碱在同一溶剂中显示不同的酸碱强度水平，具有这种作用的溶剂称为区分溶剂。

3. 滴定弱碱通常应选用对碱有均化效应的酸性溶剂，如冰醋酸等，对一些难溶试样或者终点不太明显的滴定，常选用混合溶剂。

4. 选择的非水溶剂是冰醋酸；用高氯酸滴定液滴定。

三、计算题

1. 81.28%

2. 99.57%

第七章　沉淀滴定法

§7-1　练一练

C

§7-2 练一练

1. B 2. ABC

1. A 2. A

1. A 2. 强酸

1. A 2. 卤化银胶体沉淀对光敏感，易分解析出金属银使沉淀变为灰色或黑色，影响滴定终点的观察

§7-3 练一练

1. 硝酸银，硫氰酸铵 2. ×

目标检测

一、选择题

1. B 2. A 3. B 4. C 5. A 6. C 7. C 8. D 9. D 10. B

二、判断题

1. × 2. × 3. × 4. √ 5. √

三、问答题

1. 答：以沉淀反应为基础的滴定分析方法称为沉淀滴定法。

沉淀滴定法的条件有：

（1）生成沉淀的溶解度必须很小（$S \leqslant 10^{-3}$ g/L），以保证被测组分反应完全。

（2）沉淀反应必须迅速、定量地进行，且被测组分和滴定液之间具有确定的化学计量关系。

（3）生成的沉淀无明显的吸附作用，不影响滴定结果及终点判断。

（4）有适当的方法指示滴定终点。

2. 答：根据确定滴定终点所用的指示剂不同，银量法可分为铬酸钾指示剂法（莫尔法）、铁铵矾指示剂法（佛尔哈德法）和吸附指示剂法（法扬司法）。铬酸钾指示剂法测定对象是 Cl^-，Br^-；铁铵矾指示剂直接滴定法测定对象是 Ag^+；铁铵矾指示剂剩余滴定法测定对象是 Cl^-，Br^-，I^-，SCN^- 等；吸附指示剂法测定对象是 Cl^-，Br^-，I^-，SCN^- 等。

3. 答：荧光黄用 HFIn 表示，在溶液中解离出黄绿色的离子 FIn^-，被难溶银盐胶状沉淀吸附后，结构发生变化而呈粉红色。

4. 答：铬酸钾指示剂法应在中性或弱碱性溶液中（pH6.5～10.5）进行。因铬酸钾是弱酸盐，若溶液的酸度过高，CrO_4^{2-} 可转化为 $HCrO_4^-$、$Cr_2O_7^{2-}$ 等，使 $[CrO_4^{2-}]$ 降低，引起滴定终点推迟甚至不能生成 Ag_2CrO_4 来指示终点，导致测定结果偏高，可用稀 HNO_3 调节。

5. 答：（1）加入过量 $AgNO_3$ 滴定液后，将已生成的 AgCl 沉淀滤去，并用稀硝酸充分洗涤沉淀，再用硫氰酸铵滴定剩余的硝酸银。

（2）加入过量 $AgNO_3$ 滴定液后，向溶液中加入 1～3 mL 硝基苯或异戊醇，并强烈振摇，使其包裹在沉淀颗粒的表面上，不能与溶液接触，从而避免沉淀发生转化。

四、计算题

1. 解:

$$B\% = \frac{c_{AgNO_3} \times V_{AgNO_3} \times M_{KCl}}{m_s \times 1\ 000} \times 100\% = \frac{0.102\ 8 \times 21.30 \times 74.55}{0.186\ 4 \times 1\ 000} \times 100\% = 87.57\%$$

2. 解:

$$B\% = \frac{c_{AgNO_3} \times V_{AgNO_3} \times M_{Cl}}{m_s \times 1\ 000} \times 100\% = \frac{0.100\ 0 \times (25.00 - 1.10) \times 35.45}{0.300\ 0 \times 1\ 000} \times 100\% = 28.24\%$$

3. 解:

$$B\% = \frac{TVF}{m_s \times 1\ 000} \times 100\% = \frac{35.71 \times 13.75 \times \dfrac{0.100\ 9}{0.1}}{0.500\ 4 \times 1\ 000} \times 100\% = 99.01\%$$

第八章　配位滴定法

§8-1　练一练

A

§8-2　练一练

1. H_6Y^{2+}　H_5Y^+　H_4Y　H_3Y^-　H_2Y^{2-}　HY^{3-}　Y^{4-}　2. Y^{4-}

1. 1:1　2. ×

1. A　2. 稳定

1. 降低　2. ×

§8-3　练一练

1. 低　2. ×

剩余

目标检测

一、选择题

1. A　2. C　3. D　4. B　5. C　6. C　7. B　8. C　9. B　10. A

二、判断题

1. √　2. √　3. ×　4. ×　5. √

三、问答题

1. 答:配位滴定法是以配位反应为基础的滴定分析方法,即滴定反应是金属离子和配位剂反应生成配位化合物的反应。

用于配位滴定的配位反应必须具备下列条件:

(1) 生成的配合物必须很稳定,即 $K_稳$ 值至少大于 10^8,配合物越稳定,反应越完全。

(2) 反应必须按化学计量关系定量进行。

(3) 反应速度要足够快。

（4）要有适当的方法确定滴定终点。

（5）滴定过程中生成的配合物是可溶的。

2. 答：在溶液中 H^+ 与 M 都要夺取配位剂 Y，如果 H^+ 浓度增加，Y 与 H^+ 结合生成一系列弱酸 HY^{3-}、H_2Y^{2-}、H_3Y^-、H_4Y、H_5Y^+、H_6Y^{2+}，导致滴定反应平衡向左移动，引起 MY 的解离，反应不完全；反之 H^+ 浓度降低，Y 的浓度增加，有利于 MY 的生成，配位反应完全。但 H^+ 浓度太低，即 pH 值过大时，许多金属离子将水解而生成氢氧化物沉淀，使 M 浓度降低，反而促使 MY 的解离，也会使配位反应不完全，因而选择适当的酸度是进行配位滴定的重要条件。

3. 答：终点前，在供试品溶液中加入指示剂，指示剂与被测金属离子生成配合物，溶液呈现金属指示剂配合物的颜色（颜色 B）。

终点时，EDTA 与 MIn 反应生成 MY 和 In，溶液由金属指示剂配合物的颜色（颜色 B）转变为金属指示剂自身的颜色（颜色 A）。

4. 答：某些金属离子与指示剂生成极稳定的配合物，用 EDTA 滴定这些离子时，即使过量较多的 EDTA 也不能把指示剂从配合物中置换出来，在化学计量点时也不能变色，或变色不敏锐，使终点推迟。

5. 答：EDTA 与金属离子配位的特点有：

（1）EDTA 与金属离子形成的配合物非常稳定。

（2）EDTA 与金属离子形成配合物的摩尔比为 1:1。

（3）EDTA 与金属离子形成的配合物多数可溶于水。

（4）形成的配合物的颜色主要取决于金属离子的颜色。

四、计算题

1. 解：

$$B\% = \frac{TV}{m_s \times 1\,000} \times 100\% = \frac{1.505 \times \left(10.00 - \dfrac{12.20 \times 13.62}{20.00}\right)}{1.032\,0 \times \dfrac{25.00}{250} \times 1\,000} \times 100\% = 2.47\%$$

2. 解：

$$m = \frac{1}{2} \times c_{EDTA} \times V_{EDTA} \times M_{Al_2O_3} = \frac{1}{2} \times 0.020\,00 \times 30.00 \times 101.96 = 30.588 \ (mg)$$

3. 解：

$$B\% = \frac{c_{EDTA} \times V_{EDTA} \times M_{ZnCl_2}}{m_s \times 1\,000} \times 100\%$$

$$= \frac{0.102\,4 \times 23.31 \times 136.29}{0.36 \times 1\,000} \times 100\%$$

$$= 90.37\%$$

4. 解：

$$B\% = \frac{TVF}{m_s \times 1\,000} \times 100\% = \frac{10.45 \times 7.07 \times \dfrac{0.050\,13}{0.05}}{0.500\,5 \times 1\,000} \times 100\% = 14.80\%$$

第九章 氧化还原滴定法

§9-1 练一练

1. B

2. 得到，还原，失去，氧化

§9-2 练一练

B

§9-3 练一练

间接配制法，草酸钠，硫酸，微红色

§9-4 练一练

ACDE

目标检测

一、选择题

1. D 2. C 3. D 4. D 5. A 6. B 7. C 8. B 9. B 10. D 11. D 12. B 13. C 14. C 15. D

二、判断题

1. × 2. √ 3. √ 4. × 5. ×

三、问答题

1. 碘量法的主要误差来源有以下几个方面：①标准溶液的遇酸分解。②碘标准溶液的挥发和被滴定碘的挥发。③空气对 KI 的氧化作用。④滴定条件的不适当。由于碘量法使用的标准溶液和它们间的反应必须在中性或弱酸性溶液中进行。因为在碱性溶液中，将会发生副反应，而且在碱性溶液中还会发生歧化反应，如果在强碱性溶液中，溶液会发生分解，同时，在酸性溶液中也容易被空气中的氧所氧化，基于以上原因，所以碘量法不适宜在高酸度或高碱度介质中进行。

2. 氧化还原反应能否用于滴定反应，必须符合以下条件：

（1）反应要按化学反应式中的系数关系定量地完成。

（2）反应速度必须足够快。

（3）控制酸度、浓度，防止副反应发生。

（4）必须有适当的方法确定化学计量点。

3. ①直接滴定法，测定许多还原性较强物质。②返滴定法，一些氧化性物质不能用 $KMnO_4$ 标准溶液直接滴定，可采用返滴定法。③间接滴定法，有些不具有氧化性或还原性的物质，可采用间接滴定法测定。

4. 增大 I_2 的溶解度，防止 I_2 的挥发。

5. 不能用硝酸或者盐酸调节溶液的酸度。因为硝酸具有氧化性，会与被测物反应；而盐酸具有还原性,能与高锰酸钾反应。

四、计算题

1. 0.104 1 mol/L

2. 0.200 2 mol/L

3. 0.939 9 mol/L

4. 0.034 69 g/mL

第十章　电位分析法和永停滴定法

§10－1　练一练

1. A　2. B

§10－2　练一练

1. A　2. D

§10－3　练一练

1. D　2. C

§10－4　练一练

1. A　2. C

目标检测

一、选择题

1. B　2. D　3. C　4. A　5. A　6. B　7. D　8. D　9. D　10. C　11. B　12. C　13. D
14. D　15. A

二、问答题

1. 在恒温恒压条件下,电极电位不随溶液中被测离子浓(活)度的变化而变化,具有恒定电位数值的电极称为参比电极。参比电极可以作为指示电极电位的测量基准。电极电位随被测离子浓(活)度的变化而改变的电极称为指示电极。电极电位与被测离子的浓(活)度之间的关系符合能斯特方程。甘汞电极属于金属—难溶盐电极。

2. 因为玻璃电极膜只有在水中充分浸泡后,才能形成良好的水化凝胶层,使其对 H^+ 有较好的响应,同时也使不对称电位降低到一稳定值,从而进行准确测定。

3. 两点法校正 pH 计的操作步骤:①定位:将电极插入装有与样品 pH 值接近的标准缓冲溶液的小烧杯中,轻轻摇动溶液,调节"定位"旋钮使仪器显示的 pH 值与标准缓冲溶液的 pH 值相等。②校正斜率:将电极插入装有另一标准缓冲溶液的小烧杯中,轻轻摇动溶液,仪器示值与标准缓冲液的 pH 值相差应不大于 ±0.02pH 单位。否则,调节"斜率"旋钮使仪器显示的 pH 值与标准缓冲溶液的 pH 值相等。③重复上述两个操作,直至仪器示值与标准缓冲液的 pH 值相差不大于 ±0.02pH 单位。

三、计算题

1. 解：$pH_X = pH_S - \dfrac{E_S - E_X}{0.059} = 4.00 - \dfrac{0.209 - 0.521}{0.059} \approx 9.29$

2. 解：巴比妥% $= \dfrac{V_{sp} T F}{w} \times 100\% = \dfrac{9.35 \times 23.22 \times \dfrac{0.099\,54}{0.1}}{0.213\,5 \times 1\,000} \approx 101.2\%$

第十一章 紫外—可见分光光度法

§11−1 练一练

1. B 2. C

§11−2 练一练

B

目标检测

一、选择题

1. D 2. D 3. B 4. B 5. D 6. C

二、填空题

1. 最大吸收波长 吸光度

2. 增大 不变

3. 不变 不变

4. 改变浓度 改变光程

5. 吸光能力 大 强

6. 0.680

7. 定性分析

8. 玻璃 石英

三、判断题

1. × 2. √ 3. × 4. √ 5. √ 6. × 7. × 8. × 9. √ 10. ×

第十二章 原子吸收分光光度法

§12−2 练一练

1. A

2. 火焰型，电热型，氢化物发生型，冷蒸气型

§12−3 练一练

标准曲线法，标准加入法

目标检测

一、选择题

1. B 2. B 3. D 4. A 5. A 6. B 7. D 8. A 9. B

二、问答题

1. 锐线光源就是发射谱线宽度很窄的元素共振线的光源，其要求辐射强度大、稳定性好、背景小、寿命长、操作方便。原子吸收光谱分析是采用峰值吸收代替积分吸收进行定量分析，要求光源必须符合谱线半宽度小于吸收线半宽度，发射线的中心频率必须和吸收线相等，而锐线光源发射的谱线满足要求，所以原子吸收光谱分析中要用锐线光源。

2. 待测元素原子蒸气经过原子化器后，会解离成基态原子。在锐线光源的作用下，待测元素会对共振频率的辐射进行吸收。其吸光度与待测元素吸收辐射的原子总数成正比。而实际分析要求测定的是试样中待测元素的浓度，而此浓度与待测元素吸收辐射的原子总数成正比。在一定浓度范围和一定的吸收光程情况下，通过测定吸光度就可以求出待测元素的吸光度。这就是原子吸收分光光度定量的依据。

进行定量分析有：标准曲线法、标准加入法、内标法。

三、计算题

1. 7.08 $\mu g/mL$。

2. 由题意知背景吸收为0.042，所以要扣除背景吸收，扣除背景吸收后列表如下：

标准溶液 V/mL	0	1.0	2.0	3.0	4.0
吸光度 A	0.159	0.249	0.337	0.426	0.513

作 $V—A$ 曲线，其与 X 轴交点即为标准溶液与待测物质物质的量相等的点。

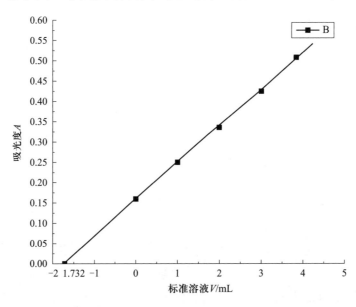

由图知 $V = 1.73$ mL

$$cV = c_x \times V$$

$$c_x = (c \times V)/V = (60 \times 1.73)/10 = 10.4 \ \mu g/mL$$

第十三章　平面色谱法

§13-1　练一练

1. 固定相，流动相

2. 柱色谱法（CC），薄层色谱法（TLC），纸色谱法（PC）

§13-2　练一练

1. $0 \sim 1$，$R_f = 0$，越大，易分离

2. 倾注法制板，平铺法制板，机械涂铺法制板

3. $0.3 \sim 0.8$，0.05

4. $2 \sim 3$ mm，2 cm，反复点几次，10 min

5. 在固定的色谱条件下，相同物质的 R_f 值相同。

6. $R_f = \dfrac{\text{原点到斑点中心的距离}}{\text{原点到溶剂前沿的距离}}$　　$R_s = \dfrac{\text{原点到样品斑点中心的距离}}{\text{原点到对照品斑点中心的距离}}$

§13-3　练一练

1. 分配色谱法，滤纸纤维上吸附的水，有机溶剂

2. 点样，展开，显色

3. 慢速，中速滤纸或快速滤纸

目标检测

一、选择题

1. C　2. D　3. A　4. C　5. B

二、填空题：

1. 上行展开，下行展开，双向展开，上行展开

2. 硅胶 H，硅胶 G，硅胶 HF_{254}

3. 对照品溶液，样品溶液

4. 分配系数，移动速度，分离

5. 目测法，剪洗法，光密度测定法

三、问答题

1. 色谱法是一种物理或物理化学分离分析方法。

按两相物理状态分类：液相色谱法、气相色谱法。

按分离原理分类：吸附色谱法、分配色谱法、离子交换色谱法、分子排阻色谱法（也称为空间排阻色谱法）。

按操作形式分类：柱色谱法（CC）、薄层色谱法（TLC）、纸色谱法（PC）。

2. 薄层色谱法是将固定相（如吸附剂）均匀地涂铺在具有光洁表面的玻璃、塑料或金属板上，形成 $0.25 \sim 1$ mm 厚的薄层，在此薄层上进行色谱分离的方法称为薄层色谱法。纸色谱法是以滤纸作为载体的色谱法。

四、计算题

解：$R_f = \dfrac{原点到斑点中心的距离}{原点到溶剂前沿的距离} = \dfrac{9.0}{15.0} = 0.60$

第十四章　气相色谱法

§ 14－2　练一练

1. 进样系统，分离系统
2. D

§ 14－3　练一练

面积归一化，外标，内标

目标检测

一、选择题

1. C　2. A　3. D　4. D　5. B　6. C　7. A　8. D　9. A　10. B　11. B　12. B　13. D　14. C　15. B　16. C

二、问答题

1. 气相色谱仪包括气路系统、进样系统、分离系统、检测系统、记录和数据处理系统和温度控制系统。气路系统的作用是为色谱分析提供压力稳定、流速准确、纯度合乎要求的载气。进样系统的作用是将试样汽化并有效地导入色谱柱。分离系统包括色谱柱和柱温箱，待测样品中的各个组分就是在色谱柱中得到有效分离，并按一定顺序流出色谱柱。温度控制系统的作用是控制并显示汽化室、色谱柱箱、检测器及辅助部分的温度。检测器作用是将经色谱柱分离出来的各组分的浓度转换成易被测量的信号，以电压讯号输出以便于测量和记录。

2. 峰位、峰高或峰面积和色谱峰的区域宽度。峰高和峰面积是色谱定量分析的参数。峰宽用于衡量色谱柱效能及反映色谱操作条件的动力学因素。

3. 根据色谱峰的个数，可以判断样品中所含组分的最少个数；根据色谱峰的保留值，可以进行定性分析；根据色谱峰的面积或峰高，可以进行定量分析。

4. 系统适用性试验包括理论板数、分离度、灵敏度、拖尾因子和重复性五个参数。利用气相色谱法对样品进行测定，仪器系统适用性试验应符合药典或部颁标准各品种项下的要求。

三、计算题

1. $R = \dfrac{2(t_2 - t_1)}{W_2 + W_1} = \dfrac{2 \times (4.8 - 3.5)}{1.0 + 0.8} = 1.44$

2. $m_{水} = \dfrac{f'_{水} \times A_{水} \times m_{甲}}{f'_{甲} \times A_{甲}}$

$$w_{水}(\%) = \dfrac{m_{水}}{m} \times 100 = \dfrac{\dfrac{0.56 \times 186}{0.59 \times 164} \times 0.057\,3}{5.869\,0} \times 100 = 1.05$$

第十五章　高效液相色谱法

§15-2　练一练

1. 进样系统，分离系统

2. B

§15-3　练一练

外标，内标

目标检测

一、选择题

1. B　2. A　3. B　4. B　5. A　6. A　7. B　8. C　9. C　10. D　11. B　12. B　13. C

14. A

二、问答题

1. 高效液相色谱仪主要包括高压输液系统、进样系统、分离系统、检测系统和数据记录及处理系统。高压输液泵用以完成流动相的输送任务。进样器作用是将试样引入色谱柱。色谱柱的作用是分离。检测器是把色谱洗脱液中组分的量（或浓度）转变成电信号。

2. 高效液相色谱法的定性分析是根据色谱图中各个峰的位置判断其究竟代表什么组分，进而确定试样组成的方法。主要根据保留时间进行真伪的鉴别。

3. 高效液相色谱仪的操作步骤是：①准备工作，包括流动相、色谱柱、样品溶液配置、检查仪器。②开机、更换流动相、排气泡，参数设定及平衡系统。③进样，测定，记录色谱图。④清洗系统，关机。

三、计算题

1. 解：$c_{供试} = c_{对照} \times \dfrac{A_{供试}}{A_{对照}}$

所以每丸样品中黄芩苷的含量为：

$$黄芩苷 = \frac{c_{对照} \times \dfrac{A_{供试}}{A_{对照}} \times V_{样}}{m_{样}} \times m_{平均丸重}$$

$$= \frac{61 \times 10^{-6} \times \dfrac{4\,728\,936}{3\,884\,164} \times 50.00}{1.006\,0} \times 5.149\,1 \times 10^{3} = 19\ \text{mg}（合格）$$

2. 解：设小檗碱的峰面积校正因子 $f_3 = 1$

$$药根碱的校正因子\ f_1 = \frac{4.20}{3.00} = 1.4$$

$$黄连碱的校正因子\ f_2 = \frac{4.20}{2.86} = 1.47$$

校正后的总面积 $= 2.67 \times 1.4 + 3.26 \times 1.47 + 3.54 = 12.07$

$$药根碱含量 = \frac{2.67 \times 1.4}{12.07} \times 100\% = 31.0\%$$

$$黄连碱含量 = \frac{3.26 \times 1.47}{12.07} \times 100\% = 39.7\%$$

$$药根碱含量 = \frac{3.54}{12.07} \times 100\% = 29.3\%$$